尾矿坝溃决泥沙流动特性及灾害防护

敬小非　陈宇龙　巫尚蔚　李小双　著

北　京

冶金工业出版社

2022

内 容 提 要

本书以云南铜厂铜矿秧田箐尾矿库为工程背景，运用理论分析、室内物理模型试验、FLUENT^{3D}数值模拟等相结合的综合性研究方法，从力学的角度出发，基于泥石流运动、动力学理论对尾矿坝溃决下泄泥沙流在下游沟谷中的运动规律与冲击力特征等关键力学问题展开深入系统的理论与试验研究，提示尾矿坝溃决下泄泥沙流在运动过程中的演进规律、能量输移与耗散以及对下游建筑物的冲击力特性，探析泥浆高度、下游沟谷坡度、底床糙率、溃口形态、泥浆浓度以及防护工程条件等多个影响泥沙流动的主要因素与泥沙流动特性之间的关系。

本书可供矿山、水利及岩土工程领域工程技术人员及相关专业高等院校师生参考。

图书在版编目 (CIP) 数据

尾矿坝溃决泥沙流动特性及灾害防护／敬小非等著 . —北京：冶金工业出版社，2022. 10

ISBN 978-7-5024-9265-6

Ⅰ. ①尾… Ⅱ. ①敬… Ⅲ. ①尾矿坝—溃决型泥石流—流动特性 ②尾矿坝—溃决型泥石流—灾害防治 Ⅳ. ①TD926.4

中国版本图书馆 CIP 数据核字 (2022) 第 171955 号

尾矿坝溃决泥沙流动特性及灾害防护

出版发行	冶金工业出版社	电　话	(010)64027926
地　址	北京市东城区嵩祝院北巷 39 号	邮　编	100009
网　址	www. mip1953. com	电子信箱	service@ mip1953. com

责任编辑　王　双　美术编辑　燕展疆　版式设计　郑小利
责任校对　王永欣　责任印制　禹　蕊
三河市双峰印刷装订有限公司印刷
2022 年 10 月第 1 版，2022 年 10 月第 1 次印刷
787mm×1092mm　1/16；12.5 印张；301 千字；190 页
定价 78.00 元

投稿电话　(010)64027932　投稿信箱　tougao@ cnmip. com. cn
营销中心电话　(010)64044283
冶金工业出版社天猫旗舰店　yjgycbs. tmall. com
(本书如有印装质量问题，本社营销中心负责退换)

前　　言

　　我国是世界上矿产资源需求量和开采量最大的国家之一。目前我国95%的能源和80%的原材料依赖于矿产资源。在矿业开发活动中，人们在获得有价值的矿产品的同时也排弃了大量的尾矿渣，从而导致了大量尾矿库的出现。随着矿产资源开采速度的加快以及选矿工艺的发展，排弃的尾矿渣数量迅猛增长。同时尾矿颗粒也越来越细，加之所堆砌而成的尾矿库在数量和高度上的增加，尾矿库溃坝风险也大大提高。近年来，因各种因素导致的尾矿库溃坝灾害事故逐渐增多，对下游人民生命、财产安全以及周边环境造成巨大危害，其社会影响也越来越大。本着"以人为本"的发展模式，我国非常重视尾矿坝溃决灾害的预测和防治工作。目前针对尾矿库溃坝泥沙流动特性方面的相关研究鲜有报道，这对尾矿库溃坝灾害的防治工作带来了很大的困难。因此，开展尾矿库溃坝泥沙流动特性方面的研究，对充分认识尾矿库溃坝灾害特点和指导库区下游的灾害防治工作具有重要的意义。

　　本书以云南铜厂铜矿秧田箐尾矿库为工程背景，运用试验研究、理论分析和数值模拟相结合的综合性研究方法，对尾矿库溃决泥沙在库区下游沟谷中的运动规律、冲击力特性等问题进行了深入系统的研究。

　　本书共分7章。第1章阐述了尾矿坝溃决泥沙流动特性研究的研究现状，以及本书主要的研究内容和技术线路；第2章详细介绍了秧田箐尾矿库的选址、初期坝、尾矿堆坝及排渗设施、库区排洪系统、输送系统、回水方案、库区周边环境安全，并对该尾矿库堆存尾矿砂的物理、力学性能和尾矿浆体不同浓度情况下的结构流变特性作了全面的测试与分析，并对现阶段尾矿库的灾变机制进行了理论分析；第3章研究了溃决下泄泥沙流体在沟槽中的运动特征与冲击力变化规律；第4章数值模拟研究了尾矿库坝体堆积到100.0m高度发生瞬间全部溃决后形成的泥沙流体流场和压力场；第5章研究了库区下游修筑拦挡坝后对溃决泥沙流流动特性的影响规律以及对冲击力的缓冲效应，并分析了拦挡坝工程的防护机理和基于拦挡坝工程的溃决泥沙流体能量耗散机理，探讨了泥沙流冲击拦挡坝后的冲起高度，运用尖点突变理论分析了泥沙流体的沉积与起动机理，建立了基于力学理论的泥沙流体起动力学模型系统；第6章提出了尾矿库的安全管理措施与溃决泥沙流灾害的防治方法；第7章进行了总结，并作出了展望。

在本书取得的成果中，得到了重庆大学尹光志教授和魏作安教授的大力支持与帮助，在此表示衷心感谢。本书内容所涉及的研究工作受到了国家自然科学基金（项目号：51974051和52009131）的资助，在此深表感谢。

由于作者水平有限，书中不足之处，恳请各位读者批评指正。

作　者

2021 年 12 月

目　　录

1 绪 论

1.1 概述

矿产资源的开采是人类生存和社会发展过程中一个非常重要的组成部分，世界上 90% 的工业品和 17% 的消费品是用矿物原料生产的。目前我国 95% 的能源和 80% 的原材料依赖于矿产资源。在矿业开发活动中，人们在获得有价值的矿产品的同时也排弃了大量的废渣，而这些废渣就是尾矿。大部分尾矿以浆状形式排出，储存在尾矿库内。尾矿库是一种特殊的工业建筑物，也是一座人工建造的具有高势能泥石流的巨大危险源，因其存在溃坝的危险，所以它是矿山安全的头等问题。由于矿山企业一味追求经济利益，置尾矿坝安全于不顾，导致各地发生了许多灾难性的溃坝事故。根据世界大坝委员会（ICOLD）的统计分析，自 20 世纪初以来，已经发生的各类尾矿库事故不少于 200 例[1,2]。

调查资料显示，进入 20 世纪以来，国外发生的尾矿坝灾害事故较多，影响也较大。1950 年 Soda Butte 河因一座尾矿坝溃坝使该区域受到严重污染[3]；智利 1965 年由于发生 7.25 级地震，12 座尾矿坝不同程度的发生破坏，造成 274 人死亡，是世界尾矿史上最严重的灾难性事故；赞比亚某铜矿和南非某铂矿的尾矿库，分别在 1970 年和 1974 年溃坝，有 100 多人丧生；1972 年 2 月 26 日美国布法罗尼河尾矿坝溃坝，造成 125 人死亡，4000 人无家可归；1985 年 7 月中旬，意大利北部的普瑞皮尔尾矿坝溃坝，导致 250 人死亡；1994 年南非 Merriespru 尾矿坝溃坝，导致 17 人死亡[4]，同年，California 地震引起的 TaCanyon 尾矿坝溃坝，带来了巨大的经济损失和环境污染[5]。意大利 Stave 尾矿坝 1985 年的溃坝导致了近 300 人死亡和巨大的财产损失[6,7]；1995 年圭亚那 Oma 金矿尾矿坝遭受破坏后，900 名圭亚那人因饮用氰化物污染水死亡[8]；西班牙 Aznalcóllar 尾矿坝 1998 年溃坝，致使下游 4600 万平方米区域受到污染[9,10]。

我国是一个矿业大国，每年选矿产生的尾矿约 3 亿吨，除一小部分用于矿山充填或综合利用外，绝大部分要堆存于尾矿库，需占地约 20km²。据统计，我国目前有大中型尾矿库约 2000 座，其中尾矿坝的最大设计坝高为 260m，超过 100m 的有 26 座，库容大于 $1 \times 10^8 m^3$ 的有 10 座[11]。在我国无论是尾矿库的数量、库容，还是坝高在世界都是罕见的。随着矿山开采的快速增长，尾矿坝数量和尾矿堆积坝高度也必然会增大和升高。据我国权威部门统计[12,13]，我国在重点黑色冶金矿山尾矿库中，达到安全运行状况的不足 70%，有一定问题的约占 30%；有色金属总公司直属企业的尾矿库正常状态的占 52%，"带病"运行的占 33%，超期服役的占 9%，处于危险状况的占 6%；化工矿山正常运行的尾矿库占 61%，超期运行的占 19%，处于病、险状态的占 20%；在约 368 座黄金矿山尾矿库中，正常运行的仅占 56%，超期运行的占 18%，病、险库达 26%，导致溃坝事故屡屡发生，对人民的生命和财产造成了巨大损失。云南 1962 年火谷都尾矿库失事，受灾人口 13970 人，死亡 171 人；1985 年牛角垅尾矿库溃坝，死亡 49 人，直接经济损失 1300 万元；1986 年 4 月 30 日，安徽黄梅山尾矿库发生溃坝，造成 19 人死亡，受伤 100 人；1989 年郑州铝厂灰渣库事故，造成直接损失 1410 万元，破坏农田 282 亩，伤亡 4 人；1994 年 7 月 13 日湖北大冶有色金属公司龙角山铜矿由于暴雨冲击，尾矿库溃坝，死亡 28 人，失踪 3 人。据统计，自 2005 年以来，全国共发生尾矿库事故 11 起，死亡 33 人，失踪 8 人，重伤 1 人，轻伤 28 人。特别是 2006 年，相继发生了陕西省镇安金矿"4·30"尾矿库、河北省邢台尚汪庄石膏矿区"11·6"尾矿库、山西省娄烦"8·15"尾矿库溃坝、垮坝等重特大事故，造成的影响很大。2008 年 9 月 8 日，山西临汾尾矿库溃坝更是我国尾矿史上死亡人数最多、损失最严重、社会影响最大的一次尾矿坝溃坝事故[14]，溃坝造成 272 人死亡，300 多人受伤，1000 多人受灾，直接经济损失超过千万。除此之外，尾矿库溃坝造成的交通中断，电力系统的破坏，水资源的污染等后果也是非常严重的。调查显示，在世界上的各种重大灾害中，尾矿库灾害仅次于发生地震、霍乱、洪水和氢弹爆炸等居于第 18 位。它仅次于核武器爆炸、DDT、神经毒气、核辐射以及其他 13 种灾害。比航空失事、火灾等其他 60 种灾害严重，直接引起 100 人以上死亡的尾矿库事故屡见不鲜[15]。表 1.1 列举了我国有色金属行业尾矿库运行状态具体统计情况[14]。

表 1.1　有色金属矿山尾矿库运行状态统计表

项　目	总数	闭库数	在用数	正常数	病害数	超期数	险害数	企业数
占在使用库的比例/%	—	—	100	52	33	9	6	—
占总库的比例/%	100	27	73	38.2	23.5	6.9	4.4	—
总数/座	204	55	149	78	48	14	9	87

进入 21 世纪以来，我国经济社会的发展进入了一个高速增长期，各项经济建设带动了原材料工业迅速发展。最近几年矿产资源相关行业发展形势喜人，尤其矿产资源开发业发展迅猛。这是因为经济的快速增长，对矿产资源提出了巨大需求。随着矿业生产的快速增长，尾矿坝作为选矿厂生产设施的重要组成部分，其数量不断增加，尾矿坝的高度也会随着矿业需求的增长而增高，溃坝风险也大大提高。相关部门对我国尾矿库自 2001~2007 年事故数量做了统计[16]（见图 1.1），数据显示，我国尾矿库事故数量近几年来开始有了显著增高，而且每年呈递增趋势。随着国家经济飞速发展，城市化进程的加快以及社会转向"以人为本"的发展模式，这种低概率、高危害的灾害风险问题越来越成为人们关注的重点。尾矿坝一旦发生溃坝，库内尾矿大量冲泄，淤塞河道、冲毁农田、房舍、桥梁和公

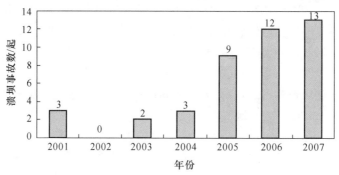

图 1.1　我国近几年尾矿库溃坝事故数量

路，必将对下游人民生命和财产安全造成巨大危害，对周边环境造成严重污染，后果往往触目惊心。

对国外近期文献检索表明，有关尾矿坝溃坝泥浆运动机理与动力学特性研究的文献并不多见[17~19]。而相对国外资料，我国在尾矿坝溃决下泄泥砂流运动规律与动力学特性的研究文献几乎为空白[20]，对尾矿坝的研究多集中在尾矿坝稳定性及坝体灾变机理研究方面。然而虽然前人对尾矿坝的致灾原因和机理以及坝体稳定性分析方面进行了较多的研究，但由于诸多原因，世界各地发生的尾矿坝溃坝事故仍然比比皆是，因此，仅仅集中于尾矿坝的稳定性分析及致灾机理研究远远不够，还必须要防患于未然。在研究尾矿坝稳定性的同时，必须对尾矿坝溃决下泄泥沙流在下游沟谷流动过程中的运动规律、动力学特性进行深入系统的研究，并建立相应的灾害预测模型，对灾害发生后的最大影响范围和程度进行预测预报，同时提出科学有效的防治思路和技术措施。该问题的研究，对下游区域的防灾减灾具有重要的理论意义和社会价值。它更是填补了我国在尾矿坝溃决泥浆运动学及动力学研究领域的空白。

众所周知，尾矿库溃决泥沙流与一般水流运动具有本质的区别，这可从溃决泥沙流冲击力较同等条件下的水流冲击力大初见端倪，而与普通泥石流具有诸多相似性，因此，学术界将尾矿库溃决泥沙流归纳为泥石流领域。目前，对泥石流运动机理的研究基本上都是从力学的角度出发，建立泥石流运动模型，而建立的泥石流运动的各类模型一般都没有涉及尾矿库溃决泥沙流的运动特征。本书针对尾矿库溃决泥沙流运动机理、动力学特性，从宏观上全面了解尾矿库溃决泥石流的运动和动力学特性，从而也拓展了泥石流的研究领域。可以预见，尾矿坝溃决泥沙流体力学将成为未来尾矿库（坝）研究的重点。

1.2 国内外研究现状

尾矿库溃决泥沙流具有自身的一些典型特性，这是由尾矿库自身构建的特殊性所致。由于尾矿库溃决泥沙流中拥有大量的固体颗粒物质，其流动物质的特性与一般的普通泥石流具有较大的相似性，而尾矿库溃坝的方式以及连续的泥沙流流态又与一般的泥石流颇有区别。按照研究内容，本书从尾矿库稳定性、尾矿库溃决机理以及泥石流运动、动力学特性与能量理论出发，系统地分析了相关领域的研究现状，为尾矿库溃决泥沙流的运动机理与动力学特性的研究作铺垫。

1.2.1 国内外尾矿坝稳定性研究现状

尾矿库（坝）工程中的稳定性问题最终归结于岩土力学问题，其主要属于土力学的范畴[21~24]，研究的主要内容仍然是变形与稳定，而尾矿库（坝）的稳定性是尾矿库安全运行的关键，掌握规划或运行中尾矿库的稳定性是尾矿库工程设计和生产管理中的重中之重，国家的相关法规也做了明文规定。关于尾矿坝稳定性研究，主要集中在堆坝工艺及材料、尾矿砂物理力学性质研究、坝体数值计算与模型试验等几个方面。

1.2.1.1 堆坝工艺及材料研究现状

按照尾矿堆积的方法，尾矿坝的筑坝工艺分为上游法、下游法、中心线法、高浓度尾矿堆积法和水库式尾矿堆积法（尾矿库挡水坝）等多种。早期的尾矿坝都是上游法，即用尾矿管将尾矿注入坝内，任其向上游流去。后来因这种自然流放建造的尾矿坝的抗震性能较差，发明了用旋流器的筑坝工艺。尾矿先进入旋流器，使粗粒尾矿与细粒分开。粗粒用于筑坝坡，细粒流入坝内，称为下游法。中心线法是下游法的一个变种，即筑两道初期坝，相距有一定距离，中间可贮存初期尾矿。旋流器放在上游初期坝的中心线上。如此筑起的坝较下游法更为安全。下游法及中心线法缺点是占地较多，后者占地尤多。近年来，国外兴起了一种浓缩尾矿的堆积方法，它和传统方法不同，将尾矿浆浓缩到 50% 以上的浓度，由砂泵输送到尾矿堆积场的某一部位排放，由于高浓度尾矿成浆状或膏状，分级作用比较差，在排放口可以形成锥形堆积体，堆积体的坡度由矿浆的性质所决定。高浓度堆坝法在我国仍处于研究阶段。目前，应用这种方法的困难在于矿浆浓缩和高浓度浆体的输送，在技术经济上尚需作进一步研究。水库式尾矿堆积法（尾矿库挡水坝）不用尾矿堆坝，而是用其他材料像修水库那样修建大坝。水库式尾矿库基建投资一般较高，多采用当地土石料或废石建坝。当尾矿粒度过细，不宜用尾矿修坝或其他特殊原因时才用。排放位置在坝前不经济或困难大，必须在坝后放矿；矿浆水对环境危害很大，不允许泄漏。但是上游式堆坝法以其工艺简单，便于管理，经济合理的优势而被广泛采用，我国有 85% 以上的尾矿库是采用该法。陈守义[25]通过分析认为，上游法尾矿坝应选用透水初期坝，特别是对采用细粒尾矿堆积的尾矿坝，此方法透水性好，能有效地降低尾矿坝的浸润线，从而提高尾矿坝的稳定性。柳厚祥等人[26]于 1990 年提出了旋流器与分散管交替排放联合堆筑子坝新工艺的设想，该工艺的中心环节是坝前分散管均匀充填放矿及水力旋流器底流沉砂堆泥子坝。与传统上游法工艺堆筑的尾矿坝相比，其沉积规律一致，并多了一个粒度粗、级配好、密实度高的尾细砂保护体，坝体的互层、细泥夹层减少，改善了坝体的内部结构，有利于坝体稳定。采用尾矿胶结充填法，可将尾矿作为充填料排放至采空区或塌陷坑，解决了地下采空区和地表塌陷的处理问题，一举多得，是目前尾矿处理的一个新途径。尾矿充填前，首先要做的一个基础工作，是将低浓度尾矿进行浓缩，才能实现其低成本的水砂充填或胶结充填。崔学奇等人[27]采用旋流器——浓密机分级浓缩流程对北洺河铁矿尾矿进行了脱水试验，试验结果表明，采用 $\phi 125$ 旋流器与浓密机组成的分级浓缩系统，可将 28% 的低浓度全尾矿浓缩至 60% 以上，并可有效回收清水。该工艺具有流程简单、浓缩效率高、设备投资少、占地面积小、运行成本低的特点，可实现全尾矿的高效浓缩，便于矿山实现工业化生产。

在堆坝材料研究方面，沈楼燕[28]、周志刚[29]、袁兵[30]、袁磊[31]等人分析总结了关于土工加筋材料的现场力学特性、界面特性、长期性能等方面的研究，基于加筋土原理，提出了一种土工合成材料加固尾矿坝坝体的措施，通过对尾矿坝加筋，来提高坝体稳定性；同时文献［32~36］也研究了加筋土挡墙的作用机理和影响因素等。

1.2.1.2 尾矿砂力学特性研究现状

尾矿的物理力学状态是研究尾矿坝体稳定性的基础，其物理力学参数的准确性直接决定了尾矿坝稳定性计算成果的可靠性。尾矿砂的物理力学性质研究主要集中在静力研究和动力研究两个方面。

在静力研究方面，1994 年，李作勤[37]介绍了轴向压缩、拉伸与扭剪的组合试验，系统地分析了材料在静力作用下的破坏情况。1999 年，保华富等人[38]结合云南省兰坪铅锌矿尾矿料的大量物理力学性试验成果进行了系统的分析研究发现：尾矿料自然堆积稳定的干密度、含水量大小与其所处排水条件、矿浓度、颗粒级配等因素关系密切，试验得出了尾矿料在不同固结压力、不同孔隙比下的渗透系数与破坏比降；用西田建议的经验公式计算尾矿料渗透系数与实测值吻合较好。尾矿的物理力学性质如干密度、强度等与其堆存深度关系的密切程度与一般的土有较大的区别。2004 年，阮元成，郭新等人[39]介绍对两种饱和尾矿料（尾矿砂和尾矿泥）的静、动强度特性进行的一系列试验研究，试验结果表明，由于尾矿料颗粒组成、矿物成分等因素的影响，用尾矿料充填的地基土层具有不同于天然地基的少黏性土层的特殊性，尾矿料颗粒较细，密度较大，石英含量较多，亲水性弱，饱和的疏松的尾矿料具有非常敏感的不稳定结构，不仅在往返加荷条件下动强度低，动剪应力比变化范围小，容易发生液化和破坏，而且，当尾矿料的密度小于某一临界值时，静力条件下也会发生流滑而进入破坏状态。2005 年，王崇淦，张家生等人[40]通过对广东省大宝山槽对坑尾矿库尾矿料进行的物理力学性试验研究中，得出了 $e-p$ 曲线拟合幂函数方程以及尾粉砂内摩擦角和孔隙比的关系。2006 年，徐进与张家生[41]又对湖北黄石金山店铁矿锡冶山尾矿坝的粉砂、粉土、粉黏三种尾矿填料进行了常规土工试验，得出内摩擦角随平均粒径的减小而减小。段仲沅等人[42]从尾矿颗粒组成及其物理力学指标、尾矿砂沉积分布特征、调洪引起的坝体渗流条件与浸润线变化以及排水设施等方面进行了分析，同时进行了相应的滑动稳定性计算，根据非饱和土理论，认为降雨使上部子坝非饱和尾亚砂土含水量增加，基质吸力降低导致其抗剪强度下降，水位、浸润线位置上升、排水措施和加筋不足等是其局部失稳的原因。

为了对尾矿坝的地震反应做更深入的研究，许多学者采用共振柱、动三轴和动单剪仪等方法进行试验，对尾矿料的密度、剪切模量、阻力比、动强度、残余强度、动孔隙水压力、液化应力比等一系列动力特性参数作了详细的分析和研究，得出了许多重要的结论。从 20 世纪 80 年代初，国内外开始尝试使用循环应变法研究土的动力特性，提出了判别饱和砂层液化的刚度法[43,44]，并先后在循环累积孔压与动变形参数衰化等方面取得了一些成果。辛鸿博、王余庆[45]采用日本产的 SUM-1 型应力控制式动三轴仪对大石河尾矿黏性土的动力不排水特性进行试验研究，研究中，考虑了不同应力状态下，大石河尾矿黏性土的动力变形、动孔隙水压力的发展和强度的变化，并对其动强度修正系数 $K_α$ 和 $K_σ$ 进行了探讨，还系统研究了尾矿黏性土振后应力-应变关系和残余强度特征。黄博[46]通过对饱和粉土和粉砂的动力特性分析，初步探讨分析了预振后孔压的增长规律；周健[47]在文中采用有效应力分析法的同时，还考虑到振动孔隙水压力的逐渐上升对土体软化的影响；另外，该方法将土体看作两相体，分析其耦合作用，并在地震中，既考虑孔隙水压力的增长，又考虑其消散和扩散作用。1997 年，王建华、要明伦等人[48]通过循环应变动三轴试验，研究了饱和砂（粉）土衰化动力特性。首先阐明固结压力对循环累积孔压比的影响，进而建立了循环应变下的累积孔压比归一化关系；为了揭示衰化动变形参数的变化与非衰化动变形参数变化之间的联系，提出了测定衰化动变形参数变化关系的试验与数据处理方法，最后建立了衰化动变形参数的归一化关系。2003 年，张超等人[49]通过固结排水剪切试验（CD）和固结不排水剪切试验（CU）对某铜矿尾矿砂力学特性进行了分析，在了解力学特性的基础上，利用自动搜索的电算程序 STED，计算了尾矿坝的整体与局部稳定性，得出一些结论，可为治理方案提供科学依据和技术指导。2004 年，谢孔金等人[50]在 DTC-158 型共振柱仪上进行共振柱试验，分析了尾矿坝坝体沉积尾矿的动力变形特性。研究发现，动力变形特性试验参数是动力反应分析的基本依据之一，它反映了在动荷载作用下的应力应变关系的非线性和黏滞性特征，通过共振柱试验，来研究坝体沉积尾矿的动力变形特性，可作为地震动力反应分析的基本依据。2005 年，陈敬松等人[51]采用北京市新技术应用研究所生产的 DDS-70 型微机控制电磁式振动三轴试验系统对饱和尾矿料做了动三轴液化试验，试件按要求的应力状态进行固结，按固结稳定标准判断完主固结后，进行不排水动力三轴试验[52]，研究了尾矿料在往返加荷条件下的动强度特性，针对影响尾矿砂动强度的几种因素进行了分析和讨论。陈敬松等人[53]通过对饱和尾矿砂的动三轴液化试验，研究了尾矿砂在往返加荷条件下的动强度特性，得出了可以通过提高尾矿料的密实度来增大尾矿坝的抗震性能等重要结论。张超等人[54]通过对某铜矿的尾矿料进行动三轴和共振柱试验，研究了尾矿材料动力变形特性，提出了简单实用的孔隙水压力模型，给出了能更加准确地预测尾矿材料的动孔隙水压力的公式，并将其与 Seed 提出的预测公式进行了比较。在不同密度尾矿料的动三轴试验基础上，分析了相对密度对液化特性的影响，得出了相对密度小于 70%时抗液化强度随相对密度的增加而明显增加的结论。在不同围压下进行动三轴试验表明，在相同的液化振次条件下，围压越高，动剪应力比越低。由共振柱试验可知，尾矿料的阻尼比随着动剪应变幅的增大而增大，而动剪模量随动剪应变幅的增大而减小，动剪模量和阻尼比与动剪应变幅的关系受围压影响不太敏感。同年，张超等人[55]又采用 S-3-D 型液压式动三轴仪进行动力三轴试验，研究了不同细粒含量的尾矿材料在循环加荷条件下的动力特性，得到了颗粒组成对尾矿材料抗液化性能的影响结果，了解了沉积规律对尾矿材料液化特性的影响。根据尾矿材料动力特性试验结果，提出了适当的液化判别修正项，使其更加适用于尾矿材料，进而提高对尾矿坝的液化判别的准确程度。余君、王崇淦[56]结合某尾矿库对尾矿料的物理力学性试验成果进行了系统地分析研究，得出了尾粉砂内摩擦角和孔隙比的关系，同时对尾矿的压缩性、抗剪强度等进行了详细的分析讨论，研究表明，尾矿的物理力学性及其与堆存深度的关系与一般的土有较大的区别，各种尾矿都具有一定的凝聚力，要增强坝体的稳定性，必须控制尾矿排放工艺，改善坝体的排水条件。张超[57]通过对某尾矿材料进行一系列的动三轴和共振柱试验，根据不同密度的尾矿材料的动力特性试验，分析了相对密度对尾矿材料液化特性的影响，在试验分析结果的基础上提出了通过密实尾矿材料加固提高尾矿坝抗震性能时的最优尾矿相对密度。

1.2.1.3 数值计算研究现状

随着计算机技术和相关理论的发展，在尾矿库（坝）稳定方面的理论和计算方法也取得了很大发展与改进。张电吉等人[58]根据简布（N. Janbu）法，从公式推演到迭代计算程序流程的实现，对某塌溃后重建的尾矿坝进行了安全稳定性分析计算，该方法的特点是假定条块间水平作用力的位置，在此前提下，每个条块都满足全部静力平衡条件和极限平衡条件，滑动土体的整体力矩平衡条件也自然得到满足，而且它适用于任何滑动面而不必规定滑动面是一个圆弧面。通过分析计算，该尾矿库土石坝目前是安全稳定的。在今后的坝体运行中，当坝体的稳定性下降时，可采取相应措施来提高坝体的稳定性系数达到坝体的稳定。张超等人[59]以极限平衡理论和传统的安全系数方法为基础，将可靠度理论引入尾矿坝稳定性分析中，通过敏感性分析和可靠度计算发现，尾矿材料的内摩擦角的变异性将显著地影响尾矿坝稳定性分析的可靠指标,重度的变异性对可靠指标的影响大于黏聚力的变异性的影响。阐述了尾矿坝稳定性分析中利用可靠度理论的重要性,并建议在尾矿坝的可靠度分析中,将尾矿材料的抗剪强度指标 c、φ 和重度 γ 作为基本随机变量。

李国政等人[60]运用极限平衡法对广东大顶矿业股份有限公司尾矿库坝体堆积至 510~520m 标高时的稳定性进行了分析,并在分析结果的基础上进行结构可靠度评判。罗建林等人[61]运用变分法对某尾矿库坝体稳定性进行了稳定性分析,计算出了坝体的安全性系数,并得出了以下结论,静力稳定分析一般可以按《选矿厂尾矿设施设计规范》(ZBJ1—1990)规范要求做,为了得到分析依据,需安排工程地质勘察,勘察资料的整理,特别是尾矿的分层、各层尾矿的强度指标和取得这些指标的试验方法、试验数量等将对稳定分析结果带来较大影响,尾矿筑坝受堆高速度、台阶高度、物理化学性能、沉降速度影响,坝体半年后基本密实,坝体稳定。运用圆弧条分法对尾矿库堆积坝进行安全评价,计算简便、直观,能对坝体的稳定性作出定量评价,具有一定的实用价值。

随着土工合成材料在尾矿坝方面的应用,王凤江[62]运用极限平衡法,对土工织物加筋尾矿砂组成的坝体稳定性和加筋效果进行了计算,按照极限平衡法原理,本次分析评价采用瑞典圆弧法计算,即假设在坝体滑动过程中筋材始终保持原来的铺设方向不变。经验证明,这样处理是偏于安全的。计算模型为:假设加筋尾矿坝是由几何尺寸相同的多级加筋土子坝组成,其子坝相应的结构形式为坝高 12m,坝顶宽度为 4m,坡比为 1:0.7。计算模型建立的主要特征是:分三个子坝分别堆筑并进行计算,各子坝按水平距离 10m 错开,以考虑降排水设施的施工工作面,相应堆筑总高度为 36m。加筋后坝体极限平衡的计算内容包括静力计算和 7 度地震稳定性计算、加筋计算三种。其中,加筋的间距按 0.6m 考虑,且首先计算一级子坝加筋的情况,若上述计算的条件满足要求,则以后各子坝不再重复计算。条分的宽度为 0.5m,以保证必要的分析精度。结果表明土工织物加筋尾矿砂的抗滑稳定系数比不加筋时显著增强,合理的加筋间距可有效地发挥土工织物对坝体滑动的抵抗作用。随着加筋间距的逐渐加大,土工织物提供的抗滑力在总的抗滑力中占的比重很小,在加筋间距大于 0.4m 时,筋材提供的抗滑力明显减小。因此,在较大的加筋间距时,提高填料的抗剪强度显得非常必要。

楼建东等人[63]以某尾矿坝坝体加高、排矿速度、浸润线条件、排渗系统运行状况对尾矿坝稳定性的影响为例,建立应力应变的数学模型,结合有限元法计算在未来加高情况下坝体的应力和应变等值线图,确定潜在危险的滑动面。尹光志等人[64]利用 2D-FLOW 有限元软件对其渗流特性进行了数值模拟,根据初期坝透水性、干滩面长度和不同的大气降雨量等影响因素,对尾矿坝渗流场进行了分析,得出了不同状况下细粒尾矿库的渗流规律,据此对尾矿库的稳定性进行了研究。魏宁等人[65]结合江西武山铜矿尾矿坝软基处理实践,运用 Bioti 固结有限元分析方法对工程的初期土石坝进行了数值模拟和预测,分析固结过程中地基中孔隙水压力、位移随时间的变化规律。

许彦会[66]在安全评价方面利用应用条分法分析尾矿库堆积坝稳定性;李明等人[67]利用 ANSYS 对尾矿库进行建模、有限元分析、计算、仿真等,并分析尾矿坝稳定性;郑怀昌[68]把界壳理论引入到尾矿坝研究中,应用界壳论分析了尾矿库稳定性;李国政[69]基于结构可靠度的指标对尾矿库坝体稳定性进行了评价;刘才华[70]以大尖山为例,运用极限平衡法对尾矿坝稳定性进行了分析,结果表明,正常运行下大尖山尾矿坝是稳定的,而洪水期稳定性较低，均小于1.0，因此在暴雨情况下可能发生破坏。郑欣[71]将集对分析方法应用于尾矿坝稳定性评价中，建立尾矿坝稳定性评价指标体系，采用联系数模型对尾矿坝的稳定性现状进行了评价，通过集对势的分析，预测该尾矿坝稳定性状况的发展趋势，该方法能对系统进行定量描述，数学表达式简单，不需要建立相关函数，也不需要大量数据，为企业的进一步管理提供了理论依据；马池香[72]鉴于浸润线位置对坝体稳定性的重要影响，从尾矿库坝体渗透稳定性分析出发，提出通过坝体渗流稳定分析计算坝体稳定性的理论，强调了水对尾矿坝稳定性分析的重要作用，总结了尾矿库坝体产生渗漏的原因及种类，得出通过尾矿坝排渗固结提高尾矿坝稳定性的结论，最后提出综合运用各种排渗措施，以降低坝体浸润线，加速尾矿固结，从而提高坝体稳定性。陈殿强[73]采用数值方法针对工程实例进行渗流稳定性、静力稳定性和动力稳定性计算，得出了浸润线没有从坝坡溢出，水力坡降不大，渗流稳定。安全系数满足规范要求，坝体是静力稳定的，从坝体动力反应及液化结果得出该坝是动力稳定的，同时提供了一条稳定性评价的完整路线，用数值模拟方式对尾矿坝的计算有一定参考价值和指导意义。可见，数值方法的广泛应用，必将促进尾矿坝稳定性研究的发展。

1.2.1.4 模型试验研究现状

由于对尾矿库（坝）工程问题进行理论分析及数值计算时，均需将初始条件和边界条件给予简化或假定，其本构关系同样存在假设等。鉴于此，对尾矿库（坝）工程的研究，有必要借助于现场试验测试，但现场试验测试不仅费时费力，而且费用也很高，使现场试验不可能做得较多，同时有些破坏性试验也不可能在现场做，有些超前预见性的研究分析，现场也不可能做，也不可能等实体建造好后再来分析，这样就失去了超前分析的实际意义。因此，建立与现场相似或相近的物理模型，进行室内试验研究显得相当必要。

尹光志等人[74]以龙都尾矿库的尾矿坝为依据，按照一定的比尺堆积坝体模型，进行细粒尾矿堆积坝稳定性模型试验，通过试验验证了坝体加筋加固的作用效果，获得了加筋坝体与未加筋坝体的破坏模式，揭示出土工织物、土工格栅、土工网等3种加筋材料的加筋效果，为细粒尾矿堆积坝的稳定性研究及加固作一些新的探索。2008年，尹光志等人[75]对云南省在建中的小打鹅尾矿库进行了堆坝模型试验，动态演绎了尾矿坝在堆积过程中的尾矿颗粒在库区的沉积特性，以及浸润线变化规律，对尾矿坝的设计和施工提供了很好的参考资料。

1.2.2 国内外尾矿坝溃决机理研究现状

在尾矿库整个安全事故中，溃决事故发生的危险性最大，溃决事故一旦发生，必将对下游地区的人民的生命和财产造成巨大的危害，对环境造成严重的污染。因此尾矿坝失事的预测和防治工作形式十分严峻，要防止尾矿坝事故的发生，必须探索和研究它的致灾原因和机理，以便采取合理的防治方法和措施。据国内各地尾矿库失事后原因调查统计分析显示[11,76,77]，国内尾矿库发生病害的主要原因可归纳为表1.2所列的8种类型。从表1.2中可以看出，尾矿坝垮塌、溃决是我国尾矿坝发生事故的主要方式，其次为坝体滑坡和坡面渗水等因素。尾矿库发生病害的8种类型又可归纳为主要两种类型，即洪水漫坝失事模式和坝体结构失事模式[76]。

表 1.2 国内尾矿库病害分类统计

病害	病害描述	所占比例/%			
		黑色 49 件	其他 29 件	全国 78 件	灾害 45 件
I	坝坡失稳等	0	3.4	1.3	0
II	初期坝漏矿等	8.2	0	5.1	4.5
III	雨水矿浆回流致溃坝	14.3	0	9.0	2.2
IV	滑坡、喀斯特等坝址问题	14.3	13.8	14.1	11.1
V	渗水、管涌、流砂、沼泽化	20.4	3.4	14.1	4.5
VI	排洪系统的构筑物破坏致溃坝	32.7	20.8	28.2	33.3
VII	洪水漫坝等原因的溃坝	6.1	58.6	25.6	44.4
VIII	地震引起液化、裂缝、位移	4.1	0	2.6	0

1.2.2.1 洪水漫坝失事模式

造成洪水漫坝的原因众多，主要因素有：水文资料短缺造成洪水设计标准偏低；泄洪能力不足；坝顶超高不足等导致尾矿坝漫顶进而发展为溃坝。此外，施工质量、运行管理也直接影响着尾矿坝的抗洪能力。洪水漫顶时，由水流产生的剪应力和对土颗粒的拉曳力作用在坝体下游表面。当剪应力超过某薄弱处的抗蚀临界值时从而启动侵蚀过程。尾矿坝由于其透水性低，在下游边坡无渗流溢出，冲蚀开始于下游坝址（主要是紊动引起的冲蚀）并向上游发展。当边坡很陡时，由于张力和剪力引起大块材料倒坍。如坝址排水或垂直排水的粗颗粒料成分一旦暴露于流水中，就很容易被冲蚀并加快了整个冲蚀过程。

1.2.2.2 坝体结构失事模式

坝体结构失事模式又可分为渗透破坏失事模式、坝坡失稳失事模式和地震险情失事模式。渗透破坏是指渗透水流引起坝体的局部破坏。尾矿坝渗透变形的发生演变过程与地质条件、土粒级配、水力条件、尾矿的渗透性质和防排水措施等因素有关。坝坡失稳失事的主要因素有两点：第一，工程地质状况坝体边坡过陡，有局部坍塌、隆起或裂缝，坝基下存在软基或岩溶，库区内乱采乱挖、放牧及开垦都会引起坝体滑坡坍塌；第二，水对坝坡失稳的影响。地震险情失事主要是因为饱和砂土或尾矿泥受到水平方向地震运动的反复剪切或竖直向地震运动的反复振动，土体发生反复变形，因而颗粒重新排列，孔隙率减小，土体被压密，土颗粒的接触应力一部分转移给孔隙水承担，孔隙水压力超过原有静水压力，与土体的有效应力相等时，动力抗剪强度完全丧失，变成黏滞液体，从而引起尾矿坝体由固态转化为液体，最后导致坝体溃决。

综上所述，有关尾矿坝的研究，国内外文献主要集中在防治方面[78]，虽然在这方面工作取得了较大的成果，然而由于影响尾矿坝稳定的因素较多，近几年来全球各地的尾矿坝溃决事故仍然频频发生。由于忽略了对下游关键区域的防护问题，于是一旦尾矿坝溃决，下游群众和建筑物只能听天由命，没有丝毫防护措施。同时按照国家规范可知，在尾矿坝下游 500m 内不许有建筑物，但这都是根据长期现场经验所得，并没有理论依据做支撑。因此，根据不同条件情况对尾矿坝溃决下泄泥沙流在下游沟谷中的运动规律进行系统的理论和试验研究，对指导库区下游防护工程的建设以及下游生命和重要财产的撤离具有重要的理论和现实意义。

在尾矿坝的防治研究基础上，国内外学者对尾矿坝溃决后下泄泥沙流的运动规律及其动力学特性进行了深入研究和预测，其中 G. E. Blight[76]研究了南非 5 座环形尾矿坝溃坝情况，得出了尾砂流的移移距离和地表的干湿状态有关，尾砂流在湿的地表比在干的地表上移移的距离要长等结论。另外 S. Moxon[79]研究了西班牙南部 Los Frailes 矿尾矿坝发生的事故，提出了预防溃坝的方法。并认为以下因素对预防溃坝很重要：（1）改善尾矿坝设计、建造及施工技术；（2）不断修正尾矿库（坝）的尾砂量和库水位；（3）评价下游的灾害及环境风险；（4）调控坝体的安全。R. A. Shakesby 等人[80]研究了赞比亚 Arcturus 金矿尾矿坝溃坝，认为该坝坝基排渗条件差、坝外坡度过大、加之大雨而导致坝体尾砂处于饱和状态是溃坝的主要原因。尾矿坝溃坝是由多因素导致的，一些小因素也不可忽视。意大利南部 Stave 附近的一个尾矿坝发生溃坝，除了设计时坝体安全系数偏小外，主要诱发因素是一根埋在坝体里的管道被堵塞[81]。C. Strachan[82]通过调查美国所发生的尾矿坝溃坝，得出导致溃坝的原因有洪水漫顶、静力或动力的不稳定性、渗流和内部腐蚀以及基础条件差等。M. Rico[19]通过收集历史上各尾矿坝溃坝事故的有效信息，并进行分析总结，建立了尾矿坝几何参数（坝高、库容等）与由溃坝产生的尾砂流体特性之间的相互关系，指出了尾矿坝总库容与溢出尾矿量以及溢流量与潜在下游最大流动距离之间的规律，此研究对分析尾矿坝溃坝各参数之间的关系以及溃坝灾害的评估有着重要的现实意义。

李夕兵等人[83]根据汛期尾矿坝溃坝的一些典型事例，概括出了导致尾矿坝溃坝的基本事件，并应用事故树分析中的最小割集、最小径集及结构重要度，对汛期尾矿坝溃坝事故进行了研究。袁兵等人[84]根据多个大坝的实际溃决资料，提出了尾矿坝溃坝的数学模型，该模型考虑尾矿的物理力学性质及其在流动中的变形，适合溃坝砂流下泄流量变幅大的特点，并针对尾矿坝溃坝后泥石流对坝下游的影响提出预测的方法，该方法确定了泄砂总量、溃坝口平均宽度、坝址最大砂流量、坝址流量过程线等溃坝重要参数。最后利用数学模型对某尾矿库溃坝砂流进行了预测，并指出该坝下游人员的撤离高程，为防灾减灾以及保护人民生命财产安全等起到了积极作用。

由于国内外学者对尾矿坝溃决泥沙流在下游沟谷中的运动规律研究仍处于初步研究阶段，相关理论和研究成果远未成熟和形成一套系统完善的体系，而相关研究主要集中在滑坡泥石流方面，因此目前只能借鉴泥石流运动理论来研究。泥石流是指在山区或者其他沟谷深壑，地形险峻的地区，因为暴雨暴雪或其他自然灾害引发的山体滑坡并携带有大量泥沙以及石块的特殊洪流。按物质成分分类可分为三大类：（1）泥石流（由大量黏性土和粒径不等的砂粒、石块组成）；（2）泥流（以黏性土为主，含少量砂粒、石块、黏度大、呈稠泥状）；（3）水石流（由水和大小不等的砂粒、石块组成）。而本书研究的尾矿坝溃决泥沙流与泥石流中的泥流有相似的性质，因此，借鉴泥石流运动理论来研究尾矿坝溃决泥沙流运动、动力学特性是可行的。

　　泥石流是山地灾害的一种，具有爆发突然、历史短、固体物质含量高、速度快、动能大等特点，破坏力极强，运动错综复杂。而研究泥石流的最终目的在于泥石流灾害的防治问题，因此必须要解决泥石流流动特性方面的一系列基本理论问题，建立准确的泥石流体运动要素计算公式，对泥石流的重要参数进行定量分析，为泥石流灾害防治工程提供理论依据。按照研究内容，泥石流运动力学模型、运动规律、能量转移与耗散以及动力学特性是目前泥石流研究的重点，下面将结合目前的研究情况，就泥石流运动、动力学特性的研究现状做简要介绍。

1.2.3　国内外泥石流体运动力学模型研究现状

　　近年来，国内外诸多学者提出了大量泥石流力学模型，其中大部分都是通过对泥石流体阻力的分析来建立相应的力学模型，但是这种方法难度大，离实际应用还有很长的路要走。早期大部分泥石流体运动力学模型都属于简单的单一流体模型，即假定泥石流中的固体颗粒都是均匀地分布于流体中，属匀质体。其中最具代表性的有两种模型，一种是把泥石流体视为宾汉姆（Bingham）流体，按宾汉姆流体阻力方程导出匀速运动参数方程，通过实验确定其流变参数，以 20 世纪 70 年代 A. M. Johnson 和 C. M. 弗莱施曼为代表，而我国则以康志成和熊刚的见解为代表[85]。我国水利部在 20 世纪 80 年代初也运用这一力学模型成功解释了黄河高含沙水流的运动特性。另一种模型是把泥石流视为膨胀体。Bagnold[86]通过实验认识颗粒之间剪切运动产生的离散力在高速时与颗粒的速度梯度平方成比例，后来 T. Takahashi[87]以 Bagnold 的膨胀体模型为基础分析了水石流运动规律，得出水石流的流速分布及平均流速，该模型只考虑固体颗粒的相互碰撞作用而忽略颗粒间流体传递的剪切应力，因而只适用于以大量粗颗粒为主的水石流体。鉴于上述两种模型的局限性，20 世纪 90 年代后期，沈寿长[88]根据对颗粒内部作用力、流体内部阻力及液固两相之间的作用进行分析，首先考虑颗粒内部阻力作用，然后考虑两相之间的作用，最后考虑试验液相特性，建立了两相流体应力本构关系，使人们对泥石流体内部作用力的认识得到进一步提高。此外，陈洪凯[89]建立的等效两相流模型以及范椿[90]提出的非牛顿塑性膨胀体模型等都有很高的学术价值。但整体而言，对泥石流运动力学模型的研究仍处于初级阶段，还需深入研究，同时也反映出泥石流体内部作用力的复杂性。

　　对于泥石流运动方程的研究目前仍未建立完善的理论体系，章书成[91]建立了基于泥石流动量守恒方程和连续方程的泥石流基本微分方程，但多用于泥石流数值模拟，倪晋仁等人[92,93]在泥石流基本微分方程的基础上建立了泥石流固液两相流的能量基本方程，把传统意义上的泥石流体看成是由颗粒（固相）和水（液相）组成，考虑了泥石流体中固体颗粒和水的相互作用关系。袁兵等人[84]考虑到尾矿库溃坝后尾矿下泄引起的砂流本质上属于泥石流，而泥石流等引起的土体流动可以假定为介于"流体"和"散粒体"之间的一种特殊的运动形式，将尾矿坝溃坝浆体用类似流体流动的运动方程和连续方程来描述，并对尾矿坝溃坝泥石流进行了假设：（1）尾矿是各向同性的连续介质体；（2）计算中值考虑偏引力张量所引起的变形，不考虑各向等压的应力状态及其相应的体积变形；（3）尾矿的流动符合宾汉姆（Bingham 模型）流动模式。

1.2.4　国内外泥石流体流速与流量研究现状

　　泥石流流速是泥石流研究和防治的基本数据之一，也是泥石流运动力学研究的核心问题之一。通过分析泥石流体内部阻力特征，建立泥石流运动模型，最终求解泥石流运动流速，具有较强的理论基础，但由于各种模型应用时存在着一定的局限与不足，特别是由于黏性泥石流体内部阻力的复杂性而不得不假定固体颗粒呈均匀分布，加之模型中存在着一些难以确定的参数等问题，使得目前人们通过提出的一些理论模型求解泥石流体的运动速度和流量较难达到实际应用水平的高度。目前还没有成熟的泥石流流速计算公式，在泥石流防治工程设计中，泥石流流速一般采用经验公式计算，即借助实际观测资料建立区域性的泥石流运动流速公式，进而求解流量，显然这些公式带有很强的经验性，其适用范围有限，但能在某种程度上解决实际工程问题，仍具有较高的实用价值。总体而言，泥石流流速计算的公式可分为黏性和稀性两类。

针对黏性泥石流流速计算公式，国内利用实测资料归纳的经验公式较多，如吴积善[94]根据 1965~1967 年和 1973~1975 年间对云南东川蒋家共 101 次泥石流 3000 多阵次的观测资料整理归纳了流速的估算公式：

$$U_m = (1/n_c) H_c^{2/3} I_c^{1/2}, \quad 1/n_c = 28.5 H_c^{-0.34} \tag{1.1}$$

式中，U_m 为泥石流断面平均流速，m/s；H_c 为计算断面的平均泥深，m；I_c 为泥石流水力坡度，一般可用河床纵坡代替；$1/n_c = M_c$，为泥石流河床糙率系数。

陈光曦[95]根据云南东川大白泥沟和蒋家沟 153 阵次观测资料整理得出了泥石流流速计算公式：

$$U_c = K H_c^{2/3} I_c^{1/5} \tag{1.2}$$

式中，U_c 为泥石流表面流速，m/s；K 为黏性泥石流流速系数。

除此之外甘肃武都火烧沟、柳弯沟和泥弯沟黏性泥石流估算公式[96]；程尊兰[97]归纳的西藏波密古乡沟黏性泥石流估算公式以及刘江[98]统计得到的云南大盈江浑水沟黏性泥石流估算公式等都是国内目前常用的黏性泥石流流速计算公式。

近期，王兆印[99]通过实验研究了泥石流运动龙头位置能量，根据能量守恒建立了泥石流龙头运动速度的计算公式，舒安平[100]通过对我国西部大量泥石流沟的实测资料进行统计分析，提出涉及参数较为全面、具有一定普遍意义的黏性泥石流运动速度公式的计算方法。陈洪凯[101]将泥石流体概化为由固相颗粒和浆体组成的等效两相流体，运用两相流理论构建了泥石流体分相流速计算公式。以上黏性泥石流流速计算公式为泥石流研究工作者提供了很好的参考，具有重要的借鉴价值。

而有关稀性泥石流流速经验公式的研究，主要有铁道部第三勘测设计院建立的经验公式[95]，北京市市政设计院根据北京地区公路泥石流调查资料建立的经验公式[102]以及西南地区先行采用的公式[95]等。

上述经验公式皆以水力学中的谢才-曼宁公式为原型，利用各自的实测数据进行统计回归分析，确定公式中不同参数的取值，其基本公式为：

$$U = K R^a I^b \tag{1.3}$$

式中，U 为泥石流流速；R 为泥石流水力半径；I 为泥石流水力坡度；K，a，b 均为待定参数。

国外的学者也提出了一些经验公式，比如 Koch 建立的经验公式：

$$V = C_1 H^{0.3} S^{0.5} \tag{1.4}$$

式中，C_1 为经验系数；H 为（最大）流深；S 为河床坡度。

式（1.4）在非定常的泥石流阵流的数值模拟中得到了很好的验证[103]。除此之外，根据泥石流的不同理论模型，也有一些学者推导了泥石流平均流速的计算公式[104~107]，为泥石流运动机理的深入研究提供了可靠的基础。

除了上述利用实测资料归纳泥石流流动速度外，近年来，一些学者开始依据泥石流沟弯道两岸留下的泥痕，由泥面的弯道超高与流速的关系来推算泥石流流速。何杰和陈宁生[108]以蒋家沟支沟——大凹子沟1994年泥石流弯道超高测量数据，研究了黏性泥石流弯道超高在流速计算中的应用，蒋忠信[109]在归纳和探讨泥石流弯道超高计算模式的基础上，改进和总结了基于弯道超高计算泥石流流速的方法。上述研究成果运用到现场情况时，都存在不同程度的误差，并且适用范围只限于某一地区或某一类型的泥石流。因此，实际应用时，需要对计算结果进行修正。

泥石流洪峰流量是泥石流的重要特征值，它反映了泥石流的规模、强度及流体性质，决定着防治工程建筑物的结构及尺寸，是泥石流研究的重要内容之一。由于泥石流的流量主要取决于泥石流流域在不同的水体、土体和地形等条件下，泥石流的产流和汇流过程，但往往产流、汇流过程的不同，在流域面积和洪水过程相同的条件下泥石流流量却相差甚远，加之泥石流流量实测资料较少，至今还没有比较成熟的计算方法，各地除采用一些地区性经验公式之外，多用形态调查、配方法、综合成因法以及数理统计法计算[110]。

形态调查法又叫泥痕调查法，是根据沟床内以往发生过的泥石流痕迹，测量泥位高和过流断面面积，然后乘泥石流流速并按其爆发的频率资料推算流量，该法适合近年来发生过较大泥石流的大中型泥石流沟谷。此法的基本表达式为：

$$Q_C = W_C V_C \tag{1.5}$$

式中，W_C 为由调查得到的泥石流过流断面面积，m^2；V_C 为泥石流计算流速，m/s。

泥石流形态调查的调查断面应尽可能选择在沟道较顺直的地段并注意辨认冲起高或弯道超高泥的痕迹。实践证明只要断面位置准确，所选用的流速公式恰当，此法是可以得到较满意的计算结果的。

配方法的基本思路是假定泥石流与洪水同频率，根据泥石流体中固体物质和水的比例，用在某一设计频率下的洪水洪峰流量加上按比例所需的固体物质体积即得出泥石流洪峰流量，该法比较适用于泥沙补给量大、补给区集中，并位于流域中下部的泥石流沟。此法的基本表达式为：

$$Q_C = Q_B(1 + \varphi) \tag{1.6}$$

式中，Q_C 为泥石流洪峰流量，m^3/s；Q_B 为设计频率下的洪水洪峰流量，m^3/s；φ 为泥石流修正系数。

φ 是单位泥石流体积中固体物质体积与水体体积的比值，它可以理解为单位水体能挟带的固体物质量。给定出泥石流设计容重 γ_C 后，根据泥石流容重定义，可得

$$\varphi = (\gamma_C - 1)/(\gamma_H - \gamma_C) \tag{1.7}$$

式中，γ_H 为固体物质的密度，其取值一般为 $2.65 \sim 2.75 \ t/m^3$。

配方法是目前泥石流洪峰流量计算中的基本方法。此法用于稀性泥石流洪峰流量计算差别尚小，但用于黏性泥石流特别是高黏性的泥石流，由于其运动机制已发生变化，计算结果往往比实际偏小。因此，一些泥石流学者在配方法的基础上乘上一个系数，表示由于

某种原因而引起的黏性泥石流洪峰流量的增加。

综合成因法是 20 世纪中期苏联学者和中国学者研究提出的一种泥石流洪峰流量计算方法。本法的特点是从成因上综合分析形成暴雨泥石流的各要素后，采用泥石流综合系数或累积系数修正雨洪清水流量，计算结果比较符合客观实际。针对有较长观测资料的泥石流沟，也可采用数理统计法推求洪峰流量。1947 年，苏联科学院泥石流研究委员会成立，随即有多学科综合系统研究专著和论文集相继出版，标志其泥石流研究已经进入新阶段。在同一年，索科洛夫斯基学者提出用清水流量过程线来确定泥石流流量，此后，斯里勃内研究者通过流速与过流断面面积的乘积关系提出了一种泥石流流量算法，叶吉阿扎洛夫学者根据稀性泥石流输沙标准方程，提出用泥石流过程线、颗粒分析曲线、每一颗粒粒级冲击时间和冲积物放量来确定泥石流流量。1972 年，措维杨学者利用空隙体积与土骨架体积关系来给定保证率的泥石流流量。赫尔赫乌利泽研究学者以分析和统计整理现有实测数据为根据，提出了许多泥石流最大流量公式。外高加索水文气象科学研究所对公式改进，并推荐了一种泥石流最大流量计算公式。

除此之外，我国谢修齐、沈寿长等人[111]根据沟床水力条件对泥石流浓度的调节作用和泥石流浆体浓度对沟槽输移能力所具有的重要影响，建立了由流域产沙条件来估计浆体浓度，再由沟槽输移浓度来确定泥石流流量的新方法，该方法计算的流量与形态调查法所得流量能较好的吻合，并已在铁路建筑物抗灾能力分析检验工作中得到初步应用。苏延敏[112]通过引入流量控制影响因子，将数值模拟计算应用于泥石流流量计算之中，通过数值计算得到的泥石流峰值流量与配方法所得值较接近，为泥石流流量的计算提供了一个新的思路。

1.2.5 泥石流能量转移与耗散理论研究现状

泥石流运动过程的能量理论研究主要是以能量来量化整个泥石流运动过程。泥石流运动过程中始终伴随着能量的转化和耗散，能量的耗散主要由于泥石流运动过程中的阻力引起，钱宁[113,114]认为泥石流体中能量耗散一般由三部分组成：黏性阻力、紊动阻力和颗粒离散剪切力，即：

$$\gamma_{\mathrm{m}} h J \left(1 - \frac{y}{h} \right) = \left(\tau_{\mathrm{B}} + \eta \frac{\mathrm{d}u}{\mathrm{d}y} \right) + \varepsilon \frac{\mathrm{d}u}{\mathrm{d}y} + K \rho_{\mathrm{s}} D^2 \lambda^2 \left(\frac{\mathrm{d}u}{\mathrm{d}y} \right)^2 \tag{1.8}$$

当泥石流体颗粒浓度很高、紊动很弱时，可忽略紊动阻力项。

泥石流流动能量与所含固体颗粒的运动形式有着密切的关联，而泥石流体内的固体颗粒运动形式是多样化的，但总体可归纳为两类：一类是固体颗粒运动速度基本与水流速度相同的悬移运动，另一类则为运动速度小于水流速度的推移运动。因而固体颗粒大体可分为推移质和悬移质。费翔俊[115]等研究了推移质和悬移质运动时的能量消耗，其中悬移质运动能耗可用 Darcy 阻力公式表示：

$$J_{\mathrm{s}} = \frac{f U^2}{8 g R} \cdot \frac{\gamma'}{\gamma} \tag{1.9}$$

式中，f 为阻力系数；γ'，γ 分别表示泥石流悬移部分的容重和总容重，$\mathrm{kN/m^3}$；U 为保持浆体中细颗粒作悬移运动的不淤流速，$\mathrm{m/s}$。

而推移质运动消耗的能量要比悬移质大得多，其运动能耗表达式：

$$J = J_s + J_b = \frac{fU^2}{8gR} \cdot \frac{\gamma'}{\gamma} + S_{vc}\left(\frac{\gamma_s - \gamma_f}{\gamma}\right)\tan\alpha \qquad (1.10)$$

式中，S_{vc} 为推移颗粒的体积比浓度；γ_s、γ_f 分别表示泥石流固相容重和液相容重；α 为颗粒在床面附近作剪切运动时的摩擦角，其他符号意义同上。

王兆印[99]采用多种卵石进行水流冲刷沟床沉积物发展形成两相泥石流的实验，并运用颗粒运动的能量进行分析，建立了龙头运动的能量理论。除此之外，吴四飞等人[116]在等效两相流的基础之上，运动能量理论研究了泥石流运动能量的聚涨、输移、突变及衰减特性，从能量的角度深刻认识了泥石流的运动机理。近年，舒安平[117]以泥石流固相与液相的能坡损失之和来表达泥石流运动能量耗损总值，并基于最小能耗原理提出了泥石流固、液两相分界粒径的确定方法，得出分界粒径随着最小能坡损失和容重的增加而呈缓慢的增大趋势等，同时为建立了非均质黏性泥石流动力学模型奠定了基础。冯泽深、高甲荣等人[118]从能量的角度出发，通过阐述能量线性模型的原理，分析泥石流输移时的各种能量消耗，从宏观角度提出了减轻泥石流灾害的一种新的思路，即可以从控制能量或熵消耗的角度出发，通过减少固体物质来源量和增大摩擦两种途径来采取一系列减灾措施，为制定泥石流防治规划提供了重要参考。

同时，国外学者 Iverson[119~122]认为泥石流运动是熵增过程，在泥石流运动过程中的能量是可以相互转化的，其转化过程如图 1.2 所示。

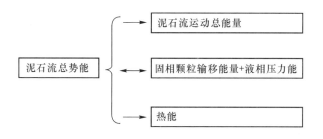

图 1.2 泥石流能量转化示意图

（单向箭头表示不可逆过程，双向箭头表示能量在转化过程中具有密切的反馈关系，能量是可逆的）

A. Armanini[123]也在能量平衡理论的基础之上，对泥石流的运动机理进行了系统的研究，研究成果具有较高的学术价值。

1.2.6 国内外泥石流动力学研究现状

泥石流在运动过程中对所触及的一切物体均会产生力的作用，泥石流动力学特征是泥石流在形成、运移、沉积等过程中所表现出来的一系列宏观特性，对泥石流动力学特征研究是泥石流研究的一个重要内容，它不仅有利于我们认识泥石流这一特殊地质灾害，也是设计工程结构防治泥石流的基础和前提条件。

泥石流动力学研究中的最重要课题即泥石流冲击力的研究，泥石流冲击力与被撞构件的尺寸和刚度有关，而且由于泥石流体中颗粒含量、颗粒尺寸及分布是随机无序的，因而其力源也是随机无序的，这给泥石流冲击力的研究带来了许多困难，可运用数理统计此外还需结合野外实测资料和室内试验分析其内在规律。巨砾有极大的冲击力，往往是工程破坏的直接原因[94,124,125]，20 世纪 70 年代以来，我国与日本几乎同时进行这方面的野外测试工作。泥石流的冲击力包括泥石流体的动压力和大块石的冲击力。有关泥石流体的动压力研究文献较多。而目前应用于计算泥石流体动压力的公式主要有[126]：

（1）C. M. 弗莱施曼公式：

$$p_{动} = K\gamma_c \frac{\alpha v^2}{2g} \tag{1.11}$$

（2）伊兹巴什与哈尔德拉公式：

$$p_{动} = K\gamma_c \frac{v^2}{2g} \tag{1.12}$$

（3）赫尔赫乌利泽公式：

$$p_{总} = 0.1\gamma_c(5H_0 + v^2) \tag{1.13}$$

式中，$p_{动}$ 为泥石流对拦挡坝的冲击动水压强，Pa；$p_{总}$ 为拦挡坝承受的静水压强和动水压强之总值，Pa；v 为挡坝处的泥石流流速，m/s；γ_c 为泥石流体平均密度，t/m³；g 为自由落体加速度，m/s²；K 为由互撞体特征决定的系数，式（1.11）取 2.0，式（1.12）取1.3；α 为由动量所决定的动量改正系数，1.33；H_0 为泥石流泥深，m。

（4）章书成，袁建模公式[127]：

$$\sigma = k\rho v^2 \tag{1.14}$$

式中，σ 为建筑物单位面积作用的冲击动压力，Pa；k 为表征泥石流体不均匀的系数；ρ 为泥石流密度，kg/m³；v 为泥石流流速，m/s。

吴积善[85,94]根据对云南东川蒋家沟泥石流实测资料给出了泥石流冲击压强计算式为：$\sigma = k\rho v^2 \cos\alpha$，其中 k 为系数，根据云南东川实测资料为 3~5。周必凡等人[128]也根据对泥石流的实测资料给出了泥石流动压力表达式为：

$$P = \gamma_c v_c^2 \tag{1.15}$$

式中，P 为被撞物单位面上所受的流体压力，kN；γ_c 为泥石流平均容重，kN/m³；v_c 为泥石流平均速度，m/s。

式（1.15）又根据蒋家沟 1974~1975 年冲击力测试资料被予以修正，得到

$$P = k\gamma_c v_c^2 \tag{1.16}$$

式中，k 为泥石流不均匀系数，一般取 2.5~4.0。

魏鸿[124]在总结前人经验的基础上，通过稳定均匀颗粒水石两相流龙头冲击坝体的水槽试验，分析了冲击荷载峰值的构成情况，运动压力波理论结合颗粒流的应力关系建立了龙头冲击力的计算公式：

$$P = Kv_0^{1.2}R^2 \tag{1.17}$$

$$\frac{\rho_0 v_0}{\rho - \rho_0} = \frac{1}{2}\left[f(\rho)V_0 \pm \sqrt{f^2(\rho)v_0^2 + \frac{4P_0 f(\rho)}{\rho}}\right] \tag{1.18}$$

$$f(\rho) = \frac{(1+\varepsilon)\rho_s\lambda}{13.5\rho} + \frac{(1-\lambda)\rho}{3(\rho - \rho_L)} \tag{1.19}$$

式中，R 为泥石流体中颗粒的代表粒径，m；K 为常数；v_0 为泥石流中颗粒的运动速度，m/s；V_0 为泥石流内部压力波传播的速度（或称龙头冲击的初速度）；ε 为碰撞的能量恢复系数（可取 0.6）；ρ 为龙头整体密度，kg/m³；ρ_L 为液相密度，一般取清水密度，kg/m³；λ 为颗粒线浓度；ρ_s 为颗粒密度，kg/m³；ρ_0 为龙头冲击坝前的密度，kg/m³；P_0 为流体初始压力，kN，由下式计算：

$$P_0 = \frac{1}{2} g \rho_0 h_m \tag{1.20}$$

式中，h_m 为龙头冲击前泥石流体的流深，m。

陈洪凯[89] 运用两相流理论，假定泥石流的冲击力由固相冲击力和液相冲击力共同构成，构建了泥石流冲击力计算公式：

$$P_{im} = K' \left[\frac{1}{30} \xi D \gamma_s u_s + (1 - \xi) \gamma_c u_f^2 \right] \sin^2 \theta \tag{1.21}$$

式中，γ_s 为固相颗粒容重，kN/m³；γ_c 为液相浆体容重，kN/m³；u_s 为固相流速，m/s；u_f 为液相流速，m/s；D 为固相颗粒平均粒径，m；ξ 为固相颗粒的体积分数；θ 为泥石流流速与汇流槽之间的夹角；K' 为冲击力实验系数，黏性泥石流取 10 ~ 13，稀性泥石流取 12 ~ 15。

在国外，水山高久[129] 通过实际观测资料的验证，得出了泥石流的冲击力表达公式。R. Valentino 等人[130] 进行了颗粒流水槽试验，采用摄像法记录了颗粒流形成及运动过程，并借助于离散元软件 PFC²ᴰ 系统模拟了颗粒流水槽试验，获取颗粒流冲出距离和冲击力频谱特性；Okuda[131] 也采用流体力学中压力计算式 $\rho v^2 / 2$ 加上不均匀系数 K，即 $P = K \rho v^2$ 来计算泥石流体的动压力情况。

而目前有关泥石流大块石对被撞结构物冲击力的计算方法较多，主要包括以下几类[85,128,132]：悬臂梁、简支梁冲击力计算式；弹性球的冲击理论；塑性体与刚性球冲击力计算式；落石冲击力计算式。

何思明[133,134] 以 Hertz 接触理论为基础，考虑结构的弹塑性特性，给出泥石流大块石冲击力的计算方法。采用 Thornton 假设，即材料为理想弹塑性体，对 Hertz 接触理论进行弹塑性修正，推导考虑材料塑性的接触压力计算公式。为模拟泥石流大块石对构筑物的冲击，将构筑物假设成静止不动的平面，将大块石简化为以某速度运动的质点，建立基于修正 Hertz 接触理论的计算模型。其中对拦挡坝的最大冲击力计算公式：

$$P_{max} = c \left[\frac{mv^2(n+1)}{2c} \right]^{\frac{n}{n+1}} \tag{1.22}$$

式中，c、n 为材料的特性参数，可由静载试验获取；P_{max} 为泥石流大块石最大冲击力；m 为大块石的质量；v 为大块石的冲击速度。

吴积善等人[94] 通过对蒋家沟泥石流观测将冲击力概化为锯齿形脉冲、矩形脉冲和尖峰形脉冲。它们反映了泥石流冲击力随泥石流本身特征如流速、流量、容重、颗粒级配及颗粒形状等不同而变化。刘雷激等人[125] 在中国科学院东川泥石流观测站于 1982 ~ 1985 年对蒋家沟泥石流冲击力进行了实地测量，采集了一批数据，将巨砾撞击力概化为矩形脉冲谱，而视泥石流浆体压力为三角形脉冲谱。

在国外，石川芳治[135] 对分离泥石流隔栅材料进行了冲击荷载实验，主要目的是为防砂坝设计提供依据；G. Zanchetta 等人[136]对泥石流冲击力的研究认为泥石流的冲击力包括浆体的动压力和石块的撞击力。

据相关研究表明[6,19,128,137~140]，泥沙流的势能大小、下游沟谷比降、沟谷边界条件（底床糙率）、下泄方式、泥浆性质（浓度）以及防护工程条件等是影响泥沙流运动规律的主要因素。其中 M. Rico[19,137]通过收集历史上各尾矿坝溃坝事故的有效信息，并进行分析总结，已经建立了尾矿坝几何参数（坝高、库容等）与由溃决产生的尾砂流体运动特性之间的相互关系，指出了尾矿坝总库容与溢出尾矿量以及溢流量与潜在下游最大流动距离之间的规律，此研究对分析尾矿坝溃坝各参数之间的关系以及溃坝灾害的评估有着重要的现实意义。但 M. Rico 仅分析了部分影响因素之间的关系，且数据都是通过事后调查所得，存在较大的误差，并且关系式具有较大的离散性。基于上述思想，如果将泥浆势能大小、下游沟谷坡度、底床糙率、下泄方式、泥浆浓度以及防护工程条件等多个主要因素与泥沙流运动特性之间的规律用确定的定量关系表示出来，则这种函数关系就将在尾矿坝溃决泥沙流灾害防治研究中发挥举足轻重的作用。

1.2.7 国内外泥石流防治现状

中国泥石流防治主要的科研单位有成都地质灾害与防治研究所、中科院兰州冰川冻土研究所，以及部分大学的科研单位。此外，铁道部第一勘测设计院在铁路沿线泥石流防治方面也有深入研究。

目前，我国泥石流防治的措施主要有以下几个方面：

（1）工程治理。目前铁路、公路交通部门使用的较多，而且大部分为排导工程。

（2）生物治理。生物治理范围大，从南到北的水土流失治理都在进行，如黄土沟壑区、川西、辽东、华南部分山区都在进行不同程度的植树种草，已取得许多成功的经验。

（3）综合治理。综合治理一般指岩土工程和生物相结合的治理措施，目前多用于厂矿、城镇泥石流的防治。

在国外，特别是日本[17~20]在泥石流防治方面非常重视，并且投入的资金非常大，建立了大型的室内实验室和大型野外观测站。在防治泥石流方面已经取得了比较多的经验和实测数据。日本在泥石流防治方面，主要采取硬性措施和软性措施两种方法，如图 1.3 所示。

硬性措施主要分防止工程、控制调节工程和防护工程 3 类。防止工程包括：（1）定床工程。这是一种为了防止流动性泥石流发生，横断沟谷而设置的落差较小的构造物，有时也采用没有落差的谷坊。（2）山坡整治工程。采用不同形式的工程措施防止山坡产生新的崩塌，防止崩塌物的移动，使供给沟床的固体物质控制在最低的限度，并增加山坡的保水能力，以控制泥石流的发生。（3）排导工程。在山坡上修建一拦截地表或地下水流为目的的工程，使水不能汇集于沟床，从而消除泥石流的发生。控制调节工程包括：（1）拦沙坝。日本在泥石流拦挡工程的造型方面的研究颇有成就，近年来已研究出各种透水坝、格栅坝、缝隙坝等。（2）停淤场。防护工程包括：（1）护岸工程。目的是保护沟岸边坡的稳定防止沟道侵蚀而造成灾害。（2）防护堤，用于拦挡导流泥石流，保护堆积山上的村庄，将泥石流导到没有房屋的安全地带。（3）防护林。

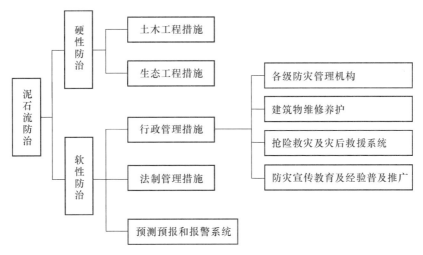

图 1.3 日本泥石流防治分类图

软性措施是调查与掌握泥石流形成主导因素对灾害发生的直接作用,据主导因素的动态变化预测灾害发育过程,并及时采取行政管理措施,将危险区内的人畜和重要财产疏散撤离,使其避开泥石流流路或迁出泥石流危险区,以减少人员伤亡和财产损失。这是一种积极的、以防避为特点的减灾途径。

苏联在泥石流防治方面的成果是非常丰富的[126],他们对泥石流防治的方法总的来说基本与中国、日本两国的方法相同,但他们对泥石流防治研究得非常仔细深入。在这里值得一提的是他们解决春季融雪引起泥石流的危险坡地上的防护措施——超前融雪措施,即采用飞机散布煤灰和煤焦油以及其他类似物质,用以分片融雪,以达到超前融雪目的;还有,夏季冰川强烈熔化期内所引起的泥石流,他们采用烟幕施放法,用以仿造云层,烟幕吸收,反射了太阳辐射,并减少了进入冰川的热量,从而降低了冰面处的气温,致使冰川融化量锐减。对暴雨型泥石流的防治,他们采用对降雨云层予以有效影响的方法:一是发射冷却剂炮,使降雨云层结晶;二是爆炸使降雨云层彻底破坏;三是降雨云层被强迫由泥石流危害区移至非泥石流危险区。这些方法除了苏联,其他国家没有报道过,但这种方法费用非常昂贵,它必须与比较精确的监测仪相配合才能发挥好效益。

其他西方发达国家对泥石流的防治方法大体基本相同,需要指出的是,奥地利[78]对泥石流的重视程度是值得我国好好借鉴的。

1.3 本书的主要研究内容与技术路线

1.3.1 主要研究内容

尾矿坝溃决泥沙流动特性及灾害防护研究属于前沿性、应用性很强的问题,它涉及溃坝水力学、水文学、土力学、泥石流体动力学等相关学科专业,是目前亟待解决的问题。本书以秧田箐尾矿库为参考,基于其基本特征,运用理论分析、室内物理模型试验、FLUENT3D数值模拟等相结合的综合性研究方法,从力学的角度出发,基于泥石流运动、动力学理论对尾矿坝溃决下泄泥沙流在下游沟谷中的运动规律与冲击力特征等关键力学问题展开深入系统的理论与试验研究,揭示尾矿坝溃决下泄泥沙流在运动过程中的演进规律、能量输移与耗散以及对下游建筑物的冲击力特性，探析泥浆高度、下游沟谷坡度、底床糙率、溃口形态、泥浆浓度以及防护工程条件等多个影响泥沙流动的主要因素与泥沙流动特性之间的关系，为我国尾矿坝溃决下泄泥沙流灾害的防护与治理提供坚实的理论基础和技术支撑，从而填补我国在尾矿坝溃决下泄泥沙流运动规律与动力特性研究方面的空白。

本书研究的主要内容如下：

（1）以秧田箐尾矿库为背景，以泥石流体运动、动力学理论为基础，系统地分析国内外尾矿坝研究现状，并借鉴泥石流研究成果分析泥沙流运动机理及主要影响因素。

（2）以秧田箐尾矿库堆存尾矿砂为原型材料，通过室内土工实验和流变实验，研究该尾矿砂的基本物理力学性质，提出适合尾矿浆的流变模型，并找寻与之相似的模型材料。

（3）依据相似物理模型试验理论，采用重庆大学自主研制的大型尾矿坝溃决破坏模拟试验台，分别对不同因素影响下的溃决泥砂运动机理与动力学特性进行系统研究，深入了解泥沙流各流动要素特性，为尾矿库溃决灾害防治工程提供理论依据。

（4）采用大型计算流体动力学软件 FLUENT[3D]的 VOF（Volume Of Fluid）方法，并根据实验提出的尾矿浆流变模型，对不同条件下（有、无防护措施）的尾矿坝溃决泥沙流体流动过程进行全程模拟，得到两种情况下的泥沙流体在下游沟谷中的流动特性，最后将数值计算结果与试验结果进行对比分析，为尾矿坝溃决泥沙流灾害防治提供可靠数据。

（5）根据上述研究结果，综合运用溃坝水力学、水文学、土力学、泥石流运动学及动力学理论，分析尾矿坝发生溃决后，尾矿浆体沿山谷向下游冲击的速度、流量等运动要素的变化规律以及对下游构筑物的冲击情况，并将影响泥沙流动规律的多个主要因素（坝体高度、下游沟谷坡度、底床糙率、下泄方式、泥浆浓度以及防护工程条件）与泥沙流动特性之间的规律用确定的定量关系表示出来，建立尾矿库溃决泥沙运动要素计算公式。

（6）基于突变思想，建立尾矿库溃决泥沙起动的力学模型，得出泥沙起动的势函数，并根据尖点突变理论建立泥沙流体起动的尖点突变模型，从力学的角度运用尖点突变模型对泥沙流起动机理进行分析，得到泥沙流起动的充要条件。

（7）在上述研究的基础之上，运用尾矿坝灾害预测模型，以秧田箐尾矿库为案例，分析尾矿库溃决后库区下游可能遭受的灾害范围和程度，并提出科学、有效、合理的防护思路和技术措施。

1.3.2 本书研究的技术路线

本书的研究课题较新颖，其研究主要采取现场采样、室内试验、理论分析和数值计算相结合的综合性的研究方法。

整个研究按 3 个阶段来进行：

（1）前期准备阶段；

（2）室内模型试验与理论分析阶段；

（3）后期数据整理及成文阶段。

本书研究的基本思路和技术路线如图 1.4 所示。

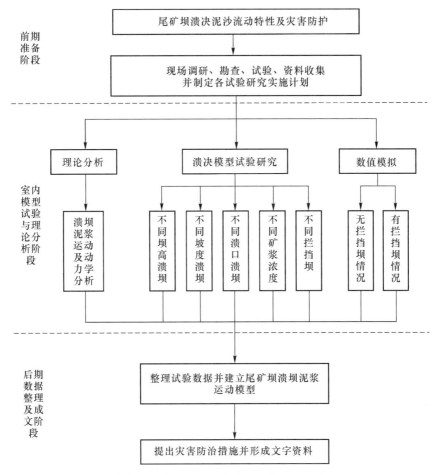

图 1.4 本书的研究基本思路和技术路线

2 尾矿库工程概况与尾矿砂物理力学性质分析

2.1 秧田箐尾矿库基本概况

2.1.1 尾矿库选址

铜厂铜矿矿区评审通过的铜金属总储量为 32.28 万吨，选厂尾矿产率 98.6%，尾矿平均堆积干密度：1.3t/m³，因此，所需总库容为 1.039 亿立方米。设计人员通过调研和现场踏勘，认为矿区附近秧田箐尾矿库虽然占地及人口搬迁相对较多，但其汇雨面积相对较小，库形条件相对较好，尾矿库调洪库容较大，其排洪系统也相对较简单，且在满足堆存 1.039 亿立方米尾矿的前提下其总坝高仅为 170m，经采用相应安全措施及合理堆坝工艺，堆坝技术难度相对较小。因此，秧田箐尾矿库在库形条件上可行。所以，设计人员综合比较分析后，决定将尾矿库库址定在秧田箐大沟。

2.1.2 秧田箐尾矿库简介

依据铜厂铜矿总体设计规划，选厂的规模为 1.8 万吨/天，尾矿产率为 98.6%，尾矿固体颗粒密度为 2.7t/m³，平均堆积干密度为 1.3t/m³，年排尾矿 450 万立方米。主要工作制度为 330d/a。

根据库容和初步设计的尾矿坝坝高，比对《选矿厂尾矿设施设计规范》(GB 50863—2013)，初步确定该尾矿库等别为二等。

2.1.2.1 初期坝

根据实地踏勘情况，秧田箐尾矿库沟谷宽大，库形条件相对较好，库区沟底为良田，岸坡为坡梯田，设计考虑少占用农田、少搬迁人口，将坝址选择在秧田箐村下游的狭窄沟口处（见图 2.1）。秧田箐尾矿库库内有岩石出露，且距离坝址较近（约 2.5km），根据就近取料，增加尾矿库库容等原则设计确定初期坝坝型为透水堆石坝。

秧田箐尾矿库初期坝采用堆石坝的形式，初期坝（主坝）坝底地面标高 1840m，顶标标高为 1880m，清基深度暂定 5m，坝高为 40m，有效库容约 285 万立方米，可储存选厂半年多排出的尾矿量（225 万立方米）。主坝坝顶长约 224m，坝顶宽 5m，上游坡比为 1：1.75，下游坡比为 1：2.0，筑坝工程量约为 75 万立方米。根据秧田箐尾矿库地形及所需库容，应在其东侧一丫口处设置一道副坝，副坝就近取料，其坝型为风化料不透水坝。丫口副坝坝底地面标高为 1950m，坝顶标高为 2000m，坝高为 60m。副坝坝顶长约 388m，坝顶宽 5m，上、下游坡比分别为 1：2.0 和 1：2.5，筑坝工程量为 105 万立方米。

2.1.2.2 尾矿堆坝及排渗

尾矿堆坝工艺的选择取决于尾矿的特性，不同方案的堆坝工艺，投资相差较大，直

图 2.1 秧田箐沟库区地形地貌

接影响整个工程的概算及技术经济指标。由于选厂选矿工艺未最终确定，根据目前选矿试验结果，尾矿粒度为大于 0.074mm 的占 15% 左右，尾矿粒度较为适中，秧田箐尾矿库坝址区相对较狭窄，根据尾矿粒度和所选尾矿库库区条件及《选矿厂尾矿设施设计规范》（GB 50863—2013）暂选上游式筑坝方式进行尾矿堆坝设计。由于堆坝较高，总坝高为 170m，待选矿试验完成后，选矿工艺最终确定，根据尾矿粒度进行堆坝安全稳定分析及堆坝工业性试验结果，再最终确定筑坝及堆坝方式。初步设计库容曲线如图 2.2 所示。

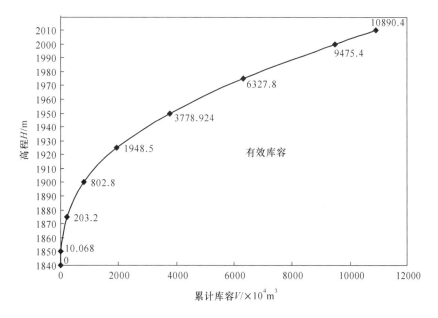

图 2.2 秧田箐尾矿库设计库容曲线图

尾矿库库内及坝址地形开阔，主副两坝轴线较长，为提高堆坝体强度，要求各放矿口的冲积粒度基本一致，宜采用坝顶分散放矿的方法向库内排尾矿。根据库区地形条件，选厂产出的全部尾矿从沟口主坝上开始堆坝，尾矿堆坝外坡比为1∶4，尾矿最终堆积标高2010m，堆积坝总高130m。

排渗设施主要在初期坝下和堆坝体中设置，初期坝内坡设置反滤层，坝前100m范围内采用天然砾石料设反滤集水层，坝下设置排水盲沟。

堆坝体排渗设施设置在库内尾矿堆体中，从标高1880m起垂直于坝轴线200m范围内设置纵、横软式透水管排渗系统，横向软式透水管（ϕ200mm）每升高10m设1层，设置在距离坝轴线200m的地方平行于坝轴线；纵向软式透水管（ϕ200mm）每升高10m设1层，垂直于坝轴线布置，间距为每20m设置1根，纵向软式透水管与横向软式透水管相连将坝前尾矿渗水由纵横向软式透水管排向坝下游。

2.1.2.3 尾矿库排洪系统

根据《选矿厂尾矿设施设计规范》（GB 50863—2013），尾矿库为二等库，尾矿库防洪标准：初期为100年，中后期为500年。尾矿库库区汇雨面积约8.2km²。由于该尾矿库库型条件好，调洪库容大，设计按最不利考虑，初期为取尾矿堆高至初期坝顶1880.0m，中后期为尾矿堆高至1900.0m（尾矿库使用2年后），在1∶10000地形图上计算出（尾矿沉积坡为1%，干滩长度为150m）尾矿库在初期及中后期的调洪库容。结果显示，尾矿库初期及中后期的调洪库容均大于初期及中后期相应频率下的一日洪水总量，一日暴雨（24h）汇积入库内的洪水按72h的排洪时间设计排洪井—管的排洪断面，根据洪水计算结果选用C20钢筋混凝土框架式排水井—管排洪，排水井外径为3.5m共计7座，每座高21.0m，排水管内径2.0m，总长$L=1800.0$m，初期建设排水井3座，排洪管$L=1000.0$m，以后随着尾矿的堆高分阶段进行余下的排洪井—管建设。

2.1.2.4 尾矿输送系统

选厂尾矿排出口标高在2100.0m标高，选厂至秧田箐尾矿库间最高鞍部高程为2200.0m，尾矿库使用标高为1840.0~2010.0m，选厂至最高鞍部几何高差$H=100.0$m，选厂至尾矿库间输送距离$L=4000.0$m，选厂至尾矿库间的尾矿输送无法实现自流，必须进行加压输送，考虑尾矿输送及尾矿回水成本，对选厂排出的尾矿进行厂前浓缩，尾矿经厂前浓缩脱水至质量浓度50%后采用管道加压输送，大量厂前浓缩尾矿水直接回送选厂生产使用，以减少尾矿库回水量。

尾矿输送采用有压输送，通过泵将选厂排放的尾矿直接扬送至尾矿库排放。选厂规模为1.8万吨/天，尾矿产率为98.6%，尾矿输送干量为1.7748t/d，输送质量浓度为50%，经输送水力计算，尾矿矿浆输送流量为$Q=1014$m³/h，输送扬程为$p=2.0$MPa。根据输送水力计算结果输送设备选用LSB280-2.5型（$Q=280$m³/h，$p_n=2.5$MPa）水隔泵六台（四用二备），输送管材为2根无缝钢管（ϕ377mm×10mm），内衬PO耐磨管件厚6mm，长$L=4000$m。

2.1.2.5 尾矿回水

尾矿库的尾矿澄清水，初期经排洪井管排至坝下游用泵扬送回选厂使用，中后期采用库内回水方式用泵扬送回选厂使用。

2.1.3 尾矿库周边环境安全

尾矿库下游冲沟主要为农田分布，库下游两岸分布有：米茂村（距离坝址约 0.6km）、股水村（距离坝址约 3.0km）、枇杷村（距离坝址约 4.0km）、黄草岭（距离坝址约 5.0km）等村庄，无重要城镇、工矿企业、重要铁路干线，尾矿库失事对下游影响主要为：库下游农作物受灾减产，库下游米茂村居住于沟底的部分人员生命安全受较大威胁。

2.2 尾矿砂物理力学性质

2.2.1 尾矿砂基础物理力学性质

2.2.1.1 试验尾矿样品介绍

原矿石样品为块状氧化矿，品位控制在 0.3%左右、氧化率 64%；该矿样能代表整个矿区矿石的性质。取样点为地表样和坑道样，样品总量为 10.5t。

地表取样点在 6~10 号剖面线之间，选取两个露头比较好的地方进行取样，总量为 3.0t，品位 0.3%，氧化率 80%。坑道取样点在 1 号坑道内，坑道标高为 2155m。在 6 号线、8 号线、10 号线穿脉坑道内选取矿体连续的地方取样，总量为 7.5t，平均品位 0.33%，综合氧化率 40%。其中 10 号线一处取样，总重约为 1500kg，氧化率 56.97%，平均品位 0.37%。8 号线两处取样，上盘取样约为 1500kg，氧化率 38.95%，平均品位 0.42%，下盘取样约为 1500kg，氧化率 38.95%，平均品位 0.31%。6 号线也是两处取样，上盘取样约为 1500kg，氧化率 33.57%，平均品位 0.29%。下盘取样约为 1500kg，氧化率 33.57%，平均品位 0.26%。从地质报告书和现场可以看出，整个铜厂矿区在走向上和深部延伸上矿化和岩石性质变化都不大，所以矿石样品性质可以代表整个矿区矿石的性质。

2.2.1.2 试验依据

尾矿力学特性试验测试均按照国家有关规程规范进行。主要的技术规范为：
（1）《土工试验方法标准》（GB/T 50123—2019）；
（2）《土工试验规程》（SL 237—1999）；
（3）《选矿厂尾矿设施设计规范》（GB 50863—2013）。

2.2.1.3 尾矿颗粒组成试验测试

尾矿的粒度是一项重要的指标，是影响尾矿库设计的一个重要参数，颗粒组成不仅决定了它的物理性质，也决定了其力学性质，如渗透性、压缩性和剪切强度等，它能综合反映尾矿的特性和本质，现代土质学、水利工程学、选矿学等研究结果都表明，粒径和土的性质有着密切的关系[6]。同时，土的性质取决于各种不同粒度的相对含量[22]。粒度级配曲线是尾矿物理特性的另一种表达方式[55]。所以，在研究尾矿物理力学特性前，应先分析其颗粒组成。

为了全面准确地反映尾矿颗粒组成结果，试验人员在尾矿样中随机选取了 5 袋尾矿样，将它们混合均匀，把结块的尾矿进行人工研磨分散、细化处置，如图 2.3 所示。最后，取 10 组试样进行颗粒分析。

图 2.3 铜厂铜矿选矿试验尾矿样

颗粒试验测试使用的仪器为美国产的 Microtrac S3500 型激光颗粒分析仪（见图 2.4），该仪器不仅测试范围广，最小可到 20.0nm，而且精度高，测试时间短。10 个全尾矿试样的测试结果分别见表 2.1，尾矿颗粒粒径典型分布曲线如图 2.5 所示。

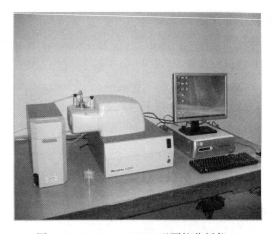

图 2.4 Microtrac S3500 型颗粒分析仪

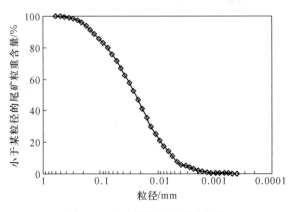

图 2.5 尾矿颗粒粒径分布曲线

表 2.1 全尾矿颗粒组成及名称

样品编号	颗粒组成/mm															土样名称
	1.0~0.25	0.25~0.125	0.125~0.106	0.106~0.074	0.074~0.037	0.037~0.018	0.018~0.010	0.010~0.005	<0.005	d_{10}	d_{30}	d_{60}	d_{50}	C_u	C_c	
1	5.98	20.65	4.93	9.1	17.98	19.79	10.58	7.38	1.52	0.010	0.024	0.076	0.053	7.60	0.76	尾粉土
2	2.5	8.85	2.71	6.44	17.19	23.71	15.57	13.86	2.1	0.006	0.014	0.034	0.025	5.67	0.96	尾粉土
3	1.51	16.99	4.02	12.55	19.62	23.34	9.86	7.17	0.73	0.010	0.025	0.065	0.045	6.50	0.96	尾粉土
4	2.71	4.62	1.6	3.74	10.89	19.28	20.56	20.43	3.26	0.004	0.009	0.020	0.016	5.00	1.01	尾粉土
5	0	18.25	6.59	6.92	27.77	20.85	11.94	5.76	1.26	0.011	0.025	0.062	0.046	5.64	0.92	尾粉土
6	5.44	15.94	5.21	10.4	21.86	21.38	10.43	5.39	0.66	0.011	0.026	0.067	0.049	6.09	0.92	尾粉土
7	3.85	10.34	3.78	8.51	19.86	20.63	12.86	9.89	1.48	0.005	0.016	0.046	0.033	9.20	1.11	尾粉土
8	4.36	11.46	4.29	9.82	22.75	21.07	10.99	7.48	1.08	0.007	0.021	0.054	0.040	7.71	1.17	尾粉土
9	4.87	13.85	5.06	10.73	21.76	19.89	10.45	6.89	0.97	0.008	0.023	0.062	0.045	7.75	1.07	尾粉土
10	7.62	26.95	8.02	13.59	20.74	14.58	5.73	2.61	0.16	0.020	0.048	0.111	0.088	5.55	1.04	尾粉土
平均值	3.88	15.79	5.62	9.18	20.04	21.45	11.90	8.69	1.28	0.008	0.023	0.060	0.044	7.5	1.10	尾粉土

从试验结果可知：全尾矿颗粒粒径的中值粒径 d_{50} = 0.016 ~ 0.088mm，平均值为 0.044mm；0.074mm 以上的颗粒含量不大于 34.47%（在 20.50% ~ 38.21% 范围）；不均匀系数 C_u = 5.00 ~ 9.20，平均值为 7.5，曲率系数 C_c = 0.76 ~ 1.17，平均值为 1.10，在 10 组全尾矿样中，有 5 组曲率系数 C_c 小于 1.0，另外 5 组曲率系数 C_c 大于 1.0。结果显示：10 组全尾矿样均为尾粉土，5 组试样级配良好，其余 5 组级配不良。总的来说，该尾矿砂级配不理想。

2.2.1.4 物理性质试验测试

按照土工试验对尾矿进行测试，随机选取了 3 组尾矿样，每组 3 ~ 4 个样，分别对它们进行了比重、密度、含水率、塑限和液限等物理性质参数的测定。其他指标参数可通过换算求得。全尾矿的测试结果见表 2.2。国内其他矿山尾矿的物理性质指标值见表 2.3[6]。

从上述结果中对比可以看出，虽然都是尾矿渣，但秧田箐尾矿砂密度和孔隙比均较其他尾矿渣小，且其物理指标有较大差异。这主要与每个地方的矿石成分和尾矿渣的堆存条件有关。

表 2.2 全尾矿物理性质试验测试结果

尾矿编号	密度（不包含孔隙）$\rho_s/g \cdot cm^{-3}$	密度（包含孔隙）$\rho/g \cdot cm^{-3}$	含水量 $W/\%$	干密度 $\rho_d/g \cdot cm^{-3}$	饱和密度 $\rho_{sat}/g \cdot cm^{-3}$	饱和度 $S_r/\%$
1 号	2.83	1.94	14.81	1.69	2.20	65.9
2 号	2.84	2.01	14.68	1.73	2.24	69.2
3 号	2.81	1.96	14.97	1.67	2.14	68.3
平均值	2.826	1.97	14.82	1.70	2.19	67.8

尾矿编号	塑限 W_p/%	液限 W_L/%	塑性指数 I_p	孔隙比 e	孔隙率 n/%
1 号	13.2	20.7	7.6	0.68	40.3
2 号	12.8	21.0	7.2	0.65	39.5
3 号	13.5	19.7	6.2	0.69	40.8
平均值	13.1	20.5	7.0	0.67	40.2

注：密度是将制备好的尾矿样按照15%含水率配制，然后根据《土工试验方法标准》(GB/T 50123—2019) 测定。

表 2.3　国内细粒尾矿的主要物理指标值

尾矿库名称	尾矿沉积土名称	密度（不包含孔隙）/g·cm^{-3}	含水量/%	天然容重/g·cm^{-3}	孔隙比 e
火都谷	粉砂	3.12	30	2.04	1.04
黄选厂	粉砂	3.68	34	1.89	1.64
牛坝荒	粉砂	3.51	36	1.87	1.56
古山广街	粉砂	3.07	25	1.95	1.10

2.2.1.5　尾矿砂基础力学性质试验测试仪器简介

尾矿砂的力学性质指标是定量分析尾矿坝等工程稳定性的重要基础数据。由于尾矿土是松散颗粒的集合体，它的组成不仅与排放的尾矿本身有关，而且与排放方式等有关。同时，作为尾矿土的破坏并不是颗粒本身的破坏，而是颗粒之间以及颗粒之间的胶结破坏。尾矿的力学性质指标主要有抗剪强度、压缩指标、渗透指标等。本书按相关试验标准和规范，随机选取 3 组铜厂铜矿全尾矿进行了压缩试验、渗透试验、直剪试验和三轴剪切试验，获得了全尾矿的力学特性指标参数。

A　压缩特性试验

采用 WG-IB 型单杠杆低压固结仪（见图 2.6），按照标准固结法进行 3 组尾矿压缩试验。

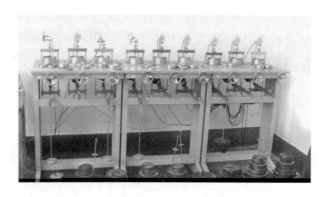

图 2.6　WG-IB 型单杠杆低压固结仪

取样环刀规格为：ϕ61.8mm 和 H20mm。

试验要求：按照《土工试验方法标准》（GB/T 50123—2019）要求制备试验样；采用

标准固结试验方法，试验时施加的竖向压力分别为：100kPa、200kPa、300kPa 和 400kPa。

尾矿压缩系数和压缩模量等压缩性指标的试验结果见表 2.4。

表 2.4 铜厂铜矿全尾矿力学性质测试结果

尾矿编号	抗剪强度指标										压缩性指标		渗透性指标
	饱和快剪试验		三轴试验								压缩系数	压缩模量	渗透系数
			固结不排水剪（CU'）试验				固结排水剪（CD）试验		不固结不排水剪（UU）试验				
	c_{cq} /kPa	φ_{cq} /(°)	c_{cu} /kPa	φ_{cu} /(°)	c' /kPa	φ' /(°)	c_{cd} /kPa	φ_{cd} /(°)	c_{uu} /kPa	φ_{uu} /(°)	a_{1-2} /MPa^{-1}	$E_{s(1-2)}$ /MPa	K_v /cm·s^{-1}
1 号尾矿砂	2.81	30.1	5.14	25.54	6.94	26.14	9.9	30.3	6.8	28.4	0.142	13.87	1.46×10^{-4}
2 号尾矿砂	2.17	31.1	5.31	25.46	6.07	26.16	9.6	30.1	7.0	28.1	0.135	14.38	1.53×10^{-4}
3 号尾矿砂	2.89	29.4	5.45	25.26	6.43	26.01	10.1	30.4	6.4	28.5	0.137	14.29	1.51×10^{-4}
平均值	2.62	30.2	5.30	25.42	6.48	26.10	9.9	30.3	6.7	28.3	0.138	14.18	1.50×10^{-4}

从表 2.4 中看到，该尾矿渣的压缩指标较小，其压缩系数 a_{1-2} 在 0.138MPa^{-1} 左右，压缩模量 E_s 约为 14.18MPa。由于尾矿的压缩系数 $a_{1-2} < 0.5$MPa^{-1}，因此按照《岩土工程勘察规范》（GB 5001—2009）[142] 对土层压缩性分类，可知该尾矿压缩性在低压缩性与中压缩性土之间。关于细粒尾矿土层的渗透性，从试验结果可以看出，其渗透系数在 1.50×10^{-4} cm/s 左右，按照规范可知其为中等透水性。同时根据抗剪强度试验结果综合分析得出：本次尾矿砂抗剪强度试验采用了饱水直剪和三轴剪切两种不同试验方法进行，此二种试验方法所得的测试结果存在一定差异，尤其是内聚力 c 相差很大，三轴剪切试验测得的尾矿砂内聚力几乎为饱水直剪试验所得值 3 倍左右，但其内摩擦角 φ 却基本在 25°~31° 之间，相差不是很大。

B 渗透性试验

采用 TST-55A 型渗透仪（见图 2.7），按照变水头法进行 3 组尾矿样的渗透性试验。渗透试验取样采用的环刀规格均为：ϕ61.8mm 和 H40mm。

试验要求：制样控制要求参考《土工试验方法标准》（GB/T 50123—2019）；采用变水头渗透试验方法进行试验。

渗透系数等渗透性指标的试验结果见表 2.4。

C 直剪试验

采用 EDJ-1 型应变控制式直剪仪（见图 2.8），进行 3 组尾矿样的直接剪切试验。试验采样环刀规格为：ϕ61.8mm 和 H20mm。

试验要求：按照《土工试验方法标准》（GB/T 50123—2019）要求进行制样；采用饱和快剪试验方法，剪切速率设定为 0.8mm/min，施加的竖向压力分别设定为 100kPa、200kPa、300kPa 和 400kPa。

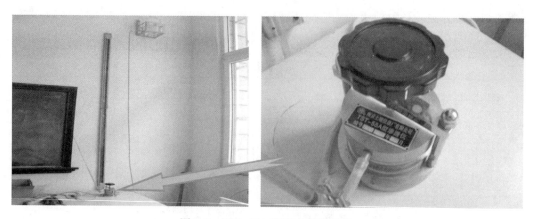

图 2.7 TST-55A 型变水头渗透仪

图 2.8 EDJ-1 型应变控制式直剪仪 (二速电动)

D 三轴剪切试验

采用 TSZ30-2.0 型应变控制式三轴剪力仪 (见图 2.9),进行 5 组尾矿三轴剪切试验。每组 3 个圆柱形试样,共计 15 个试验试样,试样规格为:ϕ39.1mm 和 H80mm。

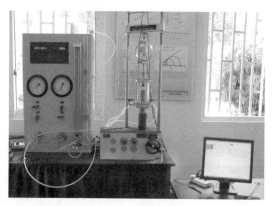

图 2.9 TSZ30-2.0 型应变控制式三轴剪力仪 (中压台式)

试验要求:按照《土工试验方法标准》(GB/T 50123—2019) 制备试验样;进行固结不排水剪试验 (CU'试验);固结排水剪试验 (CD 试验) 和不固结不排水剪试验 (UU 试验)。试验施加的围压分别是:100kPa、200kPa 和 300kPa;固结不排水剪试验时同时测定试样的孔隙水压力；剪切速率为：0.276mm/min；采用轴向应变15%作为破坏标准。提交总应力抗剪强度指标、有效应力抗剪强度指标和邓肯-张模型八个参数。

2.2.1.6 尾矿砂工程力学性质测试结果

全尾矿工程力学性质试验测试结果见表2.4。相关的试验测试曲线图如图2.10和图2.11所示。其中三轴试验典型包络线如图2.12所示。

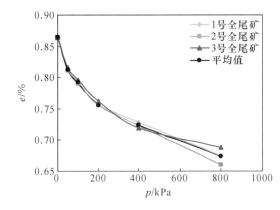

图2.10 3组尾矿样的压缩曲线   图2.11 3组尾矿样的抗剪强度曲线

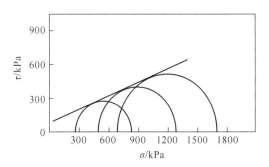

图2.12 尾矿砂三轴试验强度包络线典型图

2.2.2 尾矿砂非线性力学性质

2.2.2.1 非线性模型分析

一般弹性非线性模型是把弹性模量 E 和泊松比 ν 看作随应力状态变化而改变的变量，即 E 和 ν 是应力状态 $\{\sigma\}$ 的函数[24,26,63,64]。

对土体而言，邓肯（Duncan）和张（Chang）提出了双曲线模型。利用常规三轴试验，在保持 σ_3 不变的情况下，改变轴向应力 $\sigma_1-\sigma_3$，可以确定增量虎克定律中的材料常数。

如图2.13所示，弹性模量 E 为：

$$E = \frac{\Delta\sigma_1}{\Delta\varepsilon_1} = \frac{\Delta(\sigma_1-\sigma_3)}{\Delta\varepsilon_a} = \frac{\partial(\sigma_1-\sigma_3)}{\partial\varepsilon_a} \tag{2.1}$$

而 E_t 为：

$$E_t = \frac{1}{a}\left[1 - b(\sigma_1 - \sigma_3)\right]^2 \tag{2.2}$$

式中，常数 a、b 如图 2.14 所示。

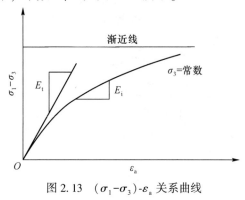

图 2.13　$(\sigma_1 - \sigma_3)$-ε_a 关系曲线

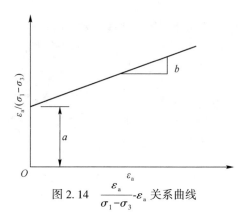

图 2.14　$\dfrac{\varepsilon_a}{\sigma_1 - \sigma_3}$-$\varepsilon_a$ 关系曲线

对于泊松比 ν，库哈威（Kulhawy）和邓肯认为常规三轴试验测得的 ε_a 与 $-\varepsilon_r$ 关系仍可用双曲线来拟合，如图 2.15 和图 2.16 所示。

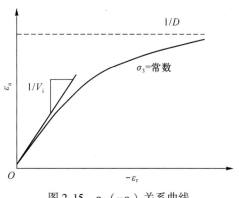

图 2.15　ε_a-$(-\varepsilon_r)$ 关系曲线

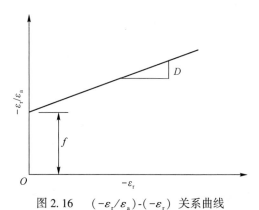

图 2.16　$(-\varepsilon_r/\varepsilon_a)$-$(-\varepsilon_r)$ 关系曲线

因为

$$\nu = \frac{-\Delta\varepsilon_r}{\Delta\varepsilon_a} = \frac{\partial(-\varepsilon_r)}{\partial\varepsilon_a} \tag{2.3}$$

经变换得：

$$\nu = \frac{f}{1 - A} \tag{2.4}$$

其中，

$$A = \frac{D(\sigma_1 - \sigma_3)}{kp_a\left(\dfrac{\sigma_3}{p_a}\right)^n\left[1 - \dfrac{R_f(1 - \sin\varphi)(\sigma_1 - \sigma_3)}{2c\cos\varphi + 2\sigma_3\sin\varphi}\right]}$$

从图 2.16 可以推出：

$$\nu_t = \frac{G - F\lg\dfrac{\sigma_3}{p_a}}{(1 - A)^2} \tag{2.5}$$

2.2.2.2 尾矿砂非线性力学参数

邓肯（Duncan）-张（Chang）模型是尾矿坝稳定分析及变形计算中应用较多的非线性材料本构模型，包括 8 个参数，这些参数均可通过三轴试验求得。根据全尾矿的常规三轴固结不排水剪切试验数据，根据邓肯-张模型，经计算整理出细尾矿沙非线性 $E-B$ 模型和 $E-\mu$ 模型的非线性力学参数。见表 2.5。

表 2.5　尾矿各土层非线性参数试验结果

尾矿	非线性参数							
	模量系数 k	模量指数 n	破坏比 R_f	泊松比参数			黏聚力 c/kPa	内摩擦角 $\varphi/(°)$
				G	F	D		
1 号	922.2	0.457	0.994	0.427	0.114	0.897	6.94	26.14
2 号	830.2	0.624	0.986	0.451	0.158	0.839	6.07	26.16
3 号	923.9	0.404	0.991	0.457	0.211	0.940	6.43	26.01
平均值	892.1	0.495	0.990	0.445	0.161	0.925	0.648	26.10

2.3　尾矿浆体流变模型和特性

目前全球 90% 的工业品和 17% 的消费品是用矿物原料生产的，而我国更是 95% 的能源和 80% 的原材料依赖于矿产资源。在矿产资源开采过程中，人们在获取有价值的矿产品的同时也遗弃了大量的矿渣，而这些矿渣就是尾矿。大部分尾矿以浆状形式排出，储存在尾矿库内。尾矿库是一座存贮矿渣和水的特殊人工建筑物，但由于暴雨、地震以及坝体自身失稳等原因引发尾矿库溃坝，造成库内尾矿渣以泥沙流的形态向下游运动，对下游居民、交通等造成非常严重的破坏。

尾矿坝溃决泥沙流从组成来看，主要为水和尾矿颗粒的混合体，所以它属于一种典型的固液两相流。泥沙流中固体物质与泥沙流的体积比一般较高，远比一般挟沙水流高，如固体物质密度按 $2.70\mathrm{t/m^3}$ 计，则泥沙流体的容重将可达到 $1.4\sim2.2\mathrm{t/m^3}$，因此其冲击破坏力十分惊人。由于在选矿过程中产生的尾矿渣普遍较细，因此它与典型的泥石流有较大差别，而与普通泥流的性质较相似。矿渣中的较细颗粒（$d<0.05\mathrm{mm}$）与水组成的不分选浆体具有很高的黏性（黏滞系数为清水的数十倍至几百倍），使其中较粗的颗粒在黏性及浮力作用下，由推移运动转入到阻力较小的悬移运动状态。泥沙流在流动过程中包括大颗粒固态物质的碰撞、摩擦与其周围流体的交互作用，使泥沙流体的流变特性脱离了一般牛顿流体范畴，属于较复杂的非牛顿流体。

尾矿坝溃决下泄泥沙流研究的最终目的在于灾害的治理与防护，因此在研究尾矿坝稳定性的同时，必须对下泄泥沙流的运动规律进行定量分析，为尾矿坝溃决灾害的治理与防护工程提供可靠的理论依据。泥沙流流动特性研究的核心问题是掌握泥沙流在下泄过程中的运动流速和冲击力情况，这些研究的基础要追溯到泥沙流自身的流变特性上，研究泥沙流的流变特性对我们认识泥沙流性质，研究它的流动规律有很重要的意义。

2.3.1 泥石流体流变模型

由于当前国内外学者对尾矿浆的流变特性研究仍处于初步研究阶段，相关理论和研究成果远未成熟，而相关研究主要集中在泥石流研究方面。因此，目前只能以泥石流流变模型为基础，通过对尾矿浆的室内流变实验来分析尾矿浆的流变特性。目前，国内外已经有许多研究人员以实验分析或理论推导，提出了各种泥石流的流变模型。按泥石流体内部固体颗粒之间以及颗粒与液体之间的相互作用关系，国内外学者提出了6种较为成熟且便于应用的泥石流流变模型：牛顿流体模型、宾汉流体模型（黏塑性模型）、固体颗粒相互摩擦模型、Bagnold膨胀体模型（固体颗粒碰撞模型）、固体颗粒摩擦与碰撞混合模型以及二项式模型（黏塑性与碰撞混合模型）等，各流变模式的剪应力τ与切变率$\dot{\gamma}$关系曲线如图2.17所示。

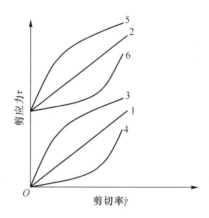

图 2.17　各种流变模型之剪应力与剪切率关系曲线
1—牛顿流体模型；2—宾汉流体模型；3—伪塑性流体模型；4—膨胀性流体模型；
5—屈服伪塑性流体模型；6—屈服膨胀性流体模型

2.3.1.1 牛顿流体模型

若水体中含有泥沙石，则流线在固体颗粒附近的变形、不对称颗粒在流速梯度场内的旋转及泥沙的絮凝作用，将使液体黏滞系数增加。通常情况清水以及低含沙水体，在层流情况下，其流变特性大致上可采用牛顿流体模式来描述。牛顿流体模式的最主要特征是：在受剪切流动过程中，剪应力与剪切率关系曲线为通过坐标原点的一条直线（见图2.17）。

$$\tau = \mu_{\mathrm{m}} \frac{\mathrm{d}u}{\mathrm{d}y} \tag{2.6}$$

式中，μ_{m}为动力黏滞系数；$\dfrac{\mathrm{d}u}{\mathrm{d}y}$为切变率。

假设水体中的含沙量较低，且固体颗粒均为粒径均匀的刚性球体，由于固体颗粒之间有较大的距离，因此颗粒之间的相互作用可忽略。Einstein[173]推导出清水在低含沙量时的黏滞系数为：

$$\mu_{\mathrm{m}} = \mu_0 (1 + 2.5 C_{\mathrm{v}}) \tag{2.7}$$

式中，μ_0 为清水的黏滞系数；C_v 为固体颗粒含量，该式的适用范围为 $C_v<2\%$。当固体颗粒浓度较大时，流体黏度增大，牛顿流体模式已不适宜描述该情况。

2.3.1.2 宾汉流体模型（黏塑性模型）

宾汉流体模式考虑了高浓度水沙流在黏度随浓度增加而加大，同时还有克服由于细颗粒形成絮凝网状结构及粗颗粒之间摩擦而产生的屈服应力 τ_B（称流体屈服应力或宾汉屈服应力）。当作用在流体上的剪切力 τ 小于临界屈服应力 τ_B 时，流体不会发生流动，即 $\dfrac{du}{dy}=0$；当 $\tau>\tau_B$ 时，则流体开始流动，其流体切变率与所承受的剪切力呈线性正比关系：

$$\tau=\tau_B+\eta\frac{du}{dy} \tag{2.8}$$

式中，τ_B 为宾汉屈服应力（Bingham yield stress）；η 为宾汉流体刚度系数。

宾汉流体模型强调液相阻力而忽略了泥石流中的较粗颗粒，因此，该模型适用于泥流运动。然而宾汉流体模式中的参数 τ_B 和 η 并非常数，而是随水沙混合物的颗粒组成、固体浓度及温度等因素的不同而有很大的变化范围，因此不同的泥石流体流变参数（τ_B 和 η）需通过实验室测试才能确定。对于泥沙浆体而言，细颗粒泥沙的絮凝结果是形成宾汉屈服应力 τ_B 的主要原因，因此出现屈服应力的浆体最低浓度（出现屈服应力的临界浓度），必须与泥沙颗粒大小及含量有关。细小颗粒泥沙的粒径越细、含量越大，出现宾汉屈服应力的临界浓度越低。

根据实验及野外观测[142]，认为宾汉屈服应力 τ_B 又包括细粒泥浆的凝聚力 τ_c 和泥沙颗粒之间的摩擦力两部分，而摩擦引起的部分又与正应力 p 成正比，即：

$$\tau=\tau_B+\eta\frac{du}{dy}=\tau_c+p\tan\varphi+\eta\frac{du}{dy} \tag{2.9}$$

必须注意的是，由于宾汉流体模式的基础是修正的含固体颗粒的流体流变参数，因此，该流变模式仅适用于描述流体层流流态，而在紊流现象中，该模式不能描述其现象，紊流剪应力应考虑与切变率的平方成正比。

2.3.1.3 固体颗粒相互摩擦模型

固体颗粒相互摩擦模型假设泥石流在运动过程中的动量交换是在固体颗粒的缓慢运动中完成的，固体颗粒之间相互接触，不予考虑流体内部的动量交换。常用 Mohr-Coulomb 理论（该理论认为接触应力包括颗粒之间相互接触、传递剪切面以上颗粒压力以及颗粒之间的相互摩擦作用力）来表示固体物质塑性流动时产生的剪应力。剪应力与剪切率两者之间没有关系，即固体物质呈塑性。τ 与 $\dfrac{du}{dy}$ 之间没有对应关系。剪切面上的剪应力与正应力之间的关系可表示为：

$$\tau_c=c+p\tan\varphi_0 \tag{2.10}$$

式中，c 为颗粒之间的黏聚力；φ_0 为颗粒内摩擦角；p 为正应力。

2.3.1.4 Bagnold 膨胀体模型（固体颗粒碰撞模型）

Bagnold 膨胀体模型（固体颗粒碰撞模型 Dilatant model）是 Bagnold 1954 年提出的，

他在试验中发现在固体颗粒相互碰撞交换动量时，其剪应力与切变率的平方成正比，该模型的表达式为：

$$\tau = \alpha \left(\frac{\mathrm{d}u}{\mathrm{d}y}\right)^2 \tag{2.11}$$

式中，α 为流体稠度指标，与固体颗粒浓度、粒径大小有密切关系。

试验得到：

$$\alpha = a_1 \rho_s (\lambda d)^2 \sin\alpha \tag{2.12}$$

式中，a_1 为经验性常数，由试验得到 $a_1 = 0.042$；$\sin\alpha$ 为动摩擦系数，其值为 0.31。

Bagnold 膨胀模型主要适用于颗粒之间碰撞效果较为明显的流体运动，该情况下的颗粒之间保持着相当大的距离，其变形速度较快，颗粒之间相互接触时间很短，所以动量的转换主要是靠颗粒之间的交互碰撞作用完成。Takahashi[150] 曾应用 Bagnold 的碰撞流变模型分析了水石流的流动特性。

2.3.1.5　固体颗粒摩擦与碰撞混合模型

对介于固体颗粒摩擦模型和固体颗粒碰撞模型之间的流体运动情况，Mc Tigue[151]、Johnson 和 Jackson[152] 曾对其做了大量研究，发现剪切应力为：

$$\tau = \tau_c \cos\varphi + \eta_1 (S_V^2 - S_{V0}^2)\sin\varphi + \eta_2 (S_{Vm}^2 - S_V^2)\left(\frac{\mathrm{d}u}{\mathrm{d}y}\right)^2 \tag{2.13}$$

式中，η_1 和 η_2 为系数；S_{V0} 和 S_{Vm} 分别为固体体积比浓度的最小值和最大值。

根据变化可得该混合模型的一般表达式：

$$\tau = \tau_y + \alpha \left(\frac{\mathrm{d}u}{\mathrm{d}y}\right)^2 \tag{2.14}$$

式中，流变参数 $\tau_y = \tau_c \cos\varphi + \eta_1 (S_V^2 - S_{V0}^2)\sin\varphi$，即流体流动前需要克服的屈服应力，$\alpha = \eta_2 (S_{Vm}^2 - S_V^2)$。

该模型适用于颗粒间距较大，且颗粒在高浓度情况下，其变形缓慢，动量的交互因素为由颗粒碰撞所产生的碰撞力和颗粒间滑动摩擦产生的摩擦力的泥石流体运动。

2.3.1.6　黏塑性与碰撞混合模型（二项式模型）

黏塑性与碰撞混合模型是一种同时考虑了黏性、塑性、碰撞和紊动的模型，更适用于一般具有大量粗颗粒的较高浓度的泥石流体运动。O'Brien 建立了一个包括屈服应力、黏性、颗粒碰撞以及紊动情况下的黏塑性与碰撞混合模型，其表达式为：

$$\tau = \tau_y + \mu_d \frac{\mathrm{d}u}{\mathrm{d}y} + (\mu_c + \mu_t)\left(\frac{\mathrm{d}u}{\mathrm{d}y}\right)^2 \tag{2.15}$$

式中，μ_d 为动力黏度；μ_c 和 μ_t 分别为离散参数和紊动参数，μ_c 与 Bagnold 模型中的定义相同，$\mu_c = a_1 \rho_s (\lambda d)^2$，$\mu_t = \rho_m l_m^2$（$a_1$ 为经验系数，l_m 为混合物的混合长度）。

除了上述 6 种主要的泥石流流变模型外，国内外学者还提出了多种形式的流变模型，但大多数都是在上述 6 种模型的基础之上提出的，因此本书在此不做一一介绍。对于尾矿坝溃决下泄泥沙流来说，其流变特性决定了其运动特征和能量变化，因此建立合理、科学、可靠的泥沙流流变模型显得至关重要。

2.3.2 尾矿浆体流变特性

泥石流体中的应力和应变的关系称为流变模型（rheological model）。流变模型的研究可深入地了解泥石流的流动规律。流变模型中的参数称为流变参数，流变参数与泥石流体的含沙量、颗粒级配及大小等众多因素息息相关。根据资料显示，泥沙流体属于宾汉体，其数学模型可近似地描述为式（2.8）。因此，泥沙流的流变性质，实际上泥沙流体的黏滞系数和极限剪切应力的变化规律。它们统称为泥沙流黏性特征。不同泥沙流体的黏滞系数和极限剪切应力一般都通过公式计算或实验测量等方法得到。

2.3.2.1 流变参数的公式计算

A 泥沙流体黏度系数计算公式

泥沙流浆体的黏度系数含义为，流体各层相互平移所产生的内摩擦力与层间的接触面积及沿厚度方向的速度增量成正比，它的单位为 Pa·s。影响泥沙流黏滞系数的因素较多，本次仅对影响泥沙流体黏滞系数的主要因素（浆体浓度）作详细分析。

有关泥沙流浆体的黏滞系数的计算方法，国内很多学者都对其进行了大量的研究和分析，并得到了一系列的黏滞系数计算公式，见表 2.6。

表 2.6 泥石流浆体黏滞系数计算公式

序号	计算公式	适用情况	研究人员
1	$\eta = 270(\gamma_c - 1.2) + 3.5$	稀性泥石流	王裕宜
	$\eta = 158(\gamma_c - 1.2) + 3.5$	黏性泥石流	
2	$\eta = \dfrac{1}{100}\left(\dfrac{s}{100}\right)^{2.114}$	$100\text{kg/m}^3 < s < 1300\text{kg/m}^3$	康志成
	$\eta = 2.3\left(\dfrac{s}{1300}\right)^{5.747}$	$s > 1300\text{kg/m}^3$	
3	$\eta = 0.1\left(\dfrac{\gamma_f}{1.768}\right)^{9.71}$	$\gamma_f < 1630\text{kg/m}^3$	吴积善
	$\eta = 0.1\left(\dfrac{\gamma_f}{1.7}\right)^{45}$	$\gamma_f > 1630\text{kg/m}^3$	
4	$\eta = \left(1 - k_s\dfrac{C_V}{C_{VS}}\right)^{-2.5}\left(1 - \dfrac{C_V}{C_{VS}}\right)^{-2.5}$ $k_s = 1 + 1.5\left(1 - \dfrac{C_V}{C_{VS}}\right)^4$	—	费祥俊

注：表中 γ_c，γ_f 分别表示浆体和泥石流容重，t/m^3；s 为含沙量，kg/m^3。

B 泥沙流体静态屈服应力计算公式

根据许多泥石流工作者的实验资料显示，影响泥石流浆体的因素很多，如浆体浓度、颗粒级配组合（颗粒大小、形状、黏粒含量等）、水质和黏土矿物质。但是上述众因素中，影响宾汉体静态屈服应力的主要因素是它的颗粒浓度。因此，国内学者根据浓度对屈服应力的影响规律，总结了一系列屈服应力的计算公式，见表 2.7。

表 2.7　泥石流浆体屈服应力计算公式

序号	计算公式	适用情况	研究人员
1	$\tau_B = 271(\gamma_c - 1.2)^2$	稀性泥石流	王裕宜
	$\tau_B = 360(\gamma_c - 1.2)^2$	黏性泥石流	
2	$\tau_B = K_e^{k\rho}$	云南东川蒋家沟泥石流	武筱棽
3	$\tau_B = 0.1\left(\dfrac{s}{62}\right)^{2.1}$	$62\mathrm{kg/m^3} < s < 1100\mathrm{kg/m^3}$	康志成
	$\tau_B = 35\left(\dfrac{s}{1100}\right)^5$	$s > 1100\mathrm{kg/m^3}$	

注：表中 γ_c 表示浆体容重，t/m^3；s 为含沙量，kg/m^3。

2.3.2.2　流变参数的测量原理与方法

A　流变计的基本量测原理

用来测定流体流变特性的仪器称为流变计（Rheometer）。由于泥石流中包含有较多的固体泥沙颗粒，因此，一般用来测量泥沙流黏度的黏度计，大部分都是研究者经过自行开发或改进的。流变计的样式多种多样，最常见的有管式流变计、旋转式流变计两种。其中旋转式流变计又包括圆筒旋转式流变计、圆盘式旋转黏度计、水平圆环旋转式流变计和直立式圆环旋转流变计 4 类。

本次泥沙流体流变特性实验采用直立圆筒旋转式流变计。圆筒旋转式流变计主要是利用两共轴圆筒间的相对旋转运动（外筒固定，内筒转动），以测量放置在两共轴圆筒间流体的流变参数。其量测原理如下：

假设外筒半径为 R_0，内筒半径为 R_1，内外筒半径之比为 $S = R_0/R_1$，泥沙流体放置于两共轴圆筒之间，内筒浸没在流体的深度为 h。当内筒以角速度 Ω 旋转时，圆筒间的泥沙流体将受剪切作用而运动，而其转动角速度 ω 由 Ω（在内筒壁上）逐渐减小到零（在外筒壁上），而其距轴心 r 处对轴心的力矩 M 与其所对应的剪切力 τ 的关系：

$$\tau = M/(2\pi r^2 h) \tag{2.16}$$

作用在内筒壁上的剪切力 $\tau_{W_i} = M/(2\pi r_i^2 h)$，在外筒壁上的剪切力 $\tau_{W_0} = M/(2\pi r_0^2 h)$，而两者的比值 $\tau_{W_i}/\tau_{W_0} = r_0^2/r_i^2 = S^2$，由式（2.16）可知剪切力随径向的变化率为：

$$\frac{\mathrm{d}\tau}{\mathrm{d}r} = -M/(\pi r^3 h) = -2\pi/r \tag{2.17}$$

而泥沙流体在圆筒之间任一点所受之剪切率为：

$$\dot{\gamma} = -r\frac{\partial \omega}{\partial r} = -r\frac{\mathrm{d}\omega}{\mathrm{d}\tau}\frac{\mathrm{d}\tau}{\mathrm{d}r} \tag{2.18}$$

式中，ω 为在 r 处的旋转角速度。

由式（2.17）和式（2.18）可推导：

$$\dot{\gamma} = f(\tau) = 2\tau\frac{\mathrm{d}\omega}{\mathrm{d}\tau} \tag{2.19}$$

对式（2.19）进行积分并代入边界条件（当 $\tau = \tau_{W_0}$ 时，$\omega = 0$；当 $\tau = \tau_{W_i}$ 时，$\omega = \Omega$），可求得：

$$\Omega = \frac{1}{2}\int_{\tau_{W_0}}^{\tau_{W_i}} \frac{f(\tau)}{\tau}\mathrm{d}\tau \tag{2.20}$$

当泥沙流体流变模式 $f(\tau)$ 已知时，由上式可求得剪切力与旋转角速度的关系。若泥沙流体为宾汉流体，而且内外筒之间的泥沙流体在完全受剪切情况下，由式（2.20）可得作用在内筒壁上的剪应力 τ_{W_i} 与角速度 Ω 之间的关系为：

$$\tau_{W_i} = \tau_B \left(\frac{2S^2}{S^2 - 1} \right) \ln S + \eta \frac{2S}{S^2 - 1} \Omega \tag{2.21}$$

上式显示，当泥沙流体在全部受剪情况时，τ_{W_i} 与 Ω 呈直线关系。将一系列的 τ_{W_i} 与 Ω 的实验观测值做线性回归，由 τ_{W_i}-Ω 图的斜率 η_0 及在 τ_{W_i} 轴上的截距 τ_0 可分别求得流变参数 η（$\eta = \eta_0(S^2 - 1)/(2S^2)$）以及 τ_y（$\tau_y = \tau_0(S^2 - 1)/(2S^2 \ln S)$）。

当剪切速率较低时或外筒半径较大时，圆筒内的流体可能无法全部受剪而仅仅为局部流体受剪的情况，此时，τ_{W_i} 与 Ω 的关系式为一曲线而非一直线。

B 实验仪器

本次实验采用的实验仪器为 NDJ-1 旋转式黏度计，它是一种用于测量液体黏性阻力与液体绝对黏度的黏度计，附有 1~4 号 4 种转子，可根据被测液体的黏度高低随同转速配合选用。广泛应用于油脂、油漆、塑料、胶黏剂、泥浆等各种液体黏度的测试，在石油化工、医药、食品、轻工、环境、纺织及科学研究等方面均有广泛的应用。其结构原理示意图如图 2.18 所示。

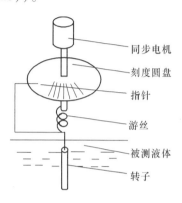

同步电机
刻度圆盘
指针
游丝
被测液体
转子

图 2.18 NDJ-1 旋转式黏度计
结构示意图

2.3.2.3 实验结果与分析

屈服应力和浆体黏度是流变模型中的关键参数，实践证明它对泥沙流中各种组成部分（含沙浓度、泥沙粒径大小、级配及矿物成分等）相当敏感。本次实验对象为云南某铜厂铜矿排出的尾矿渣，实验目的旨在研究浓度条件对矿浆流变性质的影响。为此，本书按照一定比例分别配置成固体颗粒体积浓度为 20%、30%、40% 和 50% 等 4 种浓度的浆体（见图 2.19），并采用国内先进的黏度计和重庆大学自主研发的旋转式剪切应力测试仪（见图 2.20 和图 2.21）对矿浆的流变参数作了细致的测量和分析。

图 2.19 不同浓度的尾矿浆试样

图 2.20 NDJ-1 型旋转式黏度计

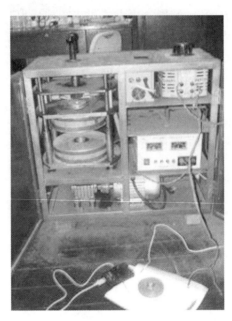

图 2.21   重庆大学自行设计研究的旋转式浆体剪切应力测试仪

A   尾矿浆黏度研究

影响尾矿浆黏度的因素很多，主要可归纳为泥沙浓度以及颗粒级配组成。为明确获得不同浓度情况下的尾矿浆体黏度变化规律，分别对20%、30%、40%和50%浓度的矿浆各进行3组实验，3组实验测量黏度值的平均值作为相应浓度情况下矿浆黏度的评价值。同时采用了康志成 $\left(\eta=\frac{1}{100}\left(\frac{s}{100}\right)^{2.114}, 100\text{kg/m}^3<s<1300\text{kg/m}^3; \eta=2.3\left(\frac{s}{1300}\right)^{5.747}, s>1300\text{kg/m}^3\right)$ 提出的泥石流黏滞系数计算公式分别对不同浓度情况下的尾矿浆体黏度进行计算，得到黏滞系数计算值，用以对比分析实验测量结果。表2.8为尾矿浆黏度的实验室测量值和公式计算值。图2.22所示为通过对实测数据和计算数据进行整理得到的尾矿浆体黏度随浆体浓度变化的规律曲线。

表 2.8   尾矿浆体黏度

（mPa·s）

浓度	1 号样品	2 号样品	3 号样品	测试平均值	公式计算值
20%	355.6	378.8	381.9	372.1	380
30%	522.5	554.3	550.2	542.3	890
40%	1773.8	1737.4	1769.4	1760.2	1650
50%	3446.5	3568.4	3450.8	3488.6	3500

从图2.22中可以看出，随着浓度的变化，尾矿浆体的黏度并非呈线性规律，而是体现了一种特有的非线性特性。随着浓度的增大，尾矿浆体的黏度随之增大，并且增大幅度不同。矿浆浓度为20%时的黏度大约为372.1mPa·s，而当浆体浓度上升到50%时，浆体

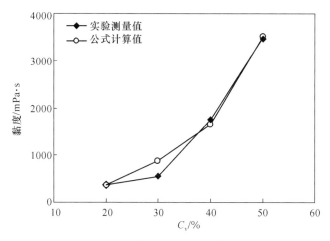

图 2.22　尾矿浆黏度随浓度变化规律曲线

黏度则迅速增大到 3488.6mPa·s，增大幅值达到了 10 倍左右。同时，从图 2.22 可知，本次实验的尾矿浆黏度测量值与公式计算结果相当吻合，说明尾矿浆体的黏度值按照康志成提出的泥石流黏滞系数计算公式计算是可行的。

　　图 2.23 展示了尾矿浆体在不同浓度情况下黏度随剪切速率变化的规律曲线，从图 2.23 可知，尾矿浆的黏度随剪切速率增大呈非线性规律变化，随着剪切速率的逐渐变大，尾矿浆体的黏度呈减小态势，表现出一种明显的剪切稀化特性（反之则表现为剪切稠化特征）。产生此现象的主要原因是由于剪切场使矿浆网络结构的聚团在流动方向上更为伸展，因而使链段中平均浓度降低，致使黏度减弱而剪切稀化。同时，图 2.22 显示，不同浓度的尾矿浆体随着剪切速率的增大而体现出黏度减小速率的差异性。体积浓度为 50% 的尾矿浆在剪切速率为 $6min^{-1}$ 时所呈现的黏度约为 3450mPa·s，当剪切速率提升到 $60min^{-1}$ 时，尾矿浆体的黏度迅速减小到 945mPa·s，减小幅值达到了 2100mPa·s 左右，减小幅度为72.6%。而浓度较低的尾矿浆体随着剪切速率的增大降低的幅值则相对较小，当浓度为20% 的尾矿浆所受剪切速率从 $6min^{-1}$ 增大到 $60min^{-1}$ 时，矿浆的黏度由 372mPa·s 减小到

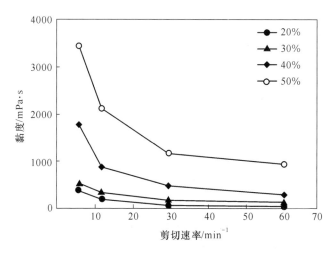

图 2.23　不同浓度情况下黏度与剪切速率关系曲线

54mPa·s，降低幅值约为315mPa·s，但减小幅度达到了85.5%。表明浓度越低，黏度受剪切速率的变化越敏感。此特性可为泥沙流的运动特性研究提供可靠的帮助，同时为高浓度尾矿浆的输送和溃决泥沙流的流动特性分析奠定了基础。

B 屈服应力测试结果

屈服应力是流变模型中的关键参数，传统的屈服应力测量方法是将高剪切速率范围测得的流动曲线，外推到切速率为零的纵坐标轴上，所得的截距即为屈服应力（或初始切应力），这种测量方法存在局限性，特别是材料本身具有触变性的情况下更是如此。塑性体在外力作用下，从静止状态转变成流动时（即体系粒子间网状结构破坏的瞬间）产生的最小切应力，被定义为静态屈服应力。由于此时的切速率趋近于零，所以在普通的黏度计中很难测到。因此，本次实验采用重庆大学自主研发的高精度旋转式剪切应力测试仪对尾矿浆体进行了测量。

不同浓度的全尾砂浆体屈服应力的测量结果见表 2.9。对不同浓度情况下的浆体静态屈服应力值进行整理，得到了尾矿浆体的静态屈服应力与浆体的固体颗粒体积浓度的关系曲线，如图 2.24 所示。为了对比分析浓度对尾矿浆体流变特性的影响，以体积浓度为20%、30%、40%和50%的测量结果为基础，绘制成剪切应力与剪切速率之间的关系曲线，如图 2.25 所示。

表 2.9 尾矿浆体静态屈服应力τ_B （Pa）

测量次数	浓度 20%	浓度 30%	浓度 40%	浓度 50%
1 号样品测试值	162.3	239.4	399.1	695.7
2 号样品测试值	151.8	232.5	389.9	649.8
3 号样品测试值	156.4	227.6	403.5	656.4
平均测试值	156.8	233.2	397.5	667.3
计算值	10.1	23.8	38.3	116.4

由图 2.24 可知，本次实验尾矿浆体的静态屈服应力实测值与采用康志成提出的泥浆屈服应力计算公式计算所得值有一定的差别，其主要原因本次尾矿的颗粒较小，多为细小的黏性颗粒，在同等颗粒体积浓度情况的静态屈服应力比泥石流浆体的静态屈服应力大得多。因此，本次尾矿浆体的静态屈服应力显然不能按照表 2.7 中公式计算。通过对不同颗粒体积浓度的尾矿浆体静态屈服应力的测试数据分析可知，尾矿浆体静态屈服应力与浆体的固体颗粒体积浓度呈现较典型的指数关系[147~150]，关系式可表示为：

$$\tau_B = ae^{bC_v} \tag{2.22}$$

式中，a，b 为拟合系数。

根据最小二乘法，并结合本次实验测量数据，得到本次实验的系数 $a = 56.922$，$b = 0.0488$。

为了验证本次实验的尾矿浆体剪切应力τ与剪切速率$\dot{\gamma}$之间是否存在线性关系，首先对不同剪切速率情况下的实验测量剪切应力进行回归分析，如图 2.25 所示。由图 2.25 可知，尾矿浆体剪切应力τ与剪切速率$\dot{\gamma}$之间存在较好的线性关系，故此次矿浆体的流变模型可定义为宾汉体模型。

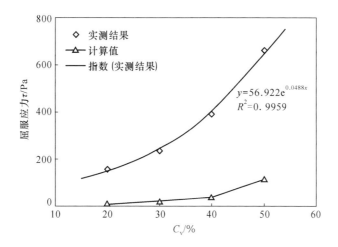

图 2.24 尾矿浆体静态屈服应力与体积浓度的关系曲线

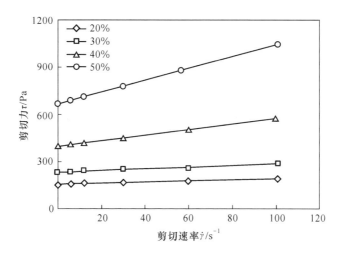

图 2.25 不同浓度情况下剪切力 τ 与剪切速率 $\dot{\gamma}$ 的关系曲线

2.4 尾矿库灾变机制分析

尾矿库是一个具有高势能的人造泥石流的危险源。在长达十多年甚至数十年的期间里，各种天然的（雨水、地震、鼠洞等）和人为的（设计不合理、管理不善、工农关系不协调等）不利因素时时刻刻或周期性地威胁着它的安全。国家安全生产监督管理总局、国家发展和改革委员会、国土资源部及国家环境保护总局专门联合部署开展尾矿库专项整治行动并颁布了《关于印发开展尾矿库专项整治行动工作方案的通知》（安监总管〔2007〕112 号）。事实一再表明，尾矿库一旦失事，将给工农业生产及下游人民生命财产造成巨大的损失和环境污染，因此对尾矿坝致灾机理进行研究已成为尾矿库安全工作的重要任务之一。系统地研究尾矿坝的失事机理，分析坝体稳定性的影响因素，对避免或减少灾害的发生、保障尾矿库安全稳定运行、减少经济损失等均具有重要意义。

参考国内外相关文献资料 [14~22]，并综合分析导致尾矿坝灾害的各种因素，归纳得出尾矿坝灾变主要由两大力学因素所致：水力作用和地震力作用。其中，水力作用引起的尾矿坝灾害事故比例最大，其次为地震力作用。由水力作用引起尾矿坝灾害主要体现在以下几个方面：初期坝渗漏矿砂，子坝溃口，坝坡、坝肩渗水，排洪设施破坏，洪水漫顶，坝体失稳等。由地震力作用引起尾矿坝失稳破坏主要体现在：尾矿坝材料液化和坝体产生裂缝、沉降、位移等灾变现象。尾矿坝灾变模式结构示意图如图 2.26 所示。

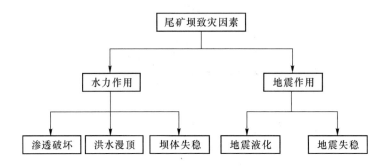

图 2.26　尾矿坝灾变模式结构图

2.4.1　水对尾矿坝的作用机理

几乎所有的尾矿坝事故均与水有关，这是由于尾矿坝既是储存尾矿又是储存水的构筑物，而且水的存在使尾矿坝工程的力学问题变得更加复杂化。水对尾矿坝坝体灾变的影响可以从多方面来探讨，从水对尾矿坝的作用机理方面探讨，总体上可将其归纳为 3 方面：一是水的作用增加坝体下滑力以及降低坝体材料的力学性能；二是由于水的渗透腐蚀作用破坏了尾矿坝内部结构；三是由于降雨形成的地表径流对尾矿坝坝坡的冲蚀作用。

2.4.1.1　水对尾矿坝下滑力及坝体材料力学性能的影响研究

由瑞典圆弧法计算工程稳定系数的计算公式（见式（2.23））可知，分母部分可以看作是致使坡体下滑的下滑力，W 为滑坡体总重量（即滑坡体尾矿自身重量+滑坡体中水的重量），水的存在增加了滑坡体的重量，而且由于渗透力的存在也增加了坡体下滑力，所以水的作用会引起坡体下滑力的增加。

$$F = \frac{\sum_{i=1}^{n} \left[\bar{c} b_i \sec\theta_i + (\gamma h_i - \gamma_w h_{iw}) b_i \cos\theta_i \tan\bar{\varphi} \right]}{\sum_{i=1}^{n} (W_i \sin\theta_i + Q_s / R)} \tag{2.23}$$

式中，$\bar{c}$ 为土体有效应力抗剪强度指标黏聚力，kPa；$\bar{\varphi}$ 为土体有效应力抗剪强度指标内摩擦角，(°)；R 为滑弧的半径，m；Q_s 为地震惯性力（水平方向），kN；W_i 为条块的重量，kN；θ_i 为条块滑面的倾角，(°)。

更重要的是：由于水的作用，降低了尾矿坝坝体材料的抗剪强度，尾矿坝坝体的抗滑力大大降低，增大了尾矿坝滑坡的可能性。根据莫尔－库仑破坏准则，采用有效应力方法的饱和土体的抗剪强度公式如下：

$$\tau_{f} = c' + (\sigma - u_{\alpha})\tan\varphi' \tag{2.24}$$

对于非饱和土体，抗剪强度公式为：

$$\tau_{f} = c' + (\sigma - u_{\alpha})\tan\varphi' + x(u_{\alpha} - u_{w})\tan\varphi' \tag{2.25}$$

式中，c'，φ'为常规意义下的有效应力强度参数；u_{α}及u_{w}分别为土体内的孔隙气压力和孔隙水压力；x为与饱和度有关的参数；将两式综合可得出公式：

$$\tau_{f} = c' + (\sigma - u_{\alpha})\tan\varphi' + \tau_{s} \tag{2.26}$$

式中，τ_{s}是与吸力直接相关的抗剪强度，称之为吸力强度，τ_{s}可看作是非饱和土的总凝聚力的一部分，即$c = c' + \tau_{s}$。

水的作用会严重地削弱尾矿坝的抗剪强度，结合以上公式及前人研究成果可从以下几个方面分析水的作用与坝体抗剪强度降低的关系。(1) 水的作用使尾矿坝土体的有效黏聚力c'及有效内摩擦角φ'降低，使坝体内土体软化，使尾矿黏粒中的矿物产生水化作用，使颗粒间结合力减弱，黏聚力降低，同时内摩擦阻力系数降低，即坝体的整体抗剪强度降低等。经过一定的物理化学变化，坝体内的软弱面便可能发育成为滑移带，发生坝体的滑移破坏，最终导致溃坝灾害。(2) 水的作用使坝体材料的基质吸力u_{s}降低。负孔隙水压力由毛细管水带内水、气界面上弯液面和表面张力存在而引起，相当于起到黏聚相邻颗粒的作用。坝体内含水量增加会导致其内部基质吸力减小或消失，致使负孔隙水压力对坝体稳定的贡献消失，从而导致坝体抗剪强度的降低。(3) 基质吸力的降低会导致吸力强度τ_{s}的降低。由以上三点论述可知，水的作用会削弱坝体的抗剪强度，或者说是降低坝体的抗滑力，从而降低坝体的稳定性。水的作用也会使有效内摩擦角降低，影响坝体稳定性。

2.4.1.2 水对尾矿坝的渗透破坏研究

水对尾矿坝的渗透腐蚀破坏是指由于水头压力作用，水在坝体内部的流动引起的渗流和冲蚀造成坝体的局部破坏。尾矿坝渗透破坏机理与地质条件、土粒级配、水力条件、尾矿坝的渗透性质和防排水措施等因素有关。渗流对坝体灾变影响主要表现在两个方面：(1) 影响坝坡整体稳定的渗透压力。在流场中作用于尾矿坝体的渗流压力产生的本质是：水在渗流过程中受到了尾矿颗粒的摩擦阻力而在渗透途径上损失了水头，与此同时尾矿颗粒也受到水沿渗流方向施加于尾矿颗粒的拖曳力——渗透压力。渗透压力在数值上等于在渗流方向上损失的水头，它是体积力，其大小取决于渗透坡降。由于渗透压力的存在，就降低了整体坝坡的稳定性，这是导致坝坡失稳的主要因素之一。(2) 渗透变形。尾矿坝在渗流的作用下，也可能产生自身的变形和破坏的现象。渗流出口处的颗粒特征及其渗透压力的条件对坝体的安全有重要意义。渗流出口处的尾矿在非正常渗流情况下，能导致坝体流土、冲刷及管涌等多种形式的渗透破坏。在渗流场中产生渗透变形，必须具备两个基本条件：

(1) 渗透压力能克服尾矿颗粒间的联系强度。

(2) 尾矿坝的内部结构及其边界有颗粒位移的通道和空间。

在我国，多采用上游法修筑尾矿坝。上游筑坝法对放矿动力设备等要求较低，生产管理简单灵活。但是，用此法堆筑沉积而成的坝体结构复杂。从剖面上看粗细相间为成层结构，坝体中常夹有矿泥层，渗透参数上下邻层相差较多，形成非均质各向异性复杂坝体。这种坝的整体渗透性普遍较差，造成坝体水位偏高，从而增加了尾矿坝的渗透压力。

2.4.1.3 水对尾矿坝冲蚀作用机理研究

洪水漫顶时，地表水流和库水冲蚀产生的剪应力和对尾矿土颗粒的拉曳力作用在坝体外坡表面，当剪应力超过某薄弱处的抗蚀临界值时从而启动侵蚀过程水流开始切割坝坡。尾矿坝由于其透水性低，在下游边坡无渗流逸出，冲蚀开始于下游坝址（主要是紊动引起的冲蚀）并向上游发展。当边坡很陡时，由于张力和剪力引起大块材料倒坍（见图 2.27（b））。若坝址排水或垂直排水的粗颗粒料成分一旦暴露于流水中，就很容易被冲蚀并加快了整个冲蚀过程。

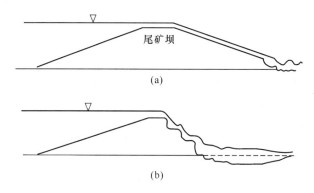

图 2.27 尾矿坝洪水漫顶冲蚀示意图
（a）漫顶初期；（b）漫顶后期

2.4.2 地震力对尾矿坝作用机理的研究现状

饱和尾矿土受到水平方向地震运动的反复剪切或竖直向地震运动的反复振动，坝体材料发生反复变形，因而颗粒重新排列，孔隙率减小，土体被压密，尾矿颗粒的接触应力一部分转移给孔隙水承担，孔隙水压力超过原有静水压力，与土体的有效应力相等时，动力抗剪强度完全丧失，变成黏滞液体，这种现象称为尾矿坝振动液化。影响坝体地震液化的主要因素：

（1）尾矿物理性质条件主要是指尾矿颗粒的组成、颗粒形状、颗粒大小、排列状况、尾矿密度等。相对密度越大，抗液化强度越高，排列结构稳定和胶结状况良好的尾矿同样具有较高的抗液化能力，粒径大的尾矿与粒径小的尾矿相比也较难发生液化。

（2）埋藏条件覆盖有效压力越大，排水条件越好，液化的可能性越小。

（3）动荷条件地震波对坝体液化的影响，主要和地震波的波形、频率、作用时间和震动作用的方向有关。震动的频率越高，震动持续的时间越长，越容易引起液化，此外，对于液化的抵抗能力在正弦波作用时最小，而且震动方向接近尾矿的内摩擦角时抗剪强度最低，最容易引起液化。

地震应力引起的坝体内部剪应力增大是影响尾矿坝稳定性的另一重要因素。不考虑水对边坡稳定性的影响，将地震看成影响和控制边坡稳定的主要动力因素，由此产生的位移、位移速度和位移加速度同地震过程中地震加速度的变化有着密切的联系。

尾矿材料的动力学特征和尾矿砂液化问题是研究地震力对尾矿坝作用机理的基础，也是尾矿材料动力学特性及其基本理论研究的主要内容。

影响尾矿坝稳定性的因素有很多，比如天然雨水、地震、鼠洞以及人为的设计不合理、管理不善、工农关系不协调等不利因素。因此，要深入探析尾矿坝灾变机理，必须综合考虑影响尾矿坝安全的所有因素。

2.5 本章小结

对秧田箐尾矿库的选址、初期坝、尾矿堆坝及排渗设施、库区排洪系统、输送系统、回水方案、库区周边环境安全进行了详细的介绍，并对该尾矿库堆存尾矿砂的物理、力学性能作了全面的测试与分析。

结合现场尾矿库放矿浆体的状态，系统、全面地测试分析了尾矿浆体不同浓度情况下的结构流变特性，为尾矿库溃决下泄泥沙流的运动特性研究以及高浓度尾矿浆的输送机理奠定了坚实基础，同时为后续相似模拟模型试验的模型尾矿浆体的选取和研究提供可靠的基础数据。

结合秧田箐尾矿库的设计蓝本，综合分析导致尾矿坝灾害的各种因素，对现阶段尾矿库的灾变机制进行了理论分析，归纳得出了尾矿坝灾变的主要两大力学因素，为尾矿库溃决泥沙流流动特性研究做铺垫。

3 尾矿坝溃决下泄泥沙流动特性试验

3.1 概述

尾矿库是一种特殊的工业建筑物，也是一座人工建造的具有高势能泥沙流的巨大危险源，因其存在溃决的危险，所以它是矿山安全的头等问题。根据世界大坝委员会（ICOLD）的统计分析，自 20 世纪初以来，已经发生的各类尾矿库事故不少于 200 例[1,2]。到目前为止，世界上正在使用的各类尾矿库有 20 多万座，且部分存在较大的安全隐患。由于尾矿坝溃决导致的灾难性事故不胜枚举[3~9]。例如：2008 年 9 月我国山西临汾尾矿库溃决是我国尾矿史上死亡人数最多、损失最严重、社会影响最大的一次尾矿坝溃坝事故，事故造成 272 人死亡，300 多人受伤，1000 多人受灾，直接经济损失超过千万[14]。随着尾矿坝安全问题越来越受到重视，人们对库区下游的人民生命财产潜在风险意识也在不断增加，虽然大坝失事的概率很小，但一旦失事会造成巨大的直接和间接损失。要预测和了解尾矿坝失事后可能造成的影响，必须开展溃坝研究，因此溃坝水力学研究既具有巨大的实用价值，同时也具有重要的理论价值。

尾矿坝溃决下泄泥沙流动特性的研究属于前沿性、应用性很强的跨学科科学，它涉及溃坝水力学、水文学、土力学、泥石流运动学及动力学等相关学科，是目前亟待解决的问题。国内外学者对此做了一定的研究。在我国，袁兵等人[84]根据多个大坝的实际溃决资料，提出了尾矿坝溃坝的数学模型，该模型考虑尾矿的物理力学性质及其在流动中的变形，适合溃坝砂流下泄流量变幅大的特点，并就尾矿坝溃坝后泥浆对下游的影响提出预测的方法。并利用数学模型对某尾矿库溃坝砂流进行了预测，并指出该坝下游人员的撤离高程，为下游防灾减灾工作起到了积极作用。陈国芳[77]对尾矿库溃坝事故发生的机理及可能造成的人员伤亡进行了分析，并阐述了避免事故的对策。1997 年，国外的 G. E. Blight[6]研究了南非 5 座环形尾矿坝溃坝情况，得出了尾砂流的运移距离和地表的干湿状态有关，尾砂流在湿的地表比在干的地表上运移的距离要长等结论。另外 V. E. Glotov[18]研究了俄罗斯马加丹州中部黄金开采尾矿 Karamken 大坝溃决事故，提出了预防溃坝的方法。M. Rico[19]通过收集历史上各尾矿坝溃坝事故的有效信息，并进行分析总结，建立了尾矿坝几何参数（坝高、库容等）与由溃坝产生的尾砂流体特性之间的相互关系，指出了尾矿坝总库容与溢出尾矿量以及溢流量与潜在下游最大流动距离之间的规律，此研究对分析尾矿坝溃坝各参数之间的关系以及溃坝灾害的评估有着重要的现实意义。

上述研究无论在试验手段还是试验结果方面，在分析尾矿坝溃决砂流流动过程时均存在较大的不足之处，如理论计算中设定的边界条件相对较理想，与实际情况误差较大；现场数据收集只能收集尾砂流过后的一些特征，而未考虑流动过程特性等。由于尾矿坝溃坝的巨大破坏性，通过现场溃决试验是完全不可能的，而考虑通过室内相似模型试验，再现（预测）尾矿坝溃坝砂流运动全过程，研究溃坝砂流动力学问题及流态演进规律的文献，至今也鲜见报道。对尾矿坝溃坝泥石流的把握，一般就是通过事后调查，或者就是通过一些水工土石坝的溃决计算公式以及滑坡泥石流等的计算公式计算，这些方法虽然可以为矿山企业在尾矿坝下游的防灾减灾工作提供一定参考，但由于水工土石坝的溃决以及滑坡泥石流等情况与尾矿坝溃决泥沙流论在物质组成、坝体结构以及溃坝方式上都存在着本质的区别，因此水工土石坝的溃决计算公式以及滑坡泥石流等的计算公式不能完全反映尾矿坝溃坝泥石流的特征。为了充分地认识尾矿坝溃决下泄泥沙流在下游沟谷中的运动动力特征，为灾害防护工作者提供科学的理论基础，最大限度地降低下游受灾程度，为此，本书采用尾矿坝溃决破坏相似模拟试验装置，通过室内试验来模拟尾矿坝溃决，并从尾矿坝高度、下游沟谷坡度、溃决方式、泥沙流性质以及沟谷糙率等5个方面针对尾矿坝溃坝泥石流流动特征展开系统研究。

本次试验的主要目的可归纳为以下3点：(1) 通过室内模拟尾矿坝溃决，了解尾矿坝溃决后泥浆的冲击力变化规律及流态演进特性，分析泥浆对下游区域的淹没范围，为指导矿山企业的防灾减灾工作及下游群众的撤离高程和撤离时间提供了参考；(2) 验证水工土石坝的溃决计算公式以及滑坡泥石流等计算公式对尾矿坝溃坝泥石流溃决过程的适用程度，并根据不同情况对水工土石坝的溃决计算公式以及滑坡泥石流等计算公式进行修正，使其更好地应用于尾矿坝溃决泥沙流的计算；(3) 通过系列模拟试验，归纳不同条件下的尾矿坝溃决泥浆在下游的运动规律，并将其规律进行理论分析，从而得到专门适用于尾矿坝溃决的计算公式，为尾矿坝溃坝研究提供基础资料。同时，社会对风险意识的提高也需要对尾矿坝溃决泥沙流运动、动力学特性、泥沙流淹没范围以及预警系统的建立等问题进行系统的分析。

3.2 相似模拟试验概况

目前，岩土工程研究的主要方法有4种，分别为理论分析、数值模拟、现场测试和室内试验。采用理论方法分析岩土工程问题时，均需将初始条件和边界条件给予简化或假定，例如挡土墙的土压力计算，无论是朗肯理论还是库仑理论，都对分析的对象作了一些与实际情况不符的假设和假定，而数值计算在计算分析中对土的本构关系同样存在假设等。有鉴于此，科技人员借助于现场试验测试来研究岩土工程问题，但现场试验测试不仅费时费力，而且费用也很高，使得现场试验的数量有限，同时有些破坏性试验也不可能在现场做，有些超前预见性的研究分析，现场也不可能做，不可能等到实体建造好后再来分析，这样就失去了超前分析的实际意义。因此，建立与现场相似或相近的物理模型，进行室内试验研究就很有必要。

实际建筑物称为原型。原型 (实物) 按一定比例关系缩小 (或放大) 的代表物称为模型。相似模拟试验是以相似理论为基础的实验室模型试验技术，是在试验室条件下，按照事物原型，用不同比尺 (包括缩小、放大及等尺寸的) 模型，对工程问题或现象进行研究的一种重要的科学方法，也是一种用于对理论研究结果进行分析和比较的有效手段。同时作为试验分析的一个重要组成部分，相似模拟试验对于一些复杂的、各相关物理量之间的数学模型尚未建立的事件，通过相似模拟试验往往可以取得较好的结果。因其可以再现原型各种现象或问题与过程，可人为控制试验条件与参量，可简化试验、缩短研究周期，以及促使人们能从物理角度理解现象或解释问题等，而备受各个学科研究人员的青睐。尤其在许多工程领域中，常常需要用小比尺的物理模型去揭示和分析现象的本质和机理，以验证理论和解决工程实际问题，例如研究地球的有地球物理模型，研究地质的有地质力学模型，采矿的有相似模型。水利工程方面也有很多行之有效的物理模型事例，例如在水库的规划设计中，通常采用物理模型试验的方法来预演水库修建后泥沙淤积及回水上延的发展过程，为设计提供优化的水库运行方案。

本次相似模拟试验是以相似理论为依据，选用与尾矿坝溃决下泄泥沙流相似的人工材料，将现场尾矿坝和初步估计下游淹没区域以一定的比例缩小制作成模型，采用自动控制设备对模型泥沙流在下游沟谷中的运动规律和动力学特性进行观测，然后根据模型试验得到的规律通过相似关系还原到现场中去，分析现场尾矿坝溃决后泥沙流动特征，为下游建立有效的、科学的防护工程提供理论依据。

研究表明，支配研究对象的物理量越多，相应的相似条件也越多，模型与原型相似的条件也越严格，要想达到模型与原型的现象完全相似就越难以达到，因此在模型设计中，应根据试验研究的主要目的，尽可能的满足主要研究的物理量相似，对次要的物理量进行简化。

3.3　相似模拟试验理论

模拟试验是对理论和现场实测的重要补充，是科学研究工作中的一种重要手段。在泥沙流体力学研究中，构成力学相似的两个流动，即实际流动现象（称为原型）和在实验室进行模拟的流动现象（称为模型）。相似模拟试验是根据相似理论，在原型和模型之间建立一种关系。

3.3.1　相似定理

相似模拟试验的依据是相似原理，相似原理的基础是相似三定理：

（1）相似第一定理。此定理由牛顿（J. Newton）于1686年首先提出，此后由法国科学家贝尔特兰（J. Bertrand）于1848年给予了严格的证明。

相似第一定理可表述为：过程相似则相似准数不变，相似指标为1。

（2）相似第二定理。此定理是在1911年由俄国学者费捷尔曼导出的。1914年美国学者白金汉（E. Buchingham）也得到同样的结果。

相似第二定理可以表述为：描述相似现象的物理方程均可变成相似准数组成的综合方程。现象相似，其综合方程必须相同。

（3）相似第三定理。这个定理是由基尔皮契夫及古赫尔曼于1930年解决的。

相似第三定理认为：凡是单值性条件相似，定型准则数值相等的那些同类现象必定彼此相似。

相似第一定理和相似第二定理表明相似现象的性质，但并没有给出判定现象彼此相似所需的条件，以及进行模拟实验时应该在各参数间保持何种比例关系。相似第三定理是现象相似的充分和必要条件。

单值性条件是指那些有关流动过程特点的条件。有了这些条件就能把某一现象从无数现象中划分出来。单值性相似包括几何相似、边界相似和初始条件相似，以及由单值性条件中的物理量所组成的相似准则在数值上相等。在实验中，要求模型与原型的单值性条件全部相似是很困难的。但是，在保证足够的准确度下，保持部分相似或近似是可以做到的。

3.3.2 泥沙流相似准则

相似理论是判定两个现象是否相似的理论。在泥沙流力学研究中，力学相似是指两个流动现象中相应点的物理量彼此之间相互平行（指矢量物理量的方向，如力和速度的方向）并且成一定比例（指矢量的模和标量的大小，标量如长度和时间等）。尾矿坝溃决破坏模拟试验的关键是要求模型矿浆和原型矿浆在溃决后保持力学相似。

保证模型和原型浆体流动过程中力学相似的4个条件是：几何相似、运动相似、动力相似、初始条件和边界条件相似。另外在模型与原型的对应断面上，由已知量构成的相似准则必须相等。

3.3.2.1 几何相似（空间相似）

几何相似是指矿浆流动的几何空间相似，或模型与原型形状相似，即两者对应部分的夹角相等，几何线段长度对应成比例，或者说模型是按照一定的比例缩小而制成的，这个常数称长度比尺（或相似常数）λ。以 L_p 表示原型的特征长度，以 L_m 表示模型的特征长度。当几何相似时具体为：

引入长度比例系数：

$$\lambda_L = \frac{L_p}{L_m} \tag{3.1}$$

角度比尺：

$$\theta_p = \theta_m \tag{3.2}$$

面积比尺：

$$\lambda_A = \frac{A_p}{A_m} = \frac{L_p^2}{L_m^2} = \lambda_L^2 \tag{3.3}$$

体积比例系数：

$$\lambda_V = \frac{V_p}{V_m} = \frac{L_p^3}{L_m^3} = \lambda_L^3 \tag{3.4}$$

式中，下标 p 表示原型；m 表示模型；θ_p 和 θ_m 分别表示原型与模型相对应处的角度。

几何相似是力学相似的前提。只有几何相似，模型流动与原型流动之间才能存在对应点、对应线段、对应面积和对应体积。

3.3.2.2 运动相似（时间相似）

两流动现象运动相似是指两流动对应几何流线相似，即原型与模型对应点上的流速方向相同、大小成比例。速度成比例即对应距离的时间成比例。时间比尺（相似常数）λ_t 为：

$$\lambda_t = \frac{t_p}{t_m} \tag{3.5}$$

式中，t_p 为原型矿浆质点通过距离 L_p 段所需的时间；t_m 为与原型流体对应的模型流体质点通过相应的距离 L_m 所需的时间。

由几何相似，可得速度比尺 λ_u 和加速度比尺 λ_a 分别为：

$$\lambda_u = \frac{u_p}{u_m} = \frac{l_p/t_p}{l_m/t_m} = \lambda_L \lambda_t^{-1} \tag{3.6}$$

$$\lambda_a = \frac{a_p}{a_m} = \frac{u_p/t_p}{u_m/t_m} = \lambda_L \lambda_t^{-2} = \lambda_u \lambda_t^{-1} \tag{3.7}$$

由式 (3.7) 可得

$$\lambda_u = \sqrt{\lambda_a \lambda_L} \tag{3.8}$$

3.3.2.3 动力相似（受力相似）

动力相似是指两个运动相似的流场中对应空间点上、对应瞬时作用在两相似几何微团上的同名力 F_n 与 F_m 作用方向一致、大小互成比例，即它们的动力场相似。根据牛顿第二定律，动力相似比尺（相似常数）λ_F 为

$$\lambda_F = \frac{F_p}{F_m} = \frac{m_p a_p}{m_m a_m} = \lambda_\rho \lambda_L^{-3} \cdot \lambda_L \lambda_t^{-2} = \lambda_\rho \lambda_L^2 \lambda_u^2 \tag{3.9}$$

或

$$\lambda = \frac{\lambda_F}{\lambda_\rho \lambda_L^2 \lambda_u^2} = 1 \tag{3.10}$$

式 (3.10) 是两种几何流动中动力相似的必要和充分条件，或者说两种几何流动的动力相似的条件是由相似常数组成的相似指标 $\lambda = 1$。这一结论也称相似第一定理。

两种物理现象的力学相似是由几何相似、运动相似和动力相似三种形式的现象相似所组成。

为保证模型尾矿浆与原型尾矿浆相似还需保证阻力相似，其糙率系数比尺为：

$$\lambda_n = \lambda_L^{1/6}/\lambda_C \tag{3.11}$$

其中

$$\lambda_C = \left(\frac{\lambda_H}{\lambda_L}\right)^{-\frac{1}{2}} \tag{3.12}$$

式 (3.12) 中，λ_H、λ_L 和 λ_C 分别为垂直长度、水平长度和谢才系数比尺。

由于原型和模型流体流动都是在自重情况下进行的，因此，重力加速度比尺 $\lambda_g = 1$。

3.3.2.4 弗汝德（重力）准则

弗汝德数 Fr 表征了重力作用下的动力相似性，它是惯性力 F_I 与重力 F_G 的比值，即 $Fr = F_I/F_G$。

弗汝德数也称弗汝德准则，凡各种流体流动（重力起主要作用的流动），如堰坝溢流、孔口出流、明槽流动、紊流阻力平方区的有压管流与隧洞流动等，动力相似应满足弗汝德（重力）准则。

设原型和模型相应点上的重力 F_{G_p} 和 F_{G_m} 为

$$F_{G_p} = \rho_p g_p L_p^3 \tag{3.13}$$

$$F_{G_m} = \rho_m g_m L_m^3 \tag{3.14}$$

如果两种流动是动力相似的，则有

$$\lambda_F = \frac{F_{I_p}}{F_{I_m}} = \frac{F_{G_p}}{F_{G_m}} \rightarrow 1 \tag{3.15}$$

即

$$\frac{\rho_p L_p^2 u_p^2}{\rho_m L_m^2 u_m^2} = \frac{\rho_p g_p L_p^3}{\rho_m g_m L_m^3} \tag{3.16}$$

或者

$$Fr_p = \frac{u_p^2}{g_p L_p} = \frac{u_m^2}{g_m L_m} = Fr_m \tag{3.17}$$

且 $\lambda_J = 1$，即原型与模型的模阻坡降相等，$J_p = J_m$。

3.3.2.5 初始条件和边界条件相似

初始条件：适用于非恒定流。

边界条件：有几何、运动和动力三个方面的因素。如固体边界上的法线流速为零，自由液面上的压强为大气压强等。

3.4 尾矿坝溃坝模拟试验设计

3.4.1 试验原型概况及研究区域选取

3.4.1.1 原型概况简介

本次试验的原型为云南某矿业有限公司易门矿务局所属的一座在建尾矿库（秧田箐尾矿库），依据秧田箐尾矿库设计资料可知，该尾矿库的初步规划最终有效库容为 1.089 亿立方米，属于二等库，堆坝方式采用上游式，整个地形如图 3.1 所示。尾矿库下游冲沟主要为农田分布，在距尾矿库坝址下游 600m 处有一个 90°转弯冲沟，在弯道处外坡上有一正对尾矿坝方向的村庄（米茂村），除此之外，库下游两岸还分布有股水村（距离坝址约 3.0km）、枇杷村（距离坝址约 4.0km）、黄草岭（距离坝址约 5.0km）等村庄，无重要城镇、工矿企业、重要铁路干线，尾矿库失事对下游影响主要为：库下游农作物受灾减产，库下游米茂村居住于沟底的部分人员生命安全受较大威胁，且沟谷底宽为 60~200m。

通过测试可知，尾矿库堆存尾矿砂的中值粒径为 $d_{50} = 0.016 \sim 0.088$mm，平均值为 0.044mm；0.074mm 以上的颗粒含量不大于 34.47%（在 20.50% ~ 38.21% 范围内）；不均匀系数 $C_u = 5.00 \sim 9.20$，平均值为 7.5，曲率系数 $C_c = 0.76 \sim 1.17$，平均值为 1.10。在 10 组全尾矿样中，有 5 组曲率系数 $C_c < 1.0$，另外 5 组曲率系数 $C_c > 1.0$。

堆存尾矿砂的压缩指标较小，其压缩系数 a_{1-2} 在 0.138MPa^{-1} 左右，压缩模量 E_s 约为 14.18MPa。其渗透系数在 1.50×10^{-4}cm/s 左右。其具体物理、力学参数见表 2.2 和表 2.4。

图 3.1 尾矿库库区及下游地形图

3.4.1.2 研究区域选取

针对溃坝模型试验研究区域的选取，往往由于模型范围过大而浪费大量试验材料。因此，合理选取下游沟谷长度和模型试验范围就成为溃坝模型试验面临的关键问题。由于试验场地和试验设备的限制，合理的选取研究区域不仅对研究结果的可靠性具有重要的影响，而且能将试验资源做到最优化的配置。

溃坝试验区域的选取原则为：（1）区域内有重要的建筑物；（2）区域内受影响的人数较多；（3）泥沙流有可能造成较大灾害的范围。根据选取原则，鉴于试验的现实条件，并结合现场尾矿坝下游情况，本次试验的研究区域主要为整个尾矿库区域以及库区下游 4.0km 的范围。由于在距尾矿库坝址下游 600m 处有一个 90°弯道，因此在试验室做了一个直弯道，在弯道下游，由于沟谷的形态变化不是很明显，故可概化为一直的沟谷通道，整个研究区域示意图如图 3.2 所示。

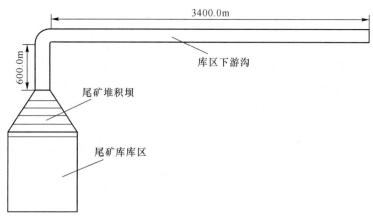

图 3.2 尾矿库研究区域示意图

3.4.2 试验目的

本次试验以秧田箐尾矿库设计资料为参考，基于其基本特征，通过室内物理模型试验方法，从流体力学的角度出发，采用尾矿坝溃决破坏模拟试验装置对尾矿坝溃决下泄泥沙流在下游沟谷中的运动规律与冲击力特征进行模拟试验研究，揭示尾矿坝溃决下泄泥沙流在运动过程中的演进规律、能量输移与耗散以及对下游建筑物的冲击力特性，探析泥浆高度、下游沟谷坡度、底床糙率、溃口形态以及泥浆浓度等多个主要影响泥沙流运动的因素与泥沙流运动特性的定量关系，为我国尾矿坝溃决下泄泥沙流灾害的防护与治理提供坚实的理论基础和技术支撑，从而填补我国在尾矿坝溃决下泄泥沙流运动机理与动力特性研究方面的空白。

3.4.3 相似模拟材料的选取

相似材料的选取是相似模拟试验中一个非常重要的环节，根据相关资料［126］，按下述原则选择相似材料：

（1）材料的力学性能稳定，不因大气温度、湿度变化而发生较大的改变；

（2）制作方便，材料来源丰富，成本低；

（3）相似材料本身无毒无害；

（4）模型材料与原型材料的物理、力学性质相似。

原型中，尾矿浆的流动可认为是重力和黏性力共同作用的结果。因此，在进行模拟试验时，模型流体需满足重力（弗汝德）相似准则和黏性力相似准则。由于溃决矿浆运动的物理力学现象较复杂，在选择相似材料时，可适当的偏离弗汝德数，即 $\lambda_u \neq \lambda_l^{0.5}$，而满足黏性力相似，来选择模型流体。

本次试验的原型尾矿砂为玉溪矿业易门矿务局秧田箐尾矿库堆坝用尾矿砂，该尾矿砂的容重为 $\gamma_s = 2.8 t/m^3$，粒径分布规律如图 3.3 所示，中值粒径 $d_{50} = 0.034mm$。遵循相似原理[16,17]，以满足原型与模型的主要参数相似为前提，确保试验结果的相对可靠性，因而在本次试验材料选取时，以满足主要影响因素（黏度 $\lambda_\eta = 1$）相似为首要条件，其他相似条件可作适当的放松。根据文献［97］和［170］等研究泥沙流动的经验，并结合尾矿泥

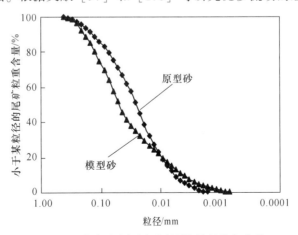

图 3.3 试验用砂与原型砂颗粒粒径分布曲线

浆的性质，秧田箐尾矿坝溃决模拟试验选用与原型砂浆相似的石膏粉、细沙与水的混合体（其中石膏粉与细沙配制成 $\gamma_s = 1.55 \text{t/m}^3$，$d_{50} = 0.03 \text{mm}$ 的颗粒），用以模拟原型尾矿浆流动是可行的。

3.4.4　相似参数的确定

由于试验场地和设备的限制，本次秧田箐尾矿坝溃决模拟试验按照 1：400 的正态模型考虑。根据模拟相似理论，可以求出秧田箐尾矿库溃坝模拟的相关参数（见表 3.1）。

边界条件：固体边界上的法线流速为零，自由液面上的压强为大气压强等。

表 3.1　秧田箐尾矿坝溃坝泥浆相似模型比尺

比尺名称	比尺符号	计算公式	设计比尺数值	备　注
长度比尺	λ_L	$\lambda_L = \dfrac{L_p}{L_m}$	400	原型尾矿砂： $\gamma_s = 2.8\text{t/m}^3$ $d_{50} = 0.034\text{mm}$ 模型砂： $\gamma_s = 1.55\text{t/m}^3$ $d_{50} = 0.03\text{mm}$
流速比尺	λ_u	$\lambda_u = \sqrt{\lambda_a \lambda_L}$	20	
冲击力比尺	λ_p	$\lambda_p = \lambda_{\gamma_c} \lambda_L$	557.3	
糙率比尺	λ_n	$\lambda_n = \lambda_L^{1/6} / \lambda_C$	2.08	
时间比尺	λ_t	$\lambda_t = \sqrt{L}$	20	
坡降比尺	λ_J	$\lambda_J = 1$	1	
重力加速度比尺	λ_g	$\lambda_g = 1$	1	
谢才系数比尺	λ_C	$\lambda_C = \left(\dfrac{\lambda_H}{\lambda_L}\right)^{-\frac{1}{2}}$	1	

3.5　试验设备与方法

3.5.1　试验设备

本次试验装置为重庆大学研制的尾矿坝溃决破坏相似模拟试验系统，整个试验系统由以下部分组成：尾矿库库区、溃坝挡板、下游冲沟、制浆搅拌机、冲击力测量系统、流态记录系统、泥浆回收池等。冲击力测量系统由压力传感器（BX-1 型）、支撑架、受力杆和受力片组成（见图 3.4），压力传感器放置在支撑架内部，受力杆上部贴在传感器表面，下部连接受力片，泥浆在流动过程中对受力片的冲击力通过杠杆原理作用在传感器上，并通过应变仪记录下传感器的应变变化过程，然后根据传感器应力计算公式 $P = \mu\varepsilon K$（式中，P 为压力，MPa；$\mu\varepsilon$ 为微应变量，$\mu\varepsilon = \dfrac{\Delta L}{L} \times 10^{-6}$；$K$ 为系数）得到传感器受力情况，最后根据杠杆比计算得到泥浆流动过程中的冲击力变化特性。为了清晰分析泥浆在下游冲沟的流态演进状态，试验冲沟的两侧面和底面均采用透明有机玻璃制成。泥浆流态采用日本先进的索尼数码摄像机进行全自动记录，该摄像机具有记录速度快、数据记录和保存自动化等特点。尾矿坝溃决破坏相似模拟试验装置如图 3.5～图 3.11 所示。

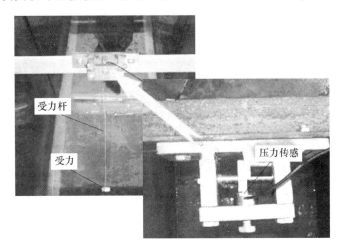

图 3.4　泥浆冲击力测试仪

图 3.5　尾矿坝溃决破坏模拟试验装置

图 3.6　泥浆仓和溃决闸门全貌
（模拟尾矿库库区和尾矿坝）

图 3.7　流槽（模拟尾矿库下游冲沟）

图 3.8 泥浆制备装置

图 3.9 泥浆提升泵

图 3.10 北京波普多通道动态应变仪测试系统

图 3.11 泥浆流态记录仪

流槽两侧和底面均为透明的有机玻璃，长度为 10.0m。按 1：400 正态比尺，则可以模拟库区下游 4.0km 的范围。

在进行正式试验之前，需对制备的尾矿坝溃决破坏模拟试验装置进行验证，验证包括清水验证和泥石流验证。清水验证主要验证冲沟糙率、水位、流速和流向等的相似；泥石流验证主要验证模型泥石流的流态、容重、泥深和冲沟淤积的相似。如未达到相似的，分析其原因，并对模型进行调整。

3.5.2 试验方法

运用尾矿坝溃决破坏相似模拟试验装置进行不同高度尾矿坝溃决砂流流态演进模拟试验研究，实验步骤如下：（1）将设备调试到需要的姿态（库区与下游冲沟坡度的调节）。（2）将应力测量系统归零以及调整数码摄像机角度至试验需求。（3）采用制浆搅拌机配置模型尾矿浆，并通过放浆管道送入试验库区。（4）提升溃坝挡板模拟尾矿坝溃决。整个试验流程如图 3.12 所示。

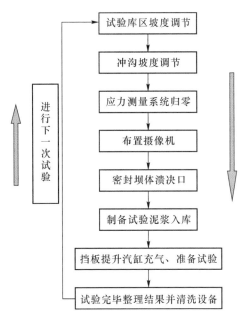

图 3.12 尾矿坝溃决破坏模拟试验流程图

3.5.3 溃决模拟试验

在进行尾矿坝溃决破坏模拟试验前，先将各测试仪器调试到位，然后按照以下步骤进行试验：

（1）按照设计资料和相似理论计算泥浆浓度并进行泥浆配制，然后启动制浆搅拌机进行搅拌制浆（见图 3.13）。

（2）待泥浆充分搅拌均匀后，开启搅拌机排放阀门，通过泥浆输送管道向库区排放泥浆（见图 3.14）。

图 3.13 搅拌机制浆

图 3.14 向库区内排放泥浆

（3）如图 3.15 所示，当库区泥浆达到设计要求高度后，关闭泥浆排放阀门，停止放浆。打开所有测试设备（见图 3.16），开启溃决闸门，排出泥浆，同时进行监测与数据采集（见图 3.17 和图 3.18）。

图 3.15　达到设计要求的尾矿坝高度

图 3.16　溃坝泥浆数据测试与记录

图 3.17　对流动过程中的泥浆进行动态取样

图 3.18　对取样泥浆进行测试

3.6 相似模拟试验结果与分析

3.6.1 坝体高度对溃决泥沙流动特性的影响

尾矿坝坝体的高度（表征尾矿砂和水体的总势能大小）是影响泥沙流运动特征的决定性因素，是泥沙流运动的主要能量源，它的大小直接决定了溃决下泄泥沙流的流动距离和冲击破坏情况。下泄泥沙流在下游沟谷中流动的能量几乎全部来自它自身的势能，因此，一般情况来说，尾矿坝坝体高度越高，越有利于下泄泥沙流的流动，反之亦然。为明确获得不同高度尾矿坝溃决泥沙流在下游区域的演进规律和动力特性，分别对坝高 20cm、25cm 和 30cm（分别模拟现场 80m、100m、120m 高尾矿坝）各进行 3 组溃决模拟试验，3组试验结果的平均值作为某高度尾矿坝溃决泥沙流流动特性的评价值。本次试验的具体内容见表 3.2。

表 3.2　尾矿坝溃坝泥浆试验内容

试验编号	泥浆仓坡度/%	冲沟坡度	坝高/cm	底面糙率	溃决形态	泥浆浓度/%
1	3	平坦	20.0	光滑	瞬间全溃	40.0
2	3	平坦	25.0	光滑	瞬间全溃	40.0
3	3	平坦	30.0	光滑	瞬间全溃	40.0

3.6.1.1 坝体高度影响下溃决泥沙流的流态变化特性

根据预先设计的试验方案进行尾矿坝溃决试验，试验过程中各典型过流断面特征图如图 3.19 和图 3.20 所示。

图 3.19 所示为不同坝高（20cm、25cm 和 30cm，相当于现场坝高 80m、100m 和120m）情况下溃决泥浆在距坝址下游 1.5m（现场为库区下游距坝址 0.6km 处）的 90°弯道处的爬升高程图（泥浆到达此处后 4s 时刻）。由图 3.19 可知，一旦尾矿坝溃坝，泥浆遇到下游弯道地形时，出现明显的侧向爬升现象，随着尾矿坝高度的增加，泥浆在弯沟处侧向爬升的高度呈增大趋势。当尾矿坝高度为 25.0cm 时，下游 1.5m 弯沟处泥浆沿外侧爬升高程为 22.8cm（相当于现场 91.2m），而当尾矿坝高度为 30.0cm 时，泥浆沿外侧爬升高程达到了 26.5cm（现场为 106m），这主要是由于泥浆到达转弯处时，靠近沟谷凹岸一侧，受到离心力的作用，流动速度迅速减小，其动能转化为位能，造成泥浆沿沟谷外坡爬高，引起局部淹没高度增大，加重了溃坝的灾害。而且随着尾矿坝高度的增加，泥浆初始势能增大，导致下游转弯处的侧向淹没高度进一步加大。

图 3.20 所示为不同尾矿坝高度下溃决泥浆在到达下游 5.0m 处后 4.0s 时刻的流态图。由图 3.20 可知，坝体高度对下游泥浆淹没高程有明显的影响，随着尾矿坝高度的增加，溃决泥浆对下游的淹没高程呈增大趋势。试验表明，当尾矿坝高度为 25.0cm 时，泥浆到达下游 5.0m 处后 4.0s 时的淹没高程为 13.2cm（现场则为 52.8m），而当尾矿坝高度达到30cm 时，泥深达到 14.5cm（现场为 58.0m）。这也说明了尾矿坝体高度对泥浆在库区下游的淹没程度有重要的影响。此刻的泥浆流面坡降梯度也随着尾矿坝高度的增加而呈增大趋

(a) (b)

(c)

图 3.19 不同坝高溃决泥浆达到下游 1.5m 后 4s 时的流态

(a) 坝高 20cm；(b) 坝高 25cm；(c) 坝高 30cm

势，说明尾矿坝越高，相同时刻同一过流断面处的泥浆不仅高度增大，表面坡降梯度也变大，即泥浆所具有的能量较大，且势能梯度增大，对下游的破坏程度相应加大。

通过对下游各过流断面的泥浆淹没高程进行整理，得到了各断面泥深时程变化规律及泥浆演进规律（见图 3.21），同时也得到了泥深峰值沿程变化曲线（见图 3.22）。由图 3.21 可知，随着尾矿坝高度的增高，溃坝泥浆在下游各过流断面处的泥深呈增大趋势，而泥浆到达下游同一断面处的时间呈减小趋势。到达时间减小，意味着尾矿坝溃坝后下游群众的撤离时间将缩短，从而加重了溃坝对下游的灾情。这也表明了尾矿坝高度对下游区域的灾害程度有重要的影响。

泥浆到达下游各过流断面后，泥浆高度迅速增大到峰值，而后随着泥浆向下游不断演进，泥浆高度逐渐减小，直至泥浆停滞。整个泥浆淹没高度过程线可概化为三角形，此结论与理论概化线[15]基本吻合。

3.6.1.2 冲击力特性分析

图 3.23 所示为不同尾矿坝高度溃决后，泥浆在库区下游 1.5m 处的冲击力过程曲线。由图 3.23 可知，随着尾矿坝高度的不断增加，下游同一过流断面处的泥浆冲击力呈递增

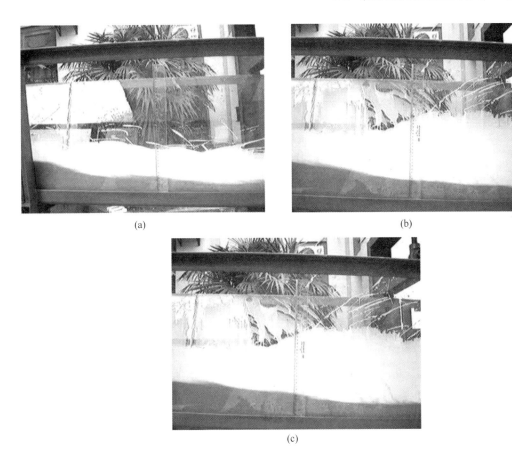

图 3.20 不同坝高溃决泥浆达到下游 5.0m 后 4s 时的流态
(a) 坝高 20cm；(b) 坝高 25cm；(c) 坝高 30cm

趋势，在距坝址下游 1.5m 处，当尾矿坝高度为 20cm 时（现场坝高为 80m），泥浆的冲击力峰值为 11.2kPa（现场冲击力将达到 6.24MPa），而坝高上升到 30cm 时（现场坝高为 120m），泥浆的最大冲击力达到 19.2kPa（原型尾矿砂流冲击力为 10.7MPa）。这是因为尾矿坝越高，库内泥沙流体所具有的势能就越大，在溃决过程中，泥沙流体由势能所转化成的动能就越大，其运动速度就越大。根据泥石流冲击力与流速的关系[16]可知，泥石流速度越大，冲击力越大，因此尾矿库坝体高度直接决定了下游区域建筑物所受溃决泥沙流冲击力的大小。冲击力的增大，将加重对下游的破坏程度。因此为了减小下游受灾程度，往往需在下游修筑拦挡防护工程。

同时，由图 3.23 所示的冲击力过程曲线显示，曲线前端较陡，后端较平滑，冲击力峰值出现在溃决泥沙流到达建筑物后的较短时间内，即泥沙流龙头段，这说明泥浆龙头段对传感器的冲击是在较短时间内完成的，且前段冲击力较后续泥浆的冲击力大。

3.6.2 下游沟谷坡度对溃决泥沙流动特性的影响

下游沟谷坡度（也可以用沟谷比降来表示），是流体由位能转变为动能的底床条件，是影响泥石流的形成和运动的重要因素。由于下游沟谷坡度不同，泥沙流的流动过程有一定差异。一般来说，沟床比降越大，则越有利于泥沙流的流动，反之亦然。

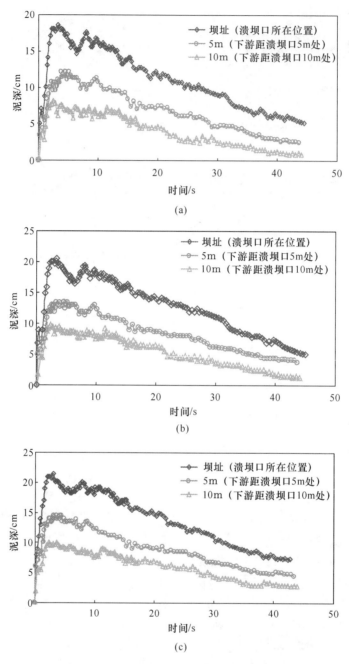

图 3.21 不同坝高溃决泥深演进过程曲线

（a）坝高 20cm；（b）坝高 25cm；（c）坝高 30cm

然而，由于各尾矿坝当地的地形条件各异，每个尾矿坝坝址下游沟谷的坡度不尽相同，因此对不同沟谷坡度情况下的尾矿坝下泄泥沙流动特性进行试验测试研究具有重要的现实意义。同时，在尾矿坝坝址上游库区地形条件和泥沙流源确定的情况下，通过改变下游沟谷比降来分析其对溃决下泄泥沙流体流动特性的影响关系，并将两者之间的关系进行定量化，从而为指导不同沟谷比降情况下的泥沙流灾害防治提供科学依据。

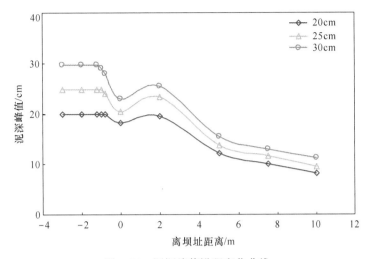

图 3.22 泥深峰值沿程变化曲线

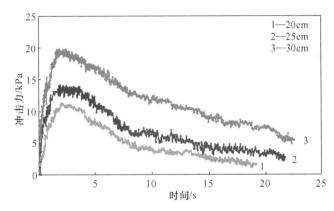

图 3.23 溃决泥沙流体在下游 1.5m 处冲击力时程变化曲线

泥沙流在沟谷中的流动，主要体现在泥沙流体的受力上。根据土力学理论，对泥石流在运动过程中的受力情况进行了分析，位于一定坡度的沟谷的泥石流体，其自身处在一定的应力场中，且具有一定的势能，由于同时受到以重力分力为主的沿沟谷斜面向下促使运动的牵引力τ_d以及泥石流黏接力与沟床摩擦作用为主的阻碍泥石流体运动的阻力τ_f共同作用[20]（见图 3.24）。

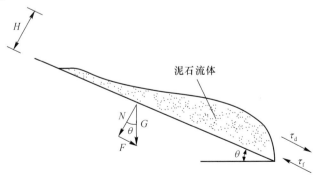

图 3.24 泥石流体受力示意图

从图 3.24 中可以得出，促使泥石流体运动的牵引力 $\tau_d \approx F = G\sin\theta$，而阻碍泥石流体运动的阻力 $\tau_f = \tau_0 + f_s$，其中 f_s 为摩擦阻力（$f_s = Nn_s = G\cos\theta \cdot n_s$），$n_s$ 为摩擦系数，τ_0 为泥石流黏接力。因此，在 τ_0 与摩擦系数 n_s 一定的情况下，沟谷坡度 θ 越大，则泥石流体的牵引力也就越大，相应的阻力就越小，反之亦然。

为明确获得不同沟谷坡度情况下尾矿坝溃决泥沙流在下游区域的流动特性，分别对 5 种坡度情况下各进行 3 组溃决模拟试验，3 组试验结果的平均值作为某坡度尾矿坝溃决砂流流动特性的评价值。

本次试验主要通过改变尾矿坝下游沟谷坡度来研究溃决泥浆流动特性等问题。其中，泥浆仓的主沟纵坡坡度为 3%，泥浆浓度 40%。表 3.3 列出了本次模型试验的条件，每种条件重复进行 3 次试验，以实现数据统计采样的作用。

表 3.3 尾矿坝溃坝泥浆试验条件

试验编号	泥浆仓坡度/%	冲沟坡度/%	坝高/cm	底面糙率	溃决形态	泥浆浓度/%
1	3	0	25.0	光滑	瞬间全溃	40.0
2	3	3	25.0	光滑	瞬间全溃	40.0
3	3	6	25.0	光滑	瞬间全溃	40.0
4	3	9	25.0	光滑	瞬间全溃	40.0

3.6.2.1 泥沙流体流态特性分析

根据不同沟谷坡度的试验测试结果，图 3.25 和图 3.26 分别列出了尾矿坝溃决泥沙流体在沟谷坡度为 0%、3%、6% 和 9% 情况下各特征过流断面处的泥深变化规律。

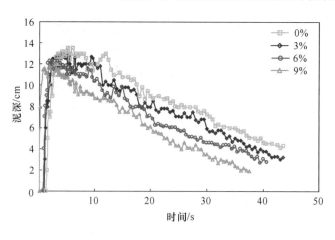

图 3.25 距坝址 5.0m 处不同沟床坡度情况泥深变化过程曲线

从图 3.25 和图 3.26 可以看出，不同的沟谷坡度对同一过流断面处的泥深变化情况有一定的影响，但是影响较小。当沟谷坡度较小时，泥沙流在过流断面处的泥深峰值出现的

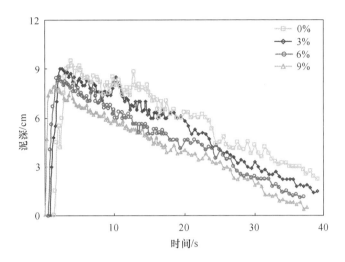

图 3.26 距坝址 10.0m 处不同沟床坡度情况的泥深变化过程曲线

时间较晚，峰值较大，随着沟谷坡度的逐渐增大，各断面处到达泥深峰值随之有减小的趋势，到达峰值的时间也相应缩短。以下游 5m 处的过流断面为例，在平坦沟谷情况下，该处的泥深峰值为 13.5cm（相对于现场 54.0m），到达峰值的时间为泥浆到达该处后 5.3s，而当沟谷坡度增大到 9% 时，该处的泥深峰值有相应的减小，仅为 10.9cm（相对于现场 42.6m），而到达峰值的时间为泥浆到达该处后的 2.0s。造成这一现象的主要原因是：沟谷坡度的逐渐加大，使得泥沙流体所受沿沟谷向下的牵引力 τ_d 增大，相应的阻力 τ_f 减小，到达同一过流断面处的流动速度逐渐增大，达到时间也相应缩短。泥沙流体的速度增大，减小了泥沙流体在同一过流断面处的过流时间，不会出现因阻力过大而出现的泥沙流体淤积现象，因此泥沙流过流相对通畅，使得泥深峰值有一定的减小趋势。

3.6.2.2 溃坝泥浆流速特性分析

根据试验过程中的测试结果，分析获得了不同沟谷坡度情况下，尾矿库溃决下泄泥沙流速度变化规律，如图 3.27～图 3.29 所示。

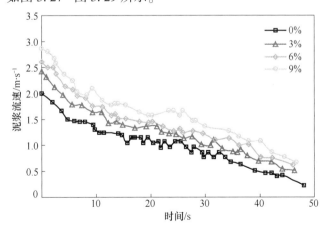

图 3.27 不同沟谷坡度情况下溃决泥浆在 5.0m 处的流速过程线

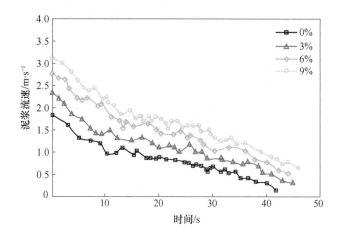

图 3.28 不同沟谷坡度情况下溃决泥浆在 7.5m 处的流速过程线

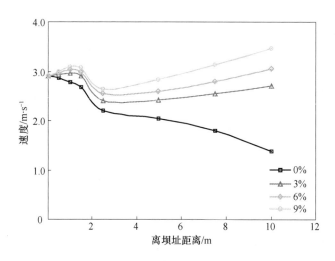

图 3.29 溃决下泄泥沙流体沿程流速曲线

由图 3.27 和图 3.28 可知，尾矿坝溃决后，下泄泥沙流体以一个较大的速度向下游流动，泥沙流体在下游同一过流断面处的流速随着时间的推移呈逐渐衰减的趋势，其衰减趋势为典型的非线性关系。同时，两个图反映出，由于下游沟谷坡度的不同，下泄泥沙流体流过同一过流断面处的速度是有差异的。坡度越大，泥沙流体的流动速度也越大，从而加大了泥沙流体的冲击力强度。因此，沟谷坡度的增大，增加了尾矿坝溃决对下游的灾害程度。

通过对图 3.29 所示的溃决下泄泥沙流体沿程流速曲线分析可知，尾矿库溃决后形成的黏性泥沙流峰值流速的沿程变化具有以下特征和规律：平坦沟谷型溃决泥沙流体运动速度在整个运动过程中都是渐变的，其运动速度曲线呈波浪形，存在着明显的波动特性，在沟谷坡度为 3%、6% 和 9% 情况下，流速曲线呈现出较为明显的波峰和波谷变化特性，且随着沟谷坡度的逐渐增大，速度曲线的波动现象越来越明显，波动幅度也越大。在沟谷为平坦条件时，泥沙流体的流动峰值速度呈逐渐减小趋势，在 0~1.5m（现场范围为 0~600.0m）区间内，其减小速率较慢，而在坝址下游 1.5~2.5m（现场范围为 600.0~1000.0m）区域内，流速曲线斜率突然增大，表明该区域内泥沙流体的流速减小梯度较大。在库区下游 2.5～7.5m(现场范围为 1000.0～3000.0m) 范围内，泥沙流体的流动速度减小速率又趋于平缓，一是因为上游来流相对稳定，有充足的流体作后续补充；二是因为此段沟道较直，沿程损失的动能较小，势能可以抵消部分动能的损失。在下游 7.5～10.0m(现场范围为 3000.0～4000.0m) 之间，由于上游来流量较小，后续泥沙流补充不足，泥沙流流动速度又有一个较快下降的过程。

总体来讲，平坦沟槽情况下，尾矿库溃决泥沙流的流速沿程变化的速率是不同的，但在整个运动过程中，泥沙流体的运动速度整体呈递减趋势。这是因为由于沟谷平坦，泥沙流体在下游沟谷的运动过程中，所耗散的动能大于因泥沙流体势能所转化而成的动能所致。在下游沟谷 1.5～2.5m 区域内为-90°的急弯沟道，泥沙流体在通过该弯道时所耗散的动能要大于在直道中所耗散的动能，因此泥沙流体的流动速度在此处形成了一个加速递减的区域。

当沟谷坡度逐渐增大到 3.0% 后，泥沙流体的流动速度整体呈递增趋势，在坝址下游 0～1.5m 区域内，泥沙流体的流动速度缓慢增大，但是当泥沙流体进入下游 1.5～2.5m 弯道区域时，泥沙流体流动速度有一个突变过程，速度迅速减小，而后泥沙流体的流动速度又恢复初始阶段的逐渐增大趋势，整个过程有一个变小再变大的过程。但不同的沟谷坡度其速度变化趋势是有差异的。坡度越大，速度变化越明显，坡度越小，变化幅度也越小。产生上述现象主要是由于溃决下泄的泥沙流体流速快惯性强，泥石流在经过急弯沟道时，对弯道外坡岸产生极其强烈的冲刷，流体本身耗散了很大一部分动能，且耗散的动能大于由泥沙流体势能所转化成的动能，故泥沙流体在弯道的运动过程中即是一个能量衰减的过程，流速变小，泥沙流体通过急弯沟道进入直道后，泥沙流体耗散的动能变小，且其值要小于有泥沙流体势能所转化成的动能，因此运动速度也就越来越大。

3.6.2.3 溃坝泥浆冲击力测试结果

图 3.30 展示了尾矿库坝高 25.0cm（相当于现场 100.0m）时在不同沟谷坡度情况下的溃决泥沙流体在下游流动过程中沿程冲击力变化关系。由图可知，下游沟谷坡度对泥沙

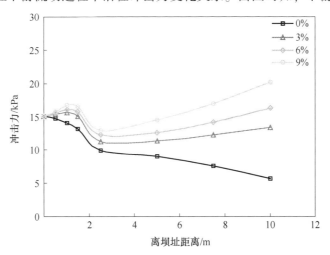

图 3.30　泥浆冲击力与流动距离关系曲线

流体的冲击力有较大影响，随着尾矿坝下游沟谷坡度的逐渐增大，泥浆冲击力呈增大趋势。沟谷坡度的增加，反映在泥沙流体的能量上，即泥沙流体的初始势能增大，从而在泥沙流体势能转化的动能也相应增大，最终导致泥沙流体在下游沟谷中的冲击力增大。

从图 3.30 中可得，泥沙流体在下游流动过程中的冲击力变化随沟谷坡度的不同其变化特性是有较大差异的。当沟谷坡度为平坦情况时，泥沙流体的冲击力随着流动距离的增大呈逐渐减小趋势，其减小趋势为非线性关系。而当沟谷坡度为 3%、6% 和 9% 时，泥沙流体的冲击随着流动距离的增大逐渐增大，同时随着沟谷坡度的逐渐增加，冲击力增大幅值是有所差异的。

在泥沙流体流动过程中，冲击力在下游 1.5~2.5m 弯道区域内衰减最快，这是因为在泥沙流体经过该弯道时，能量耗散较直道时要大得多，因此出现了图 3.30 所示的冲击力突变规律。根据泥石流冲击力与速度之间的关系[164]可知，泥石流速度越大，冲击力越大。且泥石流流动速度与坝高有直接的关系，因此坝体的高度直接决定了溃决下泄泥沙流体的冲击力大小。

3.6.3　溃口形态对溃决泥沙流动特性的影响

由于不同溃口形态的尾矿坝溃坝泥浆在下游所表现出的流动特性具有较大差别，因此，从尾矿坝溃口形态方面来研究尾矿坝溃坝泥石流流动特性，探索不同溃口形态下的尾矿坝溃坝泥石流对下游的灾害影响程度和范围，对矿山企业的防灾减灾工作以及保护下游群众生命财产和重要建筑物的安全具有重要的指导意义。

一般情况下，发生瞬间全部溃决的坝体多为刚性坝体，但刚性坝除了拱坝和峡谷的坝以外，实际上仍为局部溃坝，因此坝体发生瞬间全部溃坝的可能性很小。尾矿坝作为世界上特殊的人工堆积体，其堆坝材料和所具有的用途与普通水坝有本质的区别（水坝要求防渗，而尾矿坝要求排渗，否则容易形成泥石流，如果尾矿含有害物质，则必须经处理才能把尾矿水排出）。作为一个不仅存储尾矿渣还要存储水的一个特性容器，由于坝体材料和功能的特殊性，其溃决形式也主要以局部溃坝为主。据资料显示[203]，除去拱坝外，不算战争因素引起的，溃坝口门比在 0.07~0.89 之间，一般为 0.5 左右。因此，研究尾矿坝不同形式的局部溃坝具有重要的实际意义。

国外的美国水道试验站[161]、德国 J. Frank[162]，以及我国黄河水利委员会[163]、铁道科学研究院[164]、贺志德[165~167]分别对水坝不同溃决方式的坝址峰顶流量进行了探索性研究，并取得了丰硕的成果。戴荣尧[100]、谢任之[140]、王国安[163]等人分别对水坝不同溃口形态的坝址峰顶流量进行了探索性研究，为研究水库土石坝局部瞬间溃坝后洪水流动特性做出了巨大贡献。周建中等人[168]研究了平面河道溃口率分别为 0.1、0.2、0.4、0.6、0.8 时流体在溃口处及下游的流场速度、压强等分布特性。研究成果对现场工程具有重要的指导意义。

然而，由于各种水库坝体与尾矿坝堆坝工艺各异，坝坡形状、坝体材料的物理力学性质、坝体功能、运营过程中的浸润线位置以及溃后流体组成等的巨大差异，对其不同溃口形态情况下的溃决泥沙流流动规律进行试验研究显得尤为重要。

本次试验主要通过改变尾矿坝溃口形态（1/4 溃坝、1/2 溃坝、瞬间全溃坝）来研究溃决泥浆流动特性等问题。其中，泥浆仓的主沟纵坡坡度为 3%，冲沟假设为平坦，泥浆浓度 40%。表 3.4 列出了本次模型试验条件，每种条件重复进行 3 次试验，以实现数据统计采样的作用。

表 3.4 尾矿坝溃坝泥浆试验条件

冲沟坡度	库区坡度/%	坝高/cm	底面糙率	溃口形式	泥浆浓度/%
平坦	3	25	光滑	1/4 溃坝	40
平坦	3	25	光滑	1/2 溃坝	40
平坦	3	25	光滑	瞬间全溃坝	40

3.6.3.1 溃坝泥浆流态特性分析

根据不同溃口形态的试验测试结果，图 3.31 和图 3.32 分别列出了尾矿坝在 1/4 溃坝、1/2 溃坝和瞬间全溃坝情况下各特征过流断面处的泥深变化规律。图 3.33 展示了尾矿坝在不同溃口形态下，泥浆到达急弯处后 15s 时刻的流态特征。

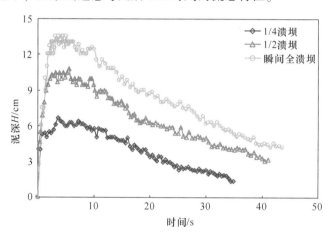

图 3.31 距坝址 5.0m 处泥深变化过程曲线

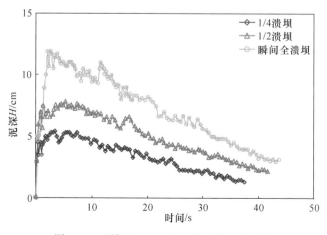

图 3.32 距坝址 7.5m 处泥深变化过程曲线

由图 3.31 和图 3.32(泥浆在 5.0m 和 7.5m 处泥深过程曲线) 可得到下述结论。

（1）泥浆在到达各特征过流断面后出现较大幅度的波动现象，且不同溃决方式所表现出的波动幅度有所差异。瞬间全部溃决情况下，泥深波动幅值最大，而 1/4 溃决时，泥深的波动幅值最小，1/2 溃决情况下泥深的波动幅度介于两者之间。分析其原因主要是由于泥浆在下游传播过程中，途经下游 1.5m 处的 90°急弯时，泥浆出现不同程度的反射波，造成泥浆在下游沟槽中的流动出现较大的波动现象，并将该震荡波不断地向下游传播。由于尾矿坝瞬间全部溃坝时，泥浆所具有的能量较大，泥浆到达急弯处时的流速较快，因而泥浆被急弯外坡所反射回来的能量也就较大，从而造成泥浆下游沟谷中的波动现象也就越明显，震荡幅度也就相应越大。随着泥浆不断地向下游演进，震荡波也向下传播，于是出现了图 3.31 和图 3.32 中泥浆在急弯下游区域的传播过程同时伴随了泥深的震荡。由于急弯导致了泥浆能量的损失和耗散，并随着后续泥浆向下游的不断传播及能量的衰减，泥浆在急弯下游各特征过流断面处的淹没高度波动幅度也逐渐弱化，最后泥浆在沟槽中平稳流动。随着溃坝口门的减小，泥浆所具有的能量不同程度的减弱，泥浆的波动现象相应被弱化，震荡幅值也相应衰减。1/4 溃坝时，泥浆的震荡幅值最小，震荡所持续时间也最短，溃坝后泥浆很快进入了平稳流动过程。

（2）泥浆在下游各特征过流断面处的传播过程具有较明显的龙头衰减特性，泥深呈现小—大—小的分布，且具有较长的拖尾衰减现象。整个泥深过程曲线总体上可分为 3 个阶段。

1）第一阶段：泥深迅速增长阶段。在该阶段内，泥浆龙头段到达该过流断面处后的较短时间泥深迅速升高并达到峰值，在泥深变化过程曲线中反映的特性即此阶段曲线的斜率较大，曲线较陡。然而最大泥深是灾难性的，故该阶段也是整个过流阶段中最危险的阶段。泥深峰值到达的时间越短，表明群众撤离的时间越少，撤离越紧急，从而造成的灾害损失也就越大。

2）第二阶段：泥深相对稳定阶段。该阶段内泥深基本稳定在峰值段，变化相对较缓慢，反映在曲线上即该段曲线斜率较小，曲线较平缓。

3）第三阶段：泥深衰减阶段。在该阶段内，泥浆淹没高度呈缓慢减小特性，泥深从峰值逐渐降低直至泥浆停滞于沟谷中，泥浆淹没高度减小的速率较泥深上升速率小得多，该阶段最重要的特征为泥深降低速率小，持续时间长，约为前两个阶段持续时间总和的 3 倍。

不同的溃口形态所表现出的各特征过流断面处泥深过程曲线的形态也不尽相同，且每种溃口形态在下游同一过流断面处的泥深过程曲线所表现出的每个阶段持续时间也有较大差异。尾矿坝瞬间全部溃决情况下，泥浆淹没高度到达峰值的时间 （即第一阶段） 仅为 2.7s，而 1/4 溃坝情况下，泥深到达峰值的时间约为 7.3s，约为瞬间全溃坝的 2.7 倍。1/4 溃坝时的泥深相对稳定阶段所持续时间大约为 17.0s，约占过流总时间的一半，而瞬间全溃情况下第二阶段仅持续了 5.0s 左右，并很快进入了第三阶段 （泥深降低阶段）。瞬间全溃情况下泥深在第三阶段持续的时间较长，约占整个泥浆过流时间的 75.0%。1/4 溃坝情况下，第三阶段的持续时间较瞬间全溃情况下要短，仅为 10.0s 左右。

（3）对比分析 5.0m 和 7.5m 两处泥深过程曲线可知，两者最大差别表现在如下两点。

1）7.5m 处第二阶段（泥深稳定阶段）所持续的时间较 5.0m 处要长，7.5m 处的泥深稳定阶段基本上为泥浆到达此处后 3.0~20.0s 之间，所持续的时间约为 17.0s，达到了整个过流时间的一半左右，约为 5.0m 处的泥深稳定阶段持续时间的两倍。但 7.5m 处所示的第三阶段（泥深缓慢降低阶段）持续时间仅为 19.0s，较 5.0m 处相应的泥深缓慢降低阶段持续时间 26.0s 要短。7.5m 处的泥深过程曲线整体上较 5.0m 处要平缓，泥深变化速率整体较小，说明距坝址越远，泥深过程曲线变化幅值越小。

2）1/2 溃坝情况下，7.5m 处的泥浆淹没峰值高度为 7.8cm，较 5.0m 处的泥浆淹没峰值高度 10.6cm 要小很多，说明距离坝址越远，泥浆淹没的最大高度也就越小，对该区域所造成的危害程度和影响范围也就越小。

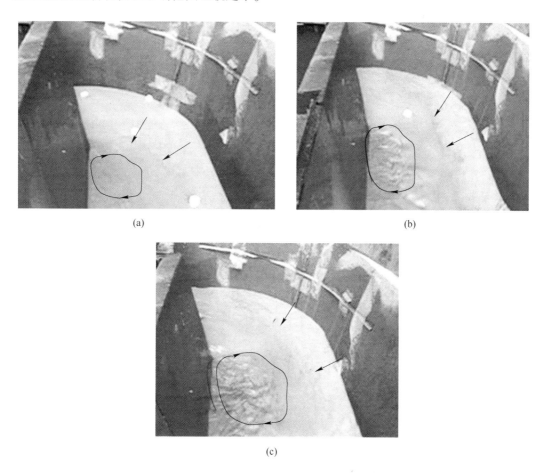

图 3.33 溃后泥浆到达急弯后 15s 时形成涡流和反射波
(a) 1/4 溃坝；(b) 1/2 溃坝；(c) 瞬间全溃坝

由图 3.33 可知，溃决泥浆在 90°弯道处流态变化强烈，在弯道内侧出现涡流现象，而在弯道外侧则出现泥浆反射现象，并出现明显的侧向爬升，泥浆在弯道两岸的泥深相差较大。瞬间全部溃坝条件下，溃后泥浆到达急弯后 15s 时形成涡流和反射波较相同条件下的

1/2 和 1/4 溃坝情况下要明显，且涡流出现的范围也明显比其他两种溃决形式要大得多。随着尾矿坝溃口的加大，泥浆在急弯处的侧向爬升高度呈增大趋势。这种现象可以用如下理论来分析解释，由于泥浆到达弯道处时，靠近沟谷凹岸一侧，受到离心力的作用，流动速度几乎减小到零，这样单位质量泥沙流体的动能 $v^2/(2g)$ 转化为位能，造成泥沙流体沿沟谷外坡爬高，引起局部泥浆淹没高度升高，加重了溃坝的灾害程度。而且随着尾矿坝溃口的加大，泥浆初始能量增大，下游转弯处的侧向淹没高度将进一步升高。

3.6.3.2 溃坝泥浆波峰传播规律分析

在试验过程中采用日本先进索尼数码摄像机对溃坝泥浆波峰到达下游各特征过流断面时的瞬态进行捕获，获得了不同溃口形态下，下游不同特征过流断面处的泥浆龙头段波峰自由面图，如图 3.34~图 3.36 所示。

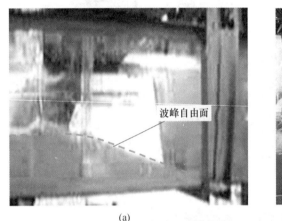

(a)　　　　　　　　　　　　　　　　(b)

(c)

图 3.34　瞬间全溃坝泥浆到达下游各特征过流断面处时的波峰自由面图

（a）坝址处；（b）5m 处；（c）7.5m 处

从图 3.34~图 3.36 可以看出，尾矿坝溃坝以后，泥浆以一个很陡峭的波峰形式向下游传播，波峰的高度在最初一瞬时达到坝高的 40%~60%，但随着泥浆向下游的不断传播而有所减小。这种现象主要归因于下游沟槽阻力和泥浆自身黏聚力的影响，急弯对泥浆能量也造成了很大损耗，尽管同时底坡在起反作用。在距坝址较远处，波峰基本完全平坦化，而成为渐变流。

在波峰到来时，泥深瞬时突然增大，波峰过后泥深增长平缓，基本稳定在峰值段附近，泥深在某时刻达到它的极值，而后逐渐减小。随着尾矿坝溃口的变化，下游各特征过流断面处的波峰高度变化较大，对比图3.34(a)与图3.36(a)可以发现，随着溃口的不断减小，同一过流断面处的波峰高度衰减速度较快，瞬间全溃坝情况下坝址处波峰高度几乎为1/4溃坝情况下的3倍左右。

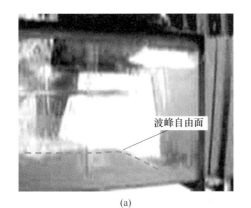

(a) (b)

(c)

图3.35 1/2溃坝泥浆到达下游各特征过流断面处时的波峰自由面图
(a) 坝址处；(b) 5m处；(c) 7.5m处

(a) (b)

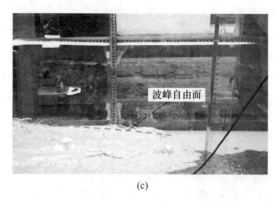

(c)

图 3.36　1/4 溃坝泥浆到达下游各特征过流断面处时的波峰自由面图

(a) 坝址处；(b) 5m 处；(c) 7.5m 处

3.6.3.3　溃坝泥浆流速特性分析

根据试验过程中数码摄像机的记录结果，分析获得了不同溃口形态情况下，尾矿库溃决泥浆在各特征过流断面处的速度过程特性曲线（见图 3.37 和图 3.38）。试验中，采用跟踪式速度测量方法，采用直径为 ϕ10mm 的白色泡沫小球进行流速跟踪计算，根据小球冲击的时间及运动路程计算泥浆流动速度，试验进行 3 次，以实现数据统计采样的作用。

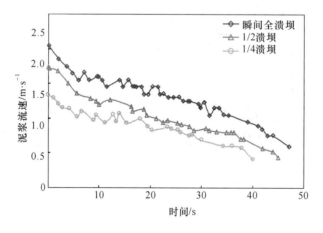

图 3.37　尾矿坝溃决泥浆在 5.0m 处的流速过程线

由图 3.37 和图 3.38 可分析得出，尾矿坝溃坝后，泥浆以一个较大的速度向下游传播，随着泥浆向下游的不断演进而逐渐减小。同时伴随着尾矿坝溃口的不断减小，泥浆到达下游同一过流断面处时的流动速度也相应减小，且不同特征过流断面处泥浆流动速度减小幅度有所不同。在库区下游 5.0m 处，1/4 溃坝情况下泥浆流速较瞬间全溃时减小34.2% 左右，而在 7.5m 处，1/4 溃坝情况下泥浆流速较瞬间全溃时减小约 38.8%。表明不同溃口形态下，泥浆在 7.5m 处的流速减小梯度要大于在 5.0m 处的流速减小梯度，同时说明了随着泥浆向下游不断地推进，溃坝口门形态对泥沙流流速的影响程度在不断被强化。

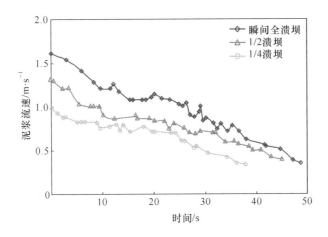

图 3.38 尾矿坝溃坝泥浆在 7.5m 处的流速过程线

泥沙流在库区下游 5.0m 和 7.5m 处的流速变化特性可分为 3 个阶段：

（1）第一阶段，流速加速降低阶段（龙头段）。该阶段主要集中在溃坝泥浆到达各特征断面处初期，溃坝泥浆龙头段到达下游各过流断面处时，龙头速度较大，但随即迅速减小，持续时间在 8.0~15.0s 左右，且不同断面处，该阶段的持续时间有所差异。在瞬间全溃坝情况下，泥浆在 5.0m 处，龙头段流速减小所持续的时间在 11.6s 左右，而在 7.5m 处，龙头段流速减小所持续的时间约为 15.4s，是 5.0m 处的 1.3 倍左右。而在不同溃口形态下，同一过流断面处第一阶段所持续时间也有所不同。以库区下游 5.0m 处的流速曲线为例，在瞬间全溃坝情况下龙头段流速减小所持续的时间在 11.6s 左右，在 1/2 溃坝情况下，龙头段流速减小所持续的时间在 10.2s 左右，而在 1/4 溃坝情况下的持续时间仅仅为 6.2s。

（2）第二阶段，流速稳定阶段（龙身段）。该阶段主要为泥身过流阶段，此阶段泥浆来流相对较平稳，泥浆流速也保持在一个相对较稳定的阶段，只是在不同溃口形式下，泥浆在该阶段所持续的时间有所不同。

（3）第三阶段，流速稳定降低阶段（龙尾段）。由于上游泥浆来流量逐渐减小，且龙尾段泥浆所具有的能量也逐渐降低，故该阶段内泥浆流动速度呈稳定减小趋势，直至泥浆停滞。

3.6.3.4 溃坝泥浆冲击力测试结果

图 3.39 展示了不同溃口情况下尾矿库溃决泥浆在下游 1.5m 处的冲击力变化规律。由图可知，溃口形式对泥浆冲击力有较大影响，随着尾矿坝溃坝口门的减小，泥浆冲击力以及冲击力峰值到达时间均呈减弱趋势。冲击力时程曲线前端较陡，后端相对平滑，冲击力峰值出现在泥浆龙头段，随后迅速减小。这表明泥浆龙头段较后续泥浆的冲击力要大，且冲击过程是在较短时间内完成的。冲击力峰值和最大泥深决定了溃坝泥浆对下游的灾害程度，冲击力峰值和最大泥深越大，下游的灾害程度越严重。

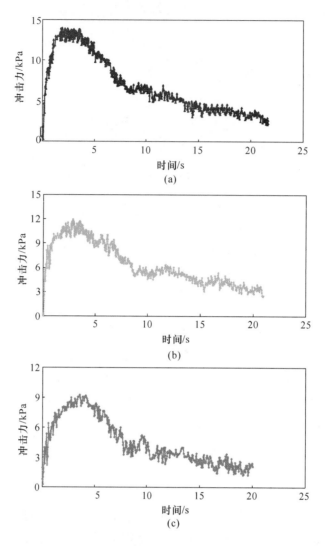

图3.39　不同溃口形式情况下距坝址1.5m处泥浆冲击力过程曲线

（a）瞬间全溃坝；（b）1/2溃坝；（c）1/4溃坝

3.6.4　泥沙体积浓度对溃决泥沙流动特性的影响

泥石流泥沙体积浓度指单位体积中固体泥沙颗粒所占有的体积，属于泥石流基本流体特性之一，其变化规律密切影响着泥石流的行为机制，而与泥石流运动、流量、泛滥范围及其成灾规模等问题关系密切，为泥石流防灾相当重要的指标参数之一，但目前相关研究成果却是寥寥可数。而通过变化泥沙体积浓度来研究浓度对泥沙流体运动规律影响的文献更是凤毛麟角。

基于上述原因，本节以模型试验为手段，通过改变下泄泥沙流体的泥沙体积浓度，从而系统地研究了泥沙流体的运动特性与泥沙体积浓度之间的密切关系。为深入研究泥沙体积浓度对泥沙流体的运动规律的影响奠定了科学的基础。本次试验的泥沙流体的浓度控制为20%、40%和60%。为独立分析浓度对泥沙流体流动特性的影响规律，除了改变泥沙流体浓度外，试验其他条件均固定，见表3.5，表中列出了本次试验的具体试验条件。

表 3.5　试验条件一览表

坝高/cm	库区坡度/%	沟谷坡度	沟谷糙率	浆体浓度/%
25.0	3.0	平坦	光滑	20.0
25.0	3.0	平坦	光滑	40.0
25.0	3.0	平坦	光滑	60.0

3.6.4.1　流态特性分析

图3.40~图3.43展示了不同泥浆浓度情况泥沙流在各特征过流断面处的泥浆沉积厚度与泥深变化过程曲线。通过试验研究发现，溃决泥沙流的浓度对泥沙流体流动特性具有较大的影响。

(a)　　　　　　　　　　　　　　(b)

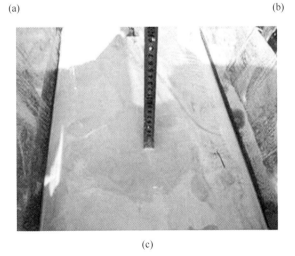

(c)

图 3.40　不同浓度情况下泥浆在 5.0m 处的沉积厚度

（a）浓度 60%；（b）浓度 40%；（c）浓度 20%

从图 3.40 可知，随着尾矿库溃决泥沙流浓度的逐渐增大，泥沙流流经库区下游同一特征过流断面后所沉积的泥浆厚度有较大的差异。图 3.40(a) 为固体颗粒体积浓度为 60%时泥沙流体经过库区下游 5.0m 处后的沉积厚度图，从中可以看到，浓度为 60%时，该断面处的泥浆沉积厚度达到了 5.1cm，而当浓度下降到 40%时，泥浆在此断面处的沉积厚度为 2.5cm(见图 3.40(b))，相对于浓度为 60%时的沉积厚度减小幅度达到了 50%左右。当浓度进一步降低到 20%时，在 5.0m 处的最后沉积厚度仅为 0.6cm。

分析产生上述现象的原因，主要是因为随着泥浆浓度的降低，泥浆的静态屈服应力以及黏度都不同程度的减小 (见图 2.22 和图 2.24)，静态屈服应力和黏度的减小，说明泥浆在运动过程中所受到的阻力也呈减小趋势，泥浆所受的阻力减小，即表明泥浆在其他条件相同的情况下运动的距离也就越远，并根据公式 $\Delta H = \tau_0 / (\gamma_c I)$ (式中，ΔH 为黏附厚度，τ_0 为泥浆静态屈服应力，γ_c 为泥浆容重，I 为沟槽纵坡) 可知，因底部与沟槽黏附力的减弱，泥浆沉积的厚度也逐渐变小。由于泥浆静态屈服应力与体积浓度呈非线性关系，可以推测泥浆的沉积厚度随浓度改变呈非线性变化，试验中的结果也证实如此。

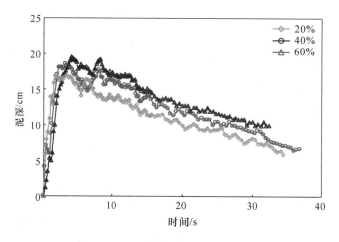

图 3.41 不同浓度情况下泥沙流体在坝址处的泥深变化过程曲线

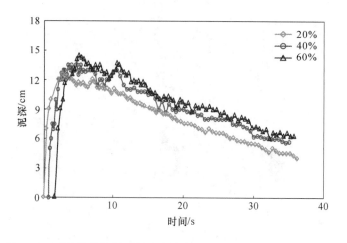

图 3.42 不同浓度情况下泥沙流体在 5.0m 处的泥深变化过程曲线

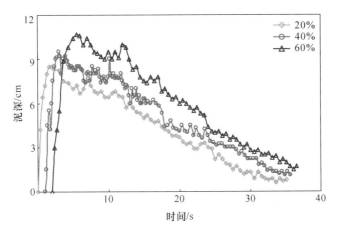

图 3.43 不同浓度情况下泥沙流体在 10.0m 处的泥深变化过程曲线

分析图 3.41~图 3.43 可知，随着泥浆浓度的不断增大，泥浆在下游同一特征过流断面处的峰值泥深有一定的差异，浓度越高，峰值泥深越大。同时，不同浓度的泥浆，泥浆到达同一断面处的时间，以及到达峰值泥深的时间也都存在一定的不同。以库区下游 10.0m 过流断面为例。通过分析可得，当泥浆浓度为 20% 时，泥浆的峰值泥深为 8.5cm，到达峰值泥深的时间为泥浆到达该处后 2.0s，而当泥浆浓度增大到 60% 时，泥浆到达峰值泥深 10.7cm 的时间为 5.5s，相对于浓度为 20%，泥浆峰值增高了约 25.9%，到达峰值的时间滞后了约 3.5s。且浓度为 60% 的泥浆到达库区下游 10m 处的时间也较浓度 20% 时滞后了 2.0s 左右。

3.6.4.2 冲击力特性分析

图 3.44 展示了不同坝高和不同浓度情况下，尾矿库溃决泥石流在下游各特征过流断面处的冲击力变化规律。由图可知，随着泥石流浓度变大，冲击力呈逐渐减小趋势；这主要是泥沙流冲击受到浓度的影响，但受运动速度的影响更为明显，由于浓度越大，反而泥沙流的运动速度相对减小（这在后面章节中将详细分析），因此造成了泥沙流的冲击力随浓度的增大反而呈减小态势。

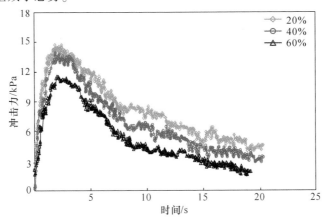

图 3.44 不同浓度下泄泥沙流体在下游 1.5m 处的冲击力时程变化曲线

3.6.4.3 溃坝泥沙流龙头速度分析

根据试验过程中数码摄像机的记录结果，分析获得了不同高度和不同浓度情况下，尾矿库溃决后泥浆龙头速度在下游特征断面处的速度值（见表3.6）。由表3.6可知，泥浆在下游流槽中的流动速度随浓度的增大逐渐减小。分析估计是由于浓度的提高增大了泥浆内部的黏度，使泥浆在运动过程中消耗的能量更多，从而造成泥浆流动速度的减小。这说明泥浆浓度对泥浆的流动有一定影响。

表 3.6 不同浓度情况下的泥沙流体速度一览表　　　　　　(m/s)

体积浓度/%	龙头速度 （坝高 0.25m 位置 1.5m）	龙头速度 （坝高 0.25m 位置 5.0m）	龙头速度 （坝高 0.25m 位置 10.0m）
20	4.03	2.62	2.05
40	3.10	2.03	1.48
60	2.51	1.40	0.93

尾矿库溃坝泥石流将导致非常严重的灾害，从而引起了全球的相关政府部门和库区下游居民对它的重视。因此，它已成为了一个独立的问题被诸多科学工作者和工程研究人员重点关注。

本书详细叙述了通过室内模拟试验预测了不同浓度情况下，尾矿库溃坝泥石流的流态演进规律，冲击力和龙头速度变化特性。从本次系列模拟试验中，得到了浓度对溃坝泥石流特性的影响特征，即溃坝泥石流在下游的最大冲击力和龙头速度随着泥浆浓度的不断增大而相应减小。到目前为止，在我国有关尾矿库溃坝泥石流的室内模拟试验研究成果基本为空白。因此，本小节通过室内模拟试验得到了溃坝参数对泥石流流动特性的影响关系。试验结果证明，采用室内模拟试验预测尾矿坝溃坝泥石流的流动特性是非常可行的，试验成果对指导矿山企业制定下游的防灾减灾措施提供了非常重要的参考。

3.6.5 下游沟谷糙率对溃决泥沙流动特性的影响

沟谷糙率系数直接反映了沟床的粗糙程度对泥石流作用的影响。天然沟床的糙率与很多因素有关，如河床沙、石粒径的大小和级配，沙坡的形成或消失，沟谷弯曲程度，横断面形状的不规则性，深槽中的潭坑，滩地上的草木，以及沟谷中的人工建筑物等。这些复杂的因素不仅沿沟床的长度变化，而且在同一沟谷上也随泥石流运动的变化而不同。在泥石流动力学研究中，下游沟谷糙率是一个十分重要的参数。

很多研究者就指出，沟谷糙率的增加，对泥石流的流动形态和演进特性有较大的影响。因此，作者在前人的研究成果基础上，根据不同糙率情况下的尾矿坝溃决下泄泥沙流体在下游沟谷的流动特性进行了全面的分析。本次实验在长 10m、底宽 35cm 的沟槽中进行溃坝试验。目的在于考察在阻力影响下，下泄泥沙流体的传播速度和流动规律。

本次模型试验的糙率采用三种模拟方式，即光滑玻璃板、特殊水泥砂浆拉毛加糙和加糙横条。横条断面为 4mm×5mm，中心距为 10cm，按垂直水流方向布置（见图 3.45~图3.47）。试验中，坝体的初始高度为 25cm，波动过程和流面由快速摄影机记录。

图 3.45　未经加糙处理的光滑沟槽　　　　　图 3.46　经过特殊水泥拉毛加糙后的沟槽

图 3.47　经过加糙横条加糙后的沟槽

　　本次试验主要通过改变尾矿坝下游沟谷坡度来研究溃决泥浆流动特性等问题。其中，泥浆仓的主沟纵坡坡度为 3.0%，沟床坡度为零，泥浆浓度 40%。表 3.7 列出了本次模型试验条件，每种条件重复进行 3 次试验，以实现数据统计采样的作用。

表 3.7　尾矿坝溃坝泥浆试验内容

冲沟坡度	坝高/cm	沟谷糙率	溃决形态	泥浆浓度/%
平坦	25.0	光滑底板	瞬间全溃坝	40.0
平坦	25.0	特殊水泥砂浆拉毛加糙	瞬间全溃坝	40.0
平坦	25.0	加糙横条	瞬间全溃坝	40.0

3.6.5.1　流态特性分析

　　根据预先设计的试验方案进行尾矿坝溃决试验，试验过程中各典型过流断面特征图如图 3.48 和图 3.49 所示。

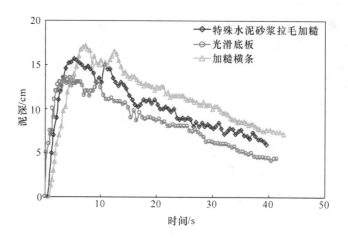

图 3.48　不同糙率情况下 5.0m 处的泥深过程曲线

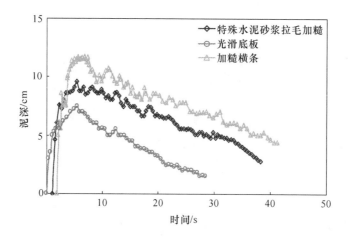

图 3.49　不同糙率情况下 10.0m 处的泥深过程曲线

　　由图 3.48 和图 3.49 分析可知，通过试验研究发现，库区下游沟槽粗糙度对泥沙流体流动特性具有较大的影响。随着尾矿库库区下游沟槽粗糙度的逐渐增大，溃决泥浆对下游的淹没高程呈增大趋势。试验表明，当库区下游沟槽为光滑时，泥浆到达下游 5.0m 处的最大淹没高程为 13.2cm（相对于现场 52.8m），而当库区下游沟槽为加糙横条时，泥深到达该处的峰值泥深达到 16.8cm（现场为 67.2m）。这也说明了库区下游沟槽粗糙度对泥浆在库区下游的淹没程度有重要的影响。

3.6.5.2　流速特性分析

　　根据预先设计的试验方案进行尾矿坝溃决试验，试验过程中各典型过流断面流速变化规律如图 3.50 和图 3.51 所示。试验结果表明溃坝波在加糙沟槽中的传播速度明显受阻力影响。

　　由图 3.50 和图 3.51 所示，库区下游 7.5m 处，在溃决后 0～13.5s 的时间内，泥沙流的速度减小速率基本相同，但是在 13.5～23.0s 时间内，经过特殊水泥拉毛情况下的泥沙

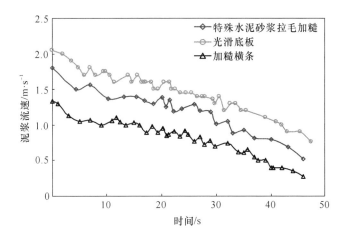

图 3.50 不同糙率情况下泥沙流体在 5.0m 处的流速过程曲线

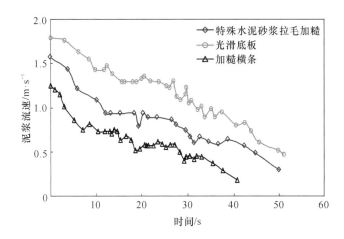

图 3.51 不同糙率情况下泥沙流体在 7.5m 处的流速过程曲线

流体流速减小速率逐渐大于光滑底板情况，而当溃决时间超过 23.0s 后，泥沙流体流速减小速率要明显大于光滑底板情况。这主要是因为在溃决后 0~13.5s 时间内，泥沙流的泥深较大，而本次实验测量的流速为泥沙流体表面流速，因此虽然沟谷底部加糙，使泥沙流体所受阻力增大，减小了泥沙流体的整体流动速度，但是对表面流速的影响却相对较小，当溃决 13.5s 以后，随着沟谷内泥深逐渐减小，沟床底部阻力的作用变得较为明显，因此经过特殊水泥拉毛情况下的泥沙流体流速减小速率逐渐大于光滑底板情况，当溃决时间超过 23.0s 后，沟谷中的泥深已经较浅，底部阻力对流体表面流速的影响进一步加大，从而导致在这段时间内，底部拉毛情况下的泥沙流运动速度减小速率要明显大于光滑底板情况。

3.6.5.3 冲击力特性分析

图 3.52 展示了不同沟谷糙率情况下，尾矿库溃决泥沙流体在下游特征过流断面处的冲击力变化规律。由图 3.52 可知，沟谷糙率对溃决泥沙流体冲击力有较大影响，随着沟

谷糙率逐渐增大，冲击力呈减小趋势，且沟槽糙率对溃决泥沙流冲击力的影响较大。加糙横条情况下的泥沙流冲击力峰值约为 6.7kPa，而沟槽光滑情况下的泥沙流冲击力峰值达到了 13.7kPa，加糙横条情况下的冲击力较光滑情况下的冲击力减小了 7.0kPa，减小幅度达到了 51.1%。

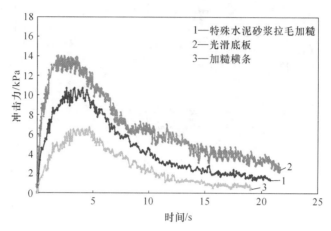

图 3.52 不同糙率情况下泥沙流体在 1.5m 处的冲击力过程曲线

3.6.5.4 沟床糙率的确定

基于上述不同沟槽糙率情况下尾矿坝溃坝泥沙流动特性的模型试验结果，通过曼宁公式 $V_c = \dfrac{1}{n_c} R^{\frac{2}{3}} I^{\frac{1}{2}}$ 等可反算沟床糙率，并通过经验判断的方法对其进行校正[201]。

以库区下游 5.0m 过流断面为例，根据试验结果可知，沟槽仅为钢化玻璃底板情况下，在该断面处的平均泥沙流速为 1.6m/s，平均水力半径为 8.8cm，通过曼宁公式反算可得沟槽为玻璃情况下的综合糙率 $n_c = 0.012$。同理可计算得到沟槽为特殊水泥砂浆拉毛加糙情况和加糙横条情况下的综合糙率分别为 0.016 和 0.03。

3.6.6 基于试验结果的进一步数学拟合分析

尾矿库溃决后，形成的泥沙流体流动特性变化情况十分复杂，不同条件情况下的泥沙流运动规律具有高度的复杂性、动态变化以及非线性特点。根据上述溃决模型试验的试验结果可知，对于不同坝体高度、不同下游沟谷底坡、不同溃决口门、不同泥沙流浓度以及不同沟谷糙率情况下尾矿坝体溃决后的泥沙流体沿程运动速度、泥深以及冲击力特性仍具有一定的规律，坝体高度的增加，使溃决前的泥沙流体总能量增大，溃决后所转化成的动能也变大，下游同一特征过流断面处的泥深峰值也随之升高；同理，位于一定坡度的沟谷的泥沙流体，其自身处在一定的应力场中，同时受到以重力分力为主的沿沟谷斜面向下促使运动的牵引力 τ_d 以及泥沙流黏接力 τ_0 与沟床摩擦作用为主的阻碍泥石流体运动的阻力 τ_f 共同作用。且具有一定的势能。随着下游沟谷底坡的逐渐变陡，也意味着在下游同一特征过流断面处的高度在逐步降低，溃决前的泥沙流总体势能增大，在 τ_0 与摩擦系数 n_s 一定的情况下，沟谷坡度 θ 越大，则泥石流体的牵引力也就越大，相应的阻力就越小，反之亦然；同时，溃决口门的大小、泥沙流的浓度以及沟谷糙率的改变都会对溃决泥沙流的运动特性有较大的影响。在上述分析的基础上，基于模型试验结果，分别列出了模型尾矿库溃决后，形成的泥沙流体在下游沟谷中的流动速度、淹没高度以及最大冲击力的变化规律曲线。

通过对模型试验结果的数学拟合，得到了各种条件下的尾矿库溃决后形成的下泄泥沙流体最大泥深、速度以及冲击力的变化规律（见图 3.53~图 3.64）。

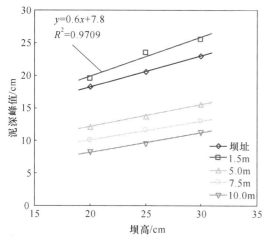

图 3.53 不同坝高情况下各特征过流断面处的泥深峰值变化规律

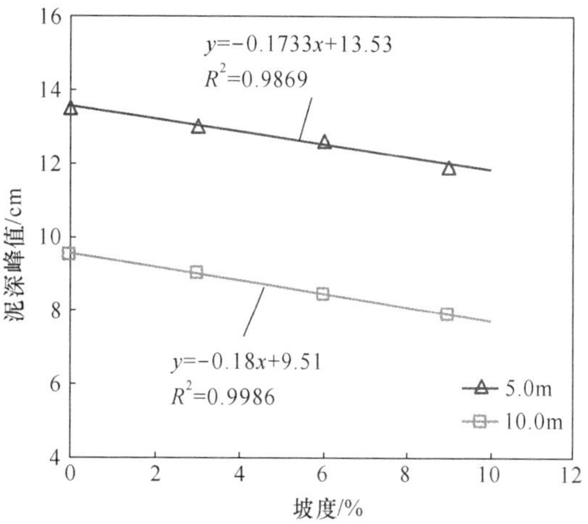

图 3.54 不同沟谷底坡情况下库区下游各特征过流断面处的泥深峰值变化规律

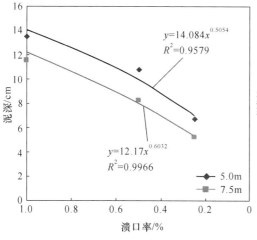

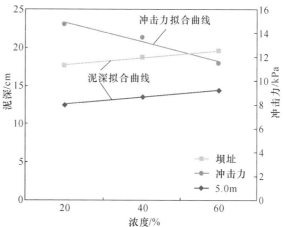

图 3.55 不同溃口情况下库区下游各特征过流断面处的泥深峰值变化规律

图 3.56 不同浓度情况下库区下游各特征断面处的泥深、冲击力峰值变化规律

由图 3.53~图 3.57 可知，随着尾矿坝高度、泥浆浓度以及沟槽糙率的增大，溃决泥沙流到达下游各特征过流断面处的泥深峰值呈增大的趋势。随着库区下游坡度的变陡以及溃决口门的减小，泥沙流在下游同一断面处的淹没高度呈减小趋势。同时可得，溃决泥沙流淹没高度受尾矿坝高度和溃决口门大小的影响较明显，从不同溃口情况下库区下游各特

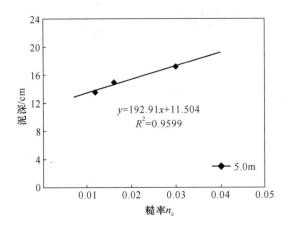

图 3.57   不同沟槽糙率情况下库区下游各特征过流断面处的泥深峰值变化规律

征过流断面处的泥深峰值变化规律可得，泥沙流在库区下游同一特征过流断面处的泥深随着溃决口门的变窄而逐渐减小，其减小趋势呈非线性关系。同时发现，泥沙流浓度与沟谷坡度对泥沙流在库区下游同一特征过流断面处的泥深影响较小。

由图 3.56 和图 3.58~图 3.60 可知，溃决泥沙流的冲击力与泥沙流浓度呈线性关系，这一点在前面章节已经作了说明。冲击力与尾矿坝体高度近似呈线性关系变化，随着尾矿坝高度的逐渐增高而不断增大。同时，溃决口门越大、沟谷坡度越陡，则溃决后的泥沙流对下游建筑物的冲击力就越大，反之越小，其中，冲击力与溃决口门呈二次多项式关系，与沟槽底坡呈线性关系。

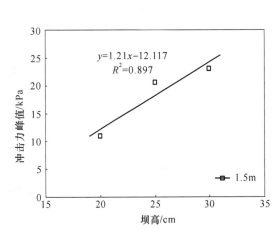

图 3.58   不同坝高情况下 1.5m 处的
冲击力峰值变化规律

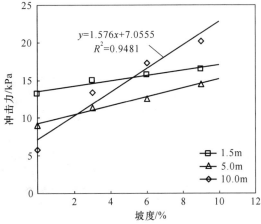

图 3.59   不同沟谷底坡情况下库区下游
各特征过流断面处的冲击力峰值变化规律

根据下游各特征过流断面处的冲击力峰值变化规律发现，随着库区下游沟谷底坡的不断增大，离库区坝址越远的区域，受沟谷底坡的影响也越大。分析其主要原因有二：其一，因为在相同的沟槽坡度情况下，假设泥沙流出口为基准平面，沟槽为光滑，则库区内的泥沙流相对于距离坝址越远的区域，所具有的势能越大，因而当泥沙流到达库区下游较

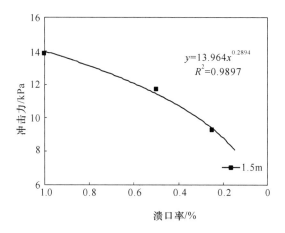

图 3.60 不同溃口情况下库区下游 1.5m 处的冲击力峰值变化规律

远区域时，运动速度也就越大，从而导致对下游建筑物的冲击力大大增加；其二，试验过程中，库区下游沟谷采用光滑底面，在改变沟槽底坡条件时，溃决泥沙流所受阻力和下滑力都在不同程度的变化，随着沟槽底坡不断增大，泥沙流体在沟槽中所受的滑动力在增大，而由于重力引起的阻力在逐渐减小，当坡度达到一定条件时，滑动力大于阻力，泥沙流将在沟槽中加速运动，因而运动距离越远，泥沙流所具有的速度也就越大，冲击力也就越大。

由图 3.61~图 3.64 可知，尾矿库溃决泥沙流在下游沟谷中的流动速度随溃决口门、沟谷底坡以及沟槽糙率系数（$1/n_c$）的增大而增大，同时发现下游远离坝址的断面处泥沙流的流速受沟谷底坡的增大而响应较为明显。随着泥沙流浓度的不断增大，泥沙流到达下游各特征过流断面处的流动速度呈明显的减弱趋势。

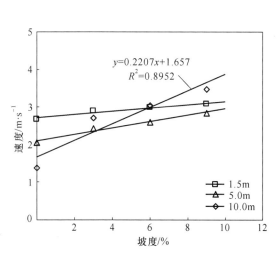

图 3.61 不同沟谷底坡情况下库区下游
各特征过流断面处的流速峰值变化规律

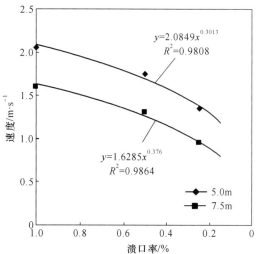

图 3.62 不同溃口情况下库区下游各特征
过流断面处的速度峰值变化规律

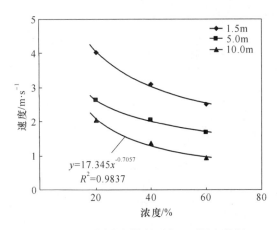

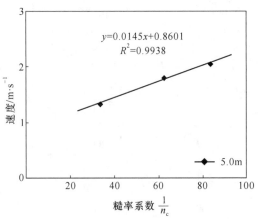

图 3.63 不同浓度情况下库区下游各特征　　图 3.64 不同糙率情况下库区下游各特征
过流断面处的速度峰值变化规律　　　　　过流断面处的速度峰值变化规律

3.7 尾矿库溃决泥沙流运动与动力特性理论研究

在泥石流研究领域中，泥石流的流动特性是泥石流科学研究的一个重要课题，因其形成过程复杂性、爆发突然性、来势凶猛、历时短暂和巨大破坏性而成为山区经济建设的一大灾害，并始终备受社会关注。对泥石流运动机理与动力学特性等方面的深入研究，是泥石流灾害防治的首要前提，也是目前国内外学者共同关注的焦点之一。目前，对泥石流运动机理和动力特征的研究基本上都从力学和能量的角度出发，建立泥石流运动方程和能量方程，对泥石流的流动过程进行深入的分析。

在山区的经济建设过程中，泥石流灾害成为了制约山区发展的一个重要因素，因此，对泥石流流动特性及灾害机理进行深入分析，全面有效地对泥石流灾害进行防治，已经成为了山区建设的一个重要组成部分。而如今，在矿山开采过程中，尾矿库溃决泥石流已经成为了矿山企业的一大重要灾害。尾矿库溃决泥石流的流动行为和动力特性在第3.6 节中已经作了详细的分析，因此本节主要介绍和描述尾矿库溃决泥沙流的运动与动力特性。

3.7.1 泥沙流运动特性研究

3.7.1.1 泥石流运动速度的理论公式研究

泥石流的组成十分复杂且非常的不均匀，它的剪切变形也是很不规则，为了对泥石流的运动进行分析，将泥石流假设为均匀分布的固体颗粒散体的流动。这种颗粒散体与实际泥石流有着相同的物理力学性质，在这样的物理假设基础上，采用颗粒散体重力流模型，以连续介质的力学分析方法，建立泥石流运动方程。泥石流的运动主要受自身重力作用下沿一定坡度的沟谷以速度为 U_{xz} 流动，其流深为 H_c，如图 3.65 所示。对于此种可概化为在平面上均匀流动的泥石流运动方程的研究，大致可归纳为两大类。

第一类：将泥石流视为固液两相流体。这类流体的运动方程主要以 Bagnold 阻力方程为基础推导而来。Bagnold 对牛顿流体中含有大量固体颗粒的混合液体进行了流变实验，

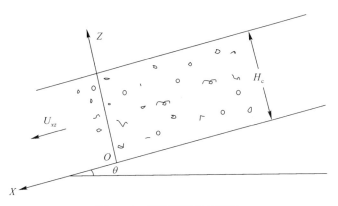

图 3.65 泥石流流动示意图

并根据实验结果和理论分析，建立了以颗粒惯性为主和以流体黏性为主的两种情况下的阻力方程。通过对阻力方程的分析，推导出了均匀干沙流和黏性流的匀速运动方程如下：

沙流表面流速方程为：

$$U_{\mathrm{cb}} = 2\left(\frac{c_{\mathrm{V}}}{0.076}\right)^{1/2} (g\sin\theta)^{1/2} H_{\mathrm{c}}^{3/2} / (3\lambda D) \tag{3.18}$$

式中，c_{V} 为混合体中固体颗粒浓度；λ 为颗粒的线性浓度；D 为颗粒群体的代表粒径。

黏性泥石流的表面流速方程为：

$$U_{\mathrm{cb}} = 2[\rho_{\mathrm{c}} / (0.076\rho_{\mathrm{s}})]^{1/2} (g\sin\theta)^{1/2} H_{\mathrm{c}}^{3/2} / (3\lambda D) \tag{3.19}$$

式中，ρ_{c} 为固体颗粒与水的混合体的密度（$\rho_{\mathrm{c}} = \rho_{\mathrm{w}} + (\rho_{\mathrm{s}} - \rho_{\mathrm{w}}) c_{\mathrm{V}}$，$\rho_{\mathrm{w}}$ 为水的密度）；其余符号意义同式（3.18）。

第二类：将黏性泥石流视为 Bingham 流体。此类流体的表面流速方程主要是以 Bingham 流体阻力方程为基础推导出的。这类方程主要以康志成和熊刚[85]的研究成果为代表。其表面流速方程为：

$$U_{\mathrm{c}} = (\rho_{\mathrm{c}} H_{\mathrm{c}} g\sin\theta - \tau_{\mathrm{B}})^2 / (2\eta\rho_{\mathrm{c}} g\sin\theta) \tag{3.20}$$

式中，τ_{B} 为黏性泥石流体的宾汉屈服应力；η 为黏性泥石流体的黏度；其余符号意义同上。

根据泥石流单位微元体受力分析对泥石流沿沟谷方向（即 X 方向）的运动作进一步分析。

A 垂线流速分布方程

假设泥石流单元体的重心对于下层以相对速度 δU_{xz} 和相对瞬时加速度 $\mathrm{d}\delta U_{xz}/\mathrm{d}t$ 沿 X 方向运动，泥石流单元体上沿 X 方向所受的剪切动力和阻力如图 3.66 所示。根据单位微元体朝 X 方向相对运动的受力关系，在匀速运动情况下泥石流底面以上 Z 处朝 X 方向的垂线流速分布方程为：

$$U_{xz} = U_{xo} + \frac{2}{3}(\alpha_1/\alpha)^{1/2}\{[H_{\mathrm{c}} - \tau_0/(\alpha_1\rho_{\mathrm{c}})]^{3/2} - [H_{\mathrm{c}} - \tau_0/(\alpha_1\rho_{\mathrm{c}}) - Z]^{3/2}\} \tag{3.21}$$

式中，U_{xz} 为泥石流底面以上 Z 处朝 X 方向的流速；Z 为从底面计算的流深；U_{xo} 为泥石流体底面相对于固定坡面滑动速度；τ_0 为泥石流体黏聚力；α 为相对运动碰撞摩擦阻力系数；$\alpha_1 = g(\sin\theta - \cos\theta\tan\varphi_{\mathrm{m}})$。

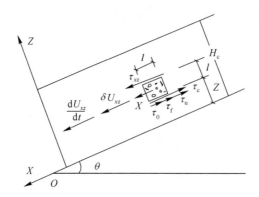

图 3.66   泥石流单元体沿 X 方向剪切动力与阻力示意图

B   底面滑动速度方程

泥石流属于固体颗粒散体的流动，其底面与坡面之间不存在附着层，坡面上的泥石流体以滑动速度 U_{xo} 相对于固定坡面滑动，这是泥石流与一般液体流动不同的特征。底面滑动的运动力学模型如图 3.67 所示。

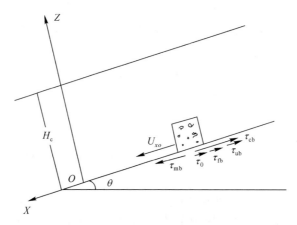

图 3.67   单元体沿坡面滑动模型示意图

根据此模型可得底面滑动速度 U_{xo}：

$$U_{xo} = (\alpha_3/\alpha_2)^{1/2}[H_c - \tau_0/(\alpha_3\rho_c)]^{1/2} \tag{3.22}$$

式中，α_2 为底面运动碰撞摩擦系数，无量纲参数，由泥石流动力学试验数据计算确定：

$$\alpha_2 = 2(\sin\gamma\cos\gamma\tan\varphi_h + \cos^2\gamma) \tag{3.23}$$

且

$$\alpha_3 = g(\sin\theta - \cos\theta\tan\varphi_b) \tag{3.24}$$

将式 (3.22) 代入式 (3.21)，从而可得泥石流朝 X 方向运动垂线流速分布方程的定解：

$$U_{xz} = (\alpha_3/\alpha_2)^{1/2}[H_c - \tau_0/(\alpha_3\rho_c)]^{1/2} +$$
$$\frac{2}{3}(\alpha_1/\alpha)^{1/2}\{[H_c - \tau_0/(\alpha_1\rho_c)]^{3/2} - [H_c - \tau_0/(\alpha_1\rho_c) - Z]^{3/2}\} \tag{3.25}$$

C   表面流速方程

在式 (3.25) 中，当 $Z=H_c-\tau_0/(\alpha_1\rho_c)$ 时，得到泥石流表面流速 U_c 的计算公式为：

$$U_c = (\alpha_3/\alpha_2)^{1/2}\left[H_c - \tau_0/(\alpha_3\rho_c)\right]^{1/2} + \frac{2}{3}(\alpha_1/\alpha)^{1/2}\left[H_c - \tau_0/(\alpha_1\rho_c)\right]^{3/2} \quad (3.26)$$

式中，α 和 α_2 是两个待定的运动碰撞摩擦阻力系数。式中其他的有关数据可以通过泥石流静力学和动力学试验取得。

D　泥石流龙头运动速度

泥石流龙头对构筑物的冲击往往是泥石流灾害的主要部分，王兆印[99]通过实验研究了泥石流运动过程中龙头位置能量，并根据能量守恒建立了泥石流龙头运动速度的计算公式：

$$U = 2.96\frac{\gamma_s - \gamma}{\gamma_s}\frac{q}{c_{vd}h_d\left(1 - 20J + 12.6\frac{\gamma_s - \gamma}{\gamma_s}\right)} \quad (3.27)$$

式中，U 表示泥石流龙头的运动速度，m/s；q 表示泥石流龙头位置处的单宽流量，m³/s；c_{vd} 表示龙头卵石体积比浓度；h_d 表示龙头高度，m。

3.7.1.2　泥石流运动速度的经验公式研究

国外专家对泥石流流动的多年观察得知，泥石流流速与通过该过流断面处各次泥石流的大小、流体性质以及河床纵坡等参数有着密切的关系，并根据各地现场情况，通过多次现场观察和室内试验总结了一系列泥石流流速计算公式（见表3.8）。

表 3.8　国外泥石流流速计算公式表

研究者	公式形式	适用条件
斯里勃内依 （苏联 1965）	$U_c = \dfrac{1}{\sqrt{\gamma_H\varphi+1}}U_B$	按清水动能与挟沙相等的概念出发，从稳定均匀流推导而出。适用于水石流和稀性泥石流
斯里勃内依 （苏联 1965）	$U_c = \dfrac{6.5}{\sqrt{\gamma_H\varphi+1}}R^{2/3}I^{1/4}$	该公式为令 $U_B = 6.5R^{2/3}I^{1/4}$ 而推导动力平衡流速公式。计算值偏小，一般不采用
斯氏改进公式 （1965）	$U_c = \dfrac{m_c}{\sqrt{\gamma_H\varphi+1}}R^{2/3}I^{1/2}$	m_c 为泥石流糙率系数。适用于水石流和稀性泥石流
斯氏改进式	$U_c = \dfrac{m}{\sqrt{\gamma_H\varphi+1}}R^{2/3}I^{1/10}$	适用于山区大比降水石流和挟沙水流
弗列斯曼 （苏联 1965）	$U_c = \beta\dfrac{1}{n}R^{2/3}I^{1/2}$	$\beta = \sqrt{\dfrac{1-c_V}{1+c_V(\gamma_H-1)}}$。适用于水石流和稀性泥石流
莫斯特科夫 （苏联 1965）	$U_c = K_B\sqrt{AgHI}$ $A=1-0.825P_H/I+1.65P_H$	K_B 取值决定于河床相对糙度 H/Δ 的阻力系数，即 H/Δ 为 5，10，15；K_B 为 5，7.1，8.2 适用于非黏性泥石流
莫斯特科夫 （苏联 1965）	$U_c = K_c\sqrt{gH(I-I_0)}$	$K_c = \dfrac{2}{\sqrt{3}e}\sqrt{(1-e)^3\Big/\left(1-\dfrac{e}{z}\right)}$，$e=D/H$ 适用于黏性泥石流
夏普 （美国 1953）	$U_c = \dfrac{\rho gIH^2}{2\eta}$	适用于黏性泥石流

注：U_c 为泥石流流速，m/s；γ_H 为泥石流固体物质密度，t/m³；$\varphi = (\gamma_c - 1)/(\gamma_H - \gamma_c)$；$\gamma_c$ 为泥石流流体容重，t/m³；R 为泥石流水力半径，有时用平均泥深（H）代替；I 为泥面比降，一般采用河床比降代替；m_c 为泥石流糙率系数；c_V 为泥石流体积比含沙量，$c_V = (\gamma_c - 1)/(\gamma_H - 1)$；$K_B$ 取值决定于河床相对糙度 H/Δ 的阻力系数，Δ 采用与河床平均粒径相等的值；e 为相对糙度，$e=D/H$；D 为泥石流中固体物质的平均粒径；I_0 为黏性泥石流临界坡度；η 为非黏性流体过渡到黏性流体的临界黏度，一般取 $\eta = 3Pa\cdot s$。

由于我国土地广阔，山地条件极其复杂，因此不同地区的泥石流类型也是多种多样，性质各异。加之苏联各种泥石流流速计算方法仅仅是针对其某一地区的泥石流特性，而对我国情况极其复杂的泥石流区域来说，定会出现较大的误差。因此，20世纪六七十年代以后，我国在借鉴国外泥石流流速计算公式的基础之上，根据我国国情，建立了适合我国情况的各类泥石流经验和半经验流速计算方法，其主要包括以下几类。

A　黏性泥石流流速计算方法研究

国内许多研究单位，通过泥石流运动要素的观测研究，积累了大量的研究资料，通过深入分析各要素之间的内部关系，建立一批符合我国不同地区、不同类型和性质的泥石流流速计算的经验和半经验方法。详见表3.9。

表 3.9　我国泥石流流速经验公式表

研究人员	公式形式	适用条件
王文睿，章书成（1985）	$U_c = \dfrac{1}{n_c} H^{3/4} I^{1/2}$	n_c为泥石流糙率系数，一般黏性泥石流取0.45，稀性泥石流取0.25。适用于稀性泥石流和黏性泥石流，特别适用于含有大漂石的冰川泥石流
康志成（1985）	$U_c = \dfrac{1}{n_c} H^{2/3} I^{1/2}$	$\dfrac{1}{n_c} = 28.5 H^{-0.34}$，适用于黏性阵性泥石流，特别是云南东川地区
	$U_c = \dfrac{m_c}{a} H^{2/3} I^{1/2}$	$m_c = 75 H^{-0.425}$，$a = \sqrt{\gamma_H \varphi + 1}$。适用于黏性阵性泥石流，特别是云南东川地区
杨针娘（1985）	$U_c = 65 K H^{1/4} I^{4/5}$	K为断面平均流速换算系数，一般取0.7。适用于甘肃武都地区的黏性泥石流
曾思伟（1982）	$U_c = m_c H^{2/3} I^{1/2}$	m_c为糙率系数。适用于甘肃武都地区的黏性泥石流
程尊兰（1981）	$U_c = \left(\dfrac{\gamma_b}{\gamma_c}\right)^{0.4} \cdot \left(\dfrac{\eta_b}{\eta_e}\right) U_b^{0.1}$	γ_b为清水容重，取1.0；η_b为清水有效黏度；η_e为泥石流浆体的有效黏度；U_b为清水流速。适用于紊动强烈的连续性泥石流
吴积善（1981）	$U_e = 2.77 \left(\dfrac{R}{d_{85}}\right)^{0.737} \left(\dfrac{\eta_b}{\eta_e}\right)^{0.42} \sqrt{RI}$	d_{85}为占固体总质量85%的固体颗粒粒径；R为泥石流水力半径。适用于流域小于1km²以下的小型黏性泥石流沟
	$U_c = 740 \left(\dfrac{\gamma_c}{\eta_e}\right)^{1.4} R^{2.6} I^{0.5}$	适用于结构蠕动流
王继康（1983）	$U_c = K H^{2/3} I^{1/5}$	K为黏性泥石流流速系数。适用于黏性泥石流
康志成（1985）	$U_c = 25.38 \left(\dfrac{d_{cp}}{H}\right)^{0.127} \left(\dfrac{\eta}{\gamma_c} \sqrt{gH^3}\right)^{0.0576} \cdot \sqrt{gHI}$	适用于黏性泥石流
马蔼乃（1973）	$U_e = 13.5 \left(\dfrac{d}{H}\right)^{0.062} \left(\dfrac{c}{\rho_c}\right)^{0.025} \sqrt{gHI}$	适用于云南东川泥石流
马蔼乃（2000）	$U_e = K \left(\dfrac{d}{H}\right)^{n} \left(\dfrac{c}{\rho_c}\right)^{m} \sqrt{gHI}$	适用于所有泥石流，其中K，m，n可由当地实测资料确定

B 稀性泥石流流速计算方法研究

目前采用的稀性泥石流流速计算方法有6种形式,基本上都是根据水流与泥石流的能量转化关系的不同而推导出来的(见表3.10)。

表 3.10 稀性泥石流流速计算方法

研究者	公式形式	适 用 条 件
斯里勃内依 (苏联 1940)	$U_c = \dfrac{6.5}{a} H^{2/3} I^{1/4}$	$a = \sqrt{\gamma_H \varphi + 1}$,适用于较稀性泥石流
铁道部 第一设计院	$U_c = \dfrac{15.3}{a} H^{2/3} I^{3/8}$	适用于西北地区稀性泥石流
铁道部 第三勘测设计院	$U_c = \dfrac{15.5}{\alpha} H^{2/3} I^{1/2}$	$\alpha = (1 - \varphi_0 \rho_s)^{1/2}$,$\varphi_0 = (\rho_c - \rho_w)/(\rho_s - \rho_c)$
康志成 (2004)	$U_c = \dfrac{1}{a} \dfrac{1}{n_B} H_B^{2/3} I^{1/2}$	n_B 为清水河床糙率系数;H_B 为清水水深。适用于洪水-稀性泥石流的流速计算
北京市 市政设计院	$U_c = \dfrac{M_w}{a} R^{2/3} I_c^{1/10}$	M_w 为河床外阻力系数;R 为河床计算断面的水力半径,m;其余符号意义同上。适用于北京地区公路泥石流
陈光曦 (1983)	$U_c = \dfrac{M_c}{a} R^{2/3} I_c^{1/2}$	M_c 为泥石流沟的粗糙系数;R 为泥石流水力半径,m,一般可以用平均水深 H_c 代替;其余符号意义同上。适用于西南地区泥石流

C 水石流流速计算方法研究

日本高桥保根据水石流运动的特点,采用拜格诺的颗粒流在强烈惯性范围内的膨胀体运动方程得到了水石流的流速计算公式为:

$$U_c = \frac{2}{5d} \left\{ \frac{g}{K} \left[C_d + \frac{\rho}{\rho_s} (1 - C_d) \right] \right\}^{0.5} \left[\left(\frac{C_{dm}}{C_d} \right)^{1/3} - 1 \right] \left(\frac{\sin\theta}{\sin\alpha} \right)^{0.5} H^{3/2} \tag{3.28}$$

式中,K 为常数,一般取 $0.013 \sim 0.042$;ρ_s 为沙石体密度;d 为沙石平均粒径;ρ 为水的密度;H 为流体深度;θ 为沟床纵坡角;C_d 为水石流体积比浓度;C_{dm} 为水石流体的极限体积比浓度;α 为动摩擦角。

3.7.1.3 尾矿库溃决泥沙流流速计算方法研究

我国土地面积宽广,山地较多,且山地的地质、地貌条件相当复杂,因此各地区发生的泥石流类型也是多种多样,性质各异,即使同一地区,不同雨水条件下形成的泥石流性质也有较大差异。因此,自20世纪60年代以来,国内外大量的科研工作者通过野外监测与室内试验相结合的方法建立了不同地区的各类泥石流经验和半经验流速计算方法。这其中最具代表性的当属苏联的斯里勃内依、弗列斯曼、莫斯特科夫以及日本的高桥保,我国在泥石流研究方面起步较晚,但发展较为迅速,以吴积善、康志成等人为代表的泥石流专家通过多年的现场测试建立了适合我国泥石流特性的流速计算公式。并在泥石流工程研究中发挥了很好的作用。当前在矿山开采过程中,尾矿库溃决泥石流已经成为了矿山企业的一大重要灾害,但由于尾矿库方面研究起步晚,且研究方向主要集中在环境污染和稳定性方面,有关尾矿库溃决泥沙流运动和动力特性等方面的研究基本为空白,且由于尾矿库溃决泥沙流性质与一般普通泥石流性质有较大差异[24]，因此采用泥石流流速计算公式来计算尾矿库溃决泥沙流流速将会产生一定的偏差。以尾矿库溃决模型试验中坝址下游 5.0m 处的泥沙流参数为例，采用最常用的几种泥石流流速公式，对 5.0m 处的泥沙流进行流速计算，该断面处的计算参数为：$H = 8.9\text{cm}$，$d_{cp} = 0.003\text{cm}$，泥沙流容重 $\gamma_c = 1.22\text{g/cm}^3$，泥沙密度 $\gamma_H = 1.55\text{g/cm}^3$，$I = 0.03$，$\eta = 1.76\text{Pa} \cdot \text{s}$。其流速计算结果见表 3.11。

表 3.11 各种流速公式计算值对照表

流 速 公 式		流速/m·s⁻¹	误差/%
斯里勃内依（苏联 1965）	$U_c = \dfrac{1}{\sqrt{\gamma_H \varphi + 1}} U_B$ $\varphi = \dfrac{\gamma_c - 1}{\gamma_H - \gamma_c}$，$U_B = 6.5R^{2/3}I^{1/2}$	10.5	275
斯氏改进式	$U_c = \dfrac{m}{\sqrt{\gamma_H \varphi + 1}} R^{2/3} I^{1/10}$ $m = 6.0$	11.21	300
夏普（美国 1953）	$U_c = \dfrac{\rho g I H^2}{2\eta}$	8.07	188
康志成（1985）	$U_c = \dfrac{1}{n_c} H^{2/3} I^{1/2}$，$\dfrac{1}{n_c} = 28.5 H^{-0.34}$	5.78	106.4
康志成（1985）	$U_c = 27.57 \left(\dfrac{d_{cp}}{H}\right)^{0.245} \cdot \sqrt{gHI}$	19.90	610.7
模型试验测试值		2.8	—

从表 3.11 中可见，简单地借用常用的泥石流流速计算公式来计算尾矿库溃决泥沙流的流速情况具有较大的误差，往往会给尾矿库下游灾害防护工作带来相当大的困难，为了正确认识尾矿库溃决泥沙流在下游区域的流动情况，本节将根据模型试验结果对尾矿库溃决泥沙流流速计算公式进行研究。

尾矿库溃决泥沙流流速与通过某特征过流断面处的流体性质、沟谷纵坡等要素有密切的关系。第 3.6 节已经对不同条件下的泥沙流流速对应的各个特征值之间的关系进行了系统的研究，为溃决泥沙流流速的影响因素分析提供依据。影响溃决泥沙流运动的因素主要有：泥深 $H(\text{cm})$、沟谷纵比降 I（用小数计）、沟谷糙率系数 m（用小数计，$m = 1/n_c$）、黏度 $\eta(\text{g/(cm} \cdot \text{s)})$、泥沙流固体颗粒的平均粒径 $d_{cp}(\text{cm})$、泥沙流容重 $\gamma_c(\text{g/cm}^3)$ 和重力加速度 $g(980\text{cm/s}^2)$。采用无量纲理论将它们写成函数关系：

$$U_c = f(H, I, d_{cp}, \gamma_c, \eta, g, m) \tag{3.29}$$

仔细分析各参数的量纲发现，沟谷纵比降 I 与沟谷糙率系数 m 均为无量纲参数。选取 H，γ_c，g 为 3 个独立的量纲参数，并经量纲分析得：

$$\frac{U_c}{\sqrt{gH}} = \varphi\left(I, m, \frac{d_{cp}}{H}, \frac{\eta}{\gamma_c H^{3/2} g^{1/2}}\right) \tag{3.30}$$

式中，$\dfrac{U_c}{\sqrt{gH}}$ 为弗汝德数 Fr；$\dfrac{d_{cp}}{H}$ 为相对糙度 e；$\dfrac{\eta}{\gamma_c H^{3/2} g^{1/2}}$ 为雷诺数的倒数 $\dfrac{1}{Re}$。

根据图 3.61 所示的不同沟谷底坡情况下库区下游各特征过流断面处的流速变化规律，结合试验结果可得 $U_c/\sqrt{gH}$ 与沟谷纵比降 I 呈线性关系，其关系表达式可写为：

$$U_c/\sqrt{gH} = aI + b \tag{3.31}$$

式中，a，b 为根据试验数据得到的参数。

故，式（3.30）可写为：

$$U_c = \varphi\left(m, \frac{d_{cp}}{H}, \frac{\eta}{\gamma_c H^{3/2} g^{1/2}}\right)\sqrt{gH}I \tag{3.32}$$

同理，由不同沟谷糙率情况下库区下游各特征过流断面处的流速变化规律可知，$U_c/\sqrt{gH}$ 与沟谷糙率 m 呈线性关系，其关系表达式可写为：

$$U_c/\sqrt{gH} = \alpha m + \beta \tag{3.33}$$

式中，α，β 为根据试验数据得到的拟合参数。

则式（3.32）可写为：

$$U_c = \varphi\left(\frac{d_{cp}}{H}, \frac{\eta}{\gamma_c H^{3/2} g^{1/2}}\right)m\sqrt{gH}I \tag{3.34}$$

根据文献［28］的研究结果得知，黏度项 $\eta(g/(cm \cdot s))$ 对泥石流流速的影响不大，为此，可假设在泥石流运动过程中，黏度为一恒定常数。忽略黏度对流速的影响，式（3.34）可写为：

$$U_c = \varphi\left(\frac{d_{cp}}{H}\right)m\sqrt{gH}I \tag{3.35}$$

在此次尾矿库溃决模型试验过程中发现，模型尾矿沙颗粒较细，平均粒径 d_{cp} 基本在 0.03mm 左右，且在泥沙流流动过程中，粒径的变化范围不大，因此可假设在泥沙流运动过程中，泥沙流固体颗粒的平均粒径 d_{cp} 基本保持不变，忽略 d_{cp} 项，故可得尾矿库溃决泥沙流流速计算公式为：

$$U_c = \alpha m\sqrt{gH}I \tag{3.36}$$

式中，α 为常数，主要受流域因素和泥沙运动时长的影响。

根据第 3.6 节模型试验结果可得：$\alpha = 0.65$。则尾矿库溃决泥沙流流速计算公式如下：

$$U_c = 0.65mI\sqrt{gH} \tag{3.37}$$

通过运用量纲理论对库区下游过流断面处溃决泥沙流特征参数进行了整理，归纳得到了尾矿库溃决泥沙流在各过流断面处流速的计算公式，该公式的计算值与模型试验测试值的误差基本保持在 0~20% 范围内。但采用该公式的前提是必须知道库区下游各过流断面的泥沙流运动特征，特别是要知道该处的泥深、沟谷纵坡以及糙率系数。然而，在当尾矿库设计工作者对尾矿库进行设计的同时，必须对溃后的灾害情况进行预测，以及预先在库区下游重要建筑物处修筑防护设施，这时，就必须预先知晓尾矿库溃决泥沙流在下游某处的泥深、流速以及冲击力等参数。但上述泥沙流流速计算公式并不能解决此类问题。因此需建立一个根据尾矿库自身条件参数和库区下游沟谷一些基本特征情况而预测库区下游不同流域处流速的计算公式，并根据计算公式得到库区下游不同区域处的流速值，为尾矿库溃决灾害的防护工程提供可靠的参考。本节将采用第 3.6 节模型试验结果建立库区下游任一过流断面处的流速计算公式。

根据第 3.6 节的模型试验研究可知，尾矿库溃决泥沙流速与尾矿库溃口条件、尾矿坝高度、沟谷纵坡比降、泥沙流浓度、沟谷糙率以及泥沙流动距离之间存在着密切的关系。通过对上述条件的综合分析，使得有可能对溃决泥沙流在下游沟谷某过流断面的峰值流速进行分析。影响溃决泥沙流运动的因素主要有：溃口系数 n（用小数计）、尾矿坝高度 H（cm）、沟谷纵坡比降 I（用小数计）、浓度 c_v（用小数计）、重力加速度 g（980cm/s^2）、沟谷糙率系数 m（用小数计，$m = 1/n_c$）和泥沙流流动距离 L（cm）。采用无量纲理论将它们写成函数关系：

$$U_p = f(m, \ I, \ n, \ H, \ c_v, \ g, \ L) \tag{3.38}$$

认真分析各参数的量纲可发现，沟谷纵比降 I、沟谷糙率系数 m、溃口系数 n 与泥沙流流浓度 c_v 均为无量纲参数。选取 H，g 为两个独立的量纲参数，并经量纲分析得：

$$\frac{U_p}{\sqrt{gH}} = \varphi\left(m, \ I, \ n, \ c_v, \ \frac{L}{H}\right) \tag{3.39}$$

式（3.39）比较全面地考虑了影响尾矿库溃决泥沙流流速的各个因素。分析第 3.6 节模型试验数据可发现，溃口系数 n 以及泥沙流浓度 c_v 与流速的关系采用指数关系描述最佳，沟谷纵坡比降 I 和沟谷糙率 m 与流速的关系采用线性关系描述最佳，即：

$$U_p = \varphi'\left(\frac{L}{H}\right) n^\alpha \frac{m\sqrt{gH}I}{c_v^\beta} \tag{3.40}$$

当 $I > 0.015$ 时，则 $\frac{L}{H}$ 与流速的关系采用指数关系描述最佳，整理可得：

$$U_p = an^\alpha \frac{m\sqrt{gH}I}{c_v^\beta} e^{\gamma(L/H)} \tag{3.41}$$

式中，a，α，β，γ 为拟合系数，主要由尾矿库自身条件与库区下游沟谷条件决定。根据试验结果可得：$a = 0.031$，$\alpha = 0.3013$，$\beta = 0.7075$，$\gamma = 0.0061$。则泥沙流流速计算公式为：

$$U_p = 0.031n^{0.3013} \frac{m\sqrt{gH}I}{c_v^{0.7075}} e^{0.0061(L/H)} \tag{3.42}$$

由文献［200］研究成果并结合此次模型试验结果可得：当 $I \leqslant 0.015$ 时，沟谷坡降项对泥沙流的流动速度的影响不大，为计算简便起见，忽略沟谷坡降对流速的影响，且 $\frac{L}{H}$ 与 $\frac{U_p}{\sqrt{gH}}$ 的关系采用幂函数关系描述最佳，即：

$$U_p = a'n^{\alpha'} \frac{m\sqrt{gH}}{c_v^{\beta'}} \left/ \left(\frac{L}{H}\right)^{\gamma'}\right. \tag{3.43}$$

式（3.43）经过整理可得：

$$U_p = a'n^{\alpha'} \frac{m\sqrt{g}H^{0.5+\gamma'}}{c_v^{\beta'}L^{\gamma'}} \tag{3.44}$$

式中，a'，α'，β'，γ' 为拟合系数，主要由尾矿库自身条件与库区下游沟谷条件决定。根据试验结果可得：$a' = 0.5$，$\alpha' = 0.3013$，$\beta' = 0.7057$，$\gamma' = 0.3042$。则泥沙流流速计算公

式为:

$$U_p = 0.5 n^{0.3013} \frac{mg^{0.5} H^{0.8042}}{c_v^{0.7057} L^{0.3042}} \tag{3.45}$$

式(3.45)可简单地根据尾矿库自身特征以及下游沟谷的一些条件,预测出溃决后泥沙流到达下游某一区域的流速大小,为尾矿库溃决灾害的有效防护提供了很好的参考。

以尾矿坝1/2溃坝为例,对比分析了模型试验测试和公式(3.45)计算所得的泥沙流速值。假定尾矿坝高度为0.25m,溃决泥沙浓度为40%,沟槽糙率系数 $m = 1/n_c = 83.3$,重力加速度 $g = 9.8m/s^2$,沟槽纵坡为平坦情况,溃决口门大小 $n = 1.0$。具体结果见表3.12。

表3.12 公式计算与试验测量流速值对比表

断面位置/m	试验测试值/m·s⁻¹	公式(3.45)计算值//m·s⁻¹	误差/%
2.5	2.20	2.40	9.1
5.0	2.05	1.96	4.4
7.5	1.80	1.73	3.9
10.0	1.38	1.51	9.4

从表3.12中可以得出,式(3.45)计算所得的尾矿坝溃坝泥沙在库区下游不同地点的流速值与模型试验测试所得值的误差在0~10%之间。式(3.45)能很好地指导尾矿坝溃坝泥沙在下游不同区域的流速计算。

3.7.2 泥沙流动力特征研究

泥石流的动力特征是指泥石流在流动过程中对触及到的物体和下垫面产生的一种力的作用过程,它是泥石流灾害的主要破坏力。泥石流动力特征是泥石流在形成、流动以及堆积过程中所表现出来的一系列宏观表现,对它的研究是泥石流研究中的一个非常重要的方面,它不仅使我们了解泥石流的灾害特点,同时也是泥石流防治工程中的基础和前提。泥石流的动力特征主要包括动压力、冲击力,以及该泥石流体中石块的撞击力,这几种力的共同作用效果统称为冲压力。

泥石流冲压力的研究方法主要有野外实测和室内试验[31]。泥石流流体及其较大石块有较大的冲击力,往往是被撞构筑物破坏的直接原因[32,124,125]。泥石流冲压力计算方法很多,20世纪70年代以来,我国与日本几乎同时期进行过泥石流冲击力的野外测试工作,并陆续总结了一些冲压力计算公式,但多半是根据理论公式而修正某些参数的计算方法。泥石流的动压力(冲击)可分为两种情况,一种为泥石流浆体的冲击力,另一种则为泥石流体中个别较大石块对构筑物的集中冲击力。

3.7.2.1 流体动压力

假设泥石流体中浆体的平均运动速度为 $U_c(m/s)$,泥石流容重为 $\gamma_c(kg/m^3)$,根据能量守恒定律可知,单位泥石流体反抗重力所作的功与泥石流的动能相等,故得泥石流动压力的一般计算公式:

$$p_{动} = \gamma_c U_c^2 \tag{3.46}$$

式中，$p_{动}$ 为单位面积上的流体压强，$10^4 Pa$。

式（3.46）仅对一般均匀泥流较为适宜，但对非均质的泥石流体而言，其计算结果与现场实测结果往往有较大差异（偏小）。章书成根据云南东川蒋家沟泥石流冲击力的测试资料，对式（3.46）进行了修正，其结果如下：

$$p_{动} = K\gamma_c U_c^2 \tag{3.47}$$

式中，K 为泥石流不均匀系数，$K = 2.5 \sim 4.0$。

吴积善根据云南东川泥石流观察资料得出泥石流冲击压强的计算公式[33]：

$$\sigma = k\rho v^2 \cos\alpha \tag{3.48}$$

式中，σ 为建筑物单位面积作用的冲击动压力，N/m^2；k 为系数，根据云南东川实测资料为 $3 \sim 5$；ρ 为泥石流密度，kg/m^3。

1981 年池谷浩根据大量测试数据总结了泥石流体的冲压力计算方法如下：

$$p = \gamma_c h U_c^2 \tag{3.49}$$

式中，h 为泥石流泥深，m；γ_c 为泥石流容重，kg/m^3；其他符号意义同前。

同年，他又推导出砂砾石泥石流冲压力的计算方法如下：

$$p = 4.72 \times 10^5 R U_c^2 \tag{3.50}$$

式中，R 为泥石流体中的石块半径，m。

另外，C. M. 弗莱施曼公式

$$p_{动} = K\gamma_c \frac{\alpha v^2}{2g} \tag{3.51}$$

伊兹巴什与哈尔德拉公式

$$p_{动} = K\gamma_c \frac{v^2}{2g} \tag{3.52}$$

赫尔赫乌利泽公式

$$p_{总} = 0.1\gamma_c(5H_0 + v^2) \tag{3.53}$$

为泥石流冲击力的研究以及泥石流防治提供了可靠的基础。

3.7.2.2 石块冲击力研究

泥石流中石块的冲击力往往是泥石流对建筑物破坏的主要载荷。石块对建筑物的碰撞导致建筑物呈剪切或弯曲形式断裂而破坏。按材料力学对受力建筑物的冲击荷载理论，计算泥石流中大石块对建筑物的冲击力的方法主要有以下几类：

第一类石块冲击力计算方法：

按大石块冲击悬臂梁的情况得到冲击力公式[174]：

$$p_d = (3EJU_c^2 W/L^3)^{1/2} \tag{3.54}$$

按大石块冲击简支梁的冲击力公式：

$$p_d = (48EJU_c^2 W/L^3)^{1/2} \tag{3.55}$$

式中，E 为建筑物的杨氏弹性模量；J 为受力断面的惯性矩，在悬臂梁时为固定端断面，在简支梁时为梁中点断面（公式中假设冲击在梁中心）；L 为梁的跨度，悬臂梁时为冲击点至固定端的距离，m；W 为大石块的质量；U_c 为大石块运动的速度，m/s；其他符号意义同前。

按刚性球体撞击塑性体平面计算冲击力的公式:

$$p = \pi l R_s \sigma_p \tag{3.56}$$

式中,l 为撞击深度,$l = U_s\left(\dfrac{m}{\pi R_s \sigma_p}\right)^{1/2}$,m;$R_s$ 为石块的半径,m;σ_p 为被撞物体的强度,MPa;U_s 为石块运动速度,m/s。

第二类石块冲击力的计算方法:

$$p_d = \gamma U_c \sin\alpha \left(\frac{Q}{C_1 + C_2}\right)^{1/2} \tag{3.57}$$

式中,γ 为动能折减系数,对圆端属正面撞击,采用 $\gamma = 0.3$;α 为被撞击物的长轴与泥石流冲击力方向的夹角;C_1,C_2 分别为巨石及桥墩圬工的弹性变形系数,采用船筏与桥墩撞击的数值有 $C_1 + C_2 = 0.005$;Q 为石块重量。

第三类石块冲击力的计算方法:

$$p_d = \gamma_s A U_c C \tag{3.58}$$

式中,γ_s 为石块密度;A 为石块与被撞击物的接触面积;C 为撞击物的弹性波传播速度,石块一般取 $C = 4000 \mathrm{m/s}$。

第四类石块冲击力的计算方法:

$$p_d = \frac{M U_d}{T} \tag{3.59}$$

式中,U_d 为石块的运动速度,m/s;T 为大石块与被撞击物的撞击历时(按一秒计算);M 为石块质量,kg。

3.7.2.3 泥石流拖曳力

泥石流在沟谷的运动过程中,会对沟谷表面产生一个沿沟谷方向的剪切力,这个剪切力叫泥石流的拖曳力。拖曳力的计算公式为:

$$p_t = H_c \rho_c g \sin\theta + \frac{\alpha H_c}{\rho_c U_{xo}^2} \tag{3.60}$$

3.7.2.4 尾矿库溃决泥沙流冲击力计算方法研究

尾矿库溃决泥沙流冲击力与通过某特征过流断面处的流体性质、运动速度等要素有密切的关系。第3.5节已经对不同条件下的泥沙流冲击力进行了全面试验研究,为溃决泥沙流冲击力分析提供了数据。据上述泥石流冲击力研究可知,影响溃决泥沙流流速的主要因素包括:泥深 $H(\mathrm{cm})$、泥沙流的运动速度 $U_c(\mathrm{m/s})$、泥沙流固体颗粒的平均粒径 $d_{cp}(\mathrm{cm})$、泥石流容重 $\gamma_c(\mathrm{g/cm^3})$ 和重力加速度 $g(980\mathrm{cm/s^2})$。将它们写成函数关系:

$$p = f(H, \ \gamma_c, \ U_c, \ d_{cp}, \ g) \tag{3.61}$$

经量纲分析得

$$\frac{p}{\gamma_c U_c^2} = \varphi\left(\frac{d_{cp}}{H}, \ \frac{gH}{U_c^2}\right) \tag{3.62}$$

由于尾矿库堆存的尾矿沙颗粒普遍较细,平均粒径 d_{cp} 基本在 0.034mm 左右,且在泥沙流流动过程中，粒径的变化不是很明显，运动过程中几乎没有较大石块，因此在尾矿库溃决泥沙流运动过程中，可假设泥沙流为均匀流体，忽略 d_{cp} 项的影响，故可得尾矿库溃决泥沙流冲击力计算公式为：

$$p = \varphi' \left(\frac{gH}{U_c^2} \right) \gamma_c U_c^2 \tag{3.63}$$

根据尾矿库溃决模型试验结果，分析 $\frac{gH}{U_c^2}$ 与泥沙流冲击力的关系可知，以幂函数关系为佳，即

$$p = a_1 \gamma_c U_c^2 \left(\frac{gH}{U_c^2} \right)^{a_2} \tag{3.64}$$

式中，$a_1 = 0.6$，$a_2 = -1.5884$ 为与溃决泥沙流的流动特性有关的系数，即

$$p = 0.6 \gamma_c \frac{U_c^{5.1768}}{(gH)^{1.5884}} \tag{3.65}$$

采用上式计算尾矿库溃决泥沙流冲击力，其误差在 2% ~ 30% 之间，可有效地指导研究人员对尾矿坝溃坝泥沙冲击力的计算。

3.7.3 泥沙流弯道超高理论研究

由于泥石流运动速度快，惯性大，一旦遇到阻挡物，就会出现超高或爬高现象。深入了解这些现象，准确计算泥石流的超高或爬高高度，对泥石流防治具有重要的作用。

3.7.3.1 泥石流弯道超高研究概况

由于泥石流相对水而言容重大得多，因而高度运动的泥石流到达下游沟谷弯道处往往因为较大的惯性，在靠近沟谷凹岸一侧，受到较大的离心力作用，造成泥石流沿沟谷外坡侧向爬高，引起局部淹没高度增大，如图 3.68 所示。

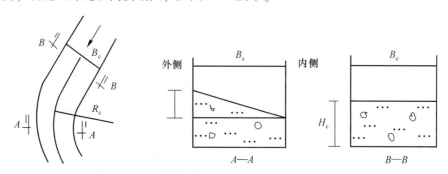

图 3.68 泥石流弯道超高示意图

泥石流在弯道处的超高分为两种情况：第一种情况是当凹岸是平缓斜坡时，泥石流紧靠凹岸一侧的流速较快，泥深变深，而接近凸岸一侧的泥石流流速变慢，泥深变浅；第二种情况是凹岸较陡峭时，泥石流不仅产生弯道超高现象，而且在凹岸底部还会产生强大的环流，对凹岸有极大的冲击破坏作用。如果当弯道较急，且泥石流流量较大时，当泥石流冲击陡峭凹岸时，还会出现泥石流反射现象。

日本著名学者水山高久[175]根据实验和现场测试，总结了泥石流超高计算公式如下：

$$\Delta h = 2B_c U_m^2 / (R_c g) \tag{3.66}$$

式中，Δh 为超高，即弯道外侧流深超过弯道前的流深 H_c 之值；B_c 为沟谷泥石流表面宽度；R_c 为沟谷中线的曲率半径；U_m 为泥石流流速。

我国著名泥石流专家周必凡[128]根据泥石流运动力学特征（见图3.69）也推导了超高计算公式：

$$\Delta h = B_c \tan\theta_c \tag{3.67}$$

式中，B_c 为沟谷泥石流表面宽度；θ_c 为泥石流超高形成的坡角，$\tan\theta_c$ 可由下面公式得到：

$$\tan\theta_c = U_c^2 / (gR_c\cos\theta_c) + [c_V(\rho_s - \rho_y)\tan\varphi_s]/\rho_c \tag{3.68}$$

式中，R_c 为沟谷中线的曲率半径；U_c 为泥石流流速；φ_s 为泥石流体中松散土的内摩擦角（黏性泥石流取值为 $18°\sim20°$，稀性泥石流或水石流取 $30°\sim33°$）；c_V 为土的体积比；$\rho_s-\rho_y$ 为泥石流中土的有效密度；ρ_c 为泥石流密度。

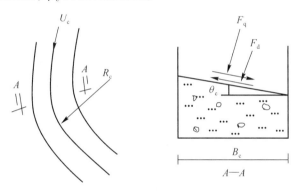

图 3.69　泥石流弯道运动受力示意图

康志成[171]根据弯道泥面横比降动力平衡条件，推导出了计算弯道超高的公式：

$$\Delta h = 2.3 \frac{U_c}{g} \lg \frac{R_2}{R_1} \tag{3.69}$$

吴四飞[116]认为，在弯道处，泥石流将对沟岸产生冲击力作用，相互作用的结果将会消耗泥石流体一部分动能。假设下游沟谷两岸足够坚固，不会被泥石流冲击破坏，则泥石流在遇到弯道受阻时，流动速度将迅速减小，其动能转化为位能，并且泥石流体中一部分较粗的颗粒会在岸坡沉积，因此，泥石流弯道超高包括泥石流浆体爬升以及粗颗粒沉积两部分。故采用泥石流面受力分析法并根据该理论导出了泥石流浆体在横断面超高计算公式：

$$\Delta h = \frac{U_c^2}{g} \lg \frac{R_2}{R_1} + h_0 \tag{3.70}$$

式中，h_0 为泥石流固体颗粒沉积厚度。

3.7.3.2　基于泥石流弯道超高理论的进一步研究

基于上述泥石流超高理论计算方法，本节根据泥石流垂向流速与表面流速分布理论以及泥沙沉积定理，对上述泥石流在弯道横断面的超高计算公式进行了一些修正，提出了更符合泥石流实际运动情况的弯道超高分析方法。

如图 3.70 所示为一泥石流在弯道处的横断面超高示意图，假设弯道的曲率中心为 O 点，即所建坐标系的原点位置，取泥石流表面任意质点 Q，其质量为 dm，曲率半径为 x，运动瞬时速率为 U，泥石流进入弯道前的平均泥深为 H_c，进入弯道后泥石流超高达到峰值时的泥深为 $\Delta h + h_0$。分析可得质点受到的重力和离心惯性力分别为：

$$dG = g\,dm, \quad dF = \frac{U^2}{x}dm \tag{3.71}$$

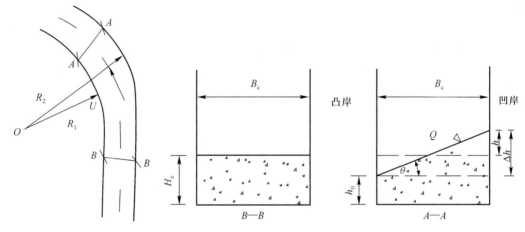

图 3.70　泥石流弯道超高高程详解图

假设泥石流自由面为二维平面，其斜率等于质点 Q 受到的离心惯性力和重力之比，即

$$\frac{dz}{dx} = \frac{dF}{dG} = \frac{U^2}{gx} \tag{3.72}$$

式（3.72）为一阶线性微分方程，U 为泥石流表面流速，假定 U 为一常量，则上式积分可得：

$$z = \frac{U^2}{g}\ln x + C \tag{3.73}$$

式中，C 为积分常数，当 $x = R_1$ 时，$z = 0$，故 $C = -\dfrac{U^2}{g}\ln R_1$，代入式（3.73）可得：

$$z = \frac{U^2}{g}\ln\frac{x}{R_1} \tag{3.74}$$

泥石流表面流速 U 与断面平均流速 U_{cp} 有如下关系：

$$U_{cp} = 0.6U \tag{3.75}$$

加之当 $x = R_2$ 时，$z = \Delta h$，从而可得泥石流在横断面处的爬升高度计算公式：

$$h' = \frac{U_{cp}^2}{0.36g}\ln\frac{R_2}{R_1} \tag{3.76}$$

根据文献 [116] 可知，在弯道处，泥石流弯道超高包括泥石流浆体爬升高度以及粗颗粒沉积厚度两部分。并假设泥石流在弯道处的沉积厚度为 h''，则泥石流在弯道断面处的总超高量为：

$$\Delta h = h' + h'' = \frac{U_{cp}^2}{0.36g}\ln\frac{R_2}{R_1} + h'' \qquad (3.77)$$

由泥沙沉降理论可得，泥沙沉降与否的判别式为：

$$\lambda = \frac{VJ}{W} \qquad (3.78)$$

式中，λ 为泥沙沉积判断因子；V 为泥石流流动的速度；J 为泥石流流动的水力坡度；W 为泥沙沉降速度。

当 $\lambda \geq 1$ 时，即尾矿颗粒运动的功能大于它的沉降速度，这样尾砂就不会在干滩面上沉积下来；反之，$\lambda < 1$ 则会在干滩面上沉积下来。由式（3.78）可知，只要知道泥石流在弯道处的流动速度以及泥石流中固体颗粒的沉降速度，便可预测出泥石流在弯道处的沉积厚度 h''。

由图 3.68 所示的泥石流弯道超高示意图可知，式（3.70）计算所得到的泥石流超高高度其实是泥石流在弯道过流断面处凹岸与凸岸之间的泥深差，而实际上泥石流在弯道处的超高高度应该是相对于泥石流在直道处的泥深而言的。因此，泥石流在弯道处较直道处泥深的超高高度应仅仅为 $h = \Delta h - h_1$。

故假设泥石流在进入弯道前瞬间的平均泥深为 H_c，平均流动速度为 U_0，密度为 ρ_c，而当泥石流进入弯道后超高达到峰值时的平均流速为 U_{cp}，断面尺寸如图 3.70 所示，密度为 ρ_c'。将进入弯道前的断面与弯道超高达到峰值时的断面之间区域定义为一封闭的空间（控制体），把直道断面与弯道超高断面定义为控制面，根据流体质量守恒定律，得到泥石流质量守恒方程为：

$$\rho_c B_c H_c U_0 = \rho_c'\left(B_c h_0 + \frac{1}{2}B_c \Delta h\right)U_{cp} \qquad (3.79)$$

由于泥石流可视为不可压缩流体，因此泥石流进入弯道前后的密度保持不变，即 $\rho_c = \rho_c'$，则可得

$$h_0 = H_c\frac{U_0}{U_{cp}} - \frac{1}{2}\Delta h \qquad (3.80)$$

又因为

$$h = h_0 + \Delta h - H_c \qquad (3.81)$$

由式（3.80）和式（3.81）可得：

$$h = \frac{1}{2}\Delta h + \left(\frac{U_0}{U_{cp}} - 1\right)H_c$$

故，泥石流在弯道处较直道处的超高高度为：

$$h = \frac{U_{cp}^2}{0.72g}\ln\frac{R_2}{R_1} + \frac{h''}{2} + \left(\frac{U_0}{U_{cp}} - 1\right)H_c \qquad (3.82)$$

只要测量得到泥石流弯道的曲率半径以及泥石流在弯道处的运动速度，则可根据式（3.82）计算得到泥石流在弯道断面处较直道断面处的泥石流超高高程，为弯道处的泥石流灾害防治提供了可靠的参考。

3.8　本章小结

泥石流的运动与动力特征是泥石流研究中的主要内容，也是泥石流灾害防治工程设计不可缺少的重要参数。以云南铜厂铜矿秧田箐尾矿库为研究对象，根据物理相似准则，采用重庆大学自主研发的尾矿库溃决模拟试验台，对秧田箐尾矿库溃决形成的泥沙流体在库区下游的流动特性进行了室内模拟试验，重点研究了溃决下泄泥沙流体在沟槽中的运动特征与冲击力变化规律，得到的相关结论如下：

（1）尾矿坝坝体高度对溃决泥浆在库区下游的淹没高程有明显的影响，随着尾矿坝高度的增加，溃决泥浆对下游的淹没高程呈增大趋势，而泥浆到达下游同一断面处的时间呈减小趋势。同时，坝体溃决后同一时刻的泥浆自由流面坡降梯度也随着尾矿坝高度的增加而呈增大趋势。泥浆到达下游各过流断面后，泥浆高度迅速增大到峰值，而后随着泥浆向下游不断演进，泥浆高度逐渐减小，直至泥浆停滞。整个泥浆淹没高度过程线可简化为三角形。下游同一过流断面处的泥浆冲击力随着尾矿坝高度的不断增加也呈现递增趋势，且冲击力过程曲线呈现前端较陡后端较平滑的规律。

（2）不同的下游沟谷坡度对下游同一特征过流断面处的泥深变化情况有一定的影响，但是影响较小。当沟谷坡度较小时，泥沙流在过流断面处的泥深峰值出现的时间较晚，峰值较大，随着沟谷坡度的逐渐增大，各断面处到达泥深峰值随之有减小的趋势，到达峰值的时间也相应缩短；坝体溃决后，下泄泥沙流体以一个较大的速度向下游流动，泥沙流体在下游同一过流断面处的流速随着时间的推移呈逐渐衰减的趋势，其衰减趋势为典型的非线性关系。同时，由于下游沟谷坡度的不同，下泄泥沙流体流过同一过流断面处的速度是有差异的。坡度越大，泥沙流体的流动速度也越大；泥沙流体在下游流动过程中的冲击力变化随沟谷坡度的不同其变化特性差异较大。当沟谷坡度为平坦情况时，泥沙流体的冲击力随着流动距离的增大呈逐渐减小趋势，其减小趋势为非线性关系。而当沟谷坡度为3%、6%和9%时，泥沙流体的冲击随着流动距离的增大逐渐增大，同时随着沟谷坡度的逐渐增加，冲击力增大幅值是有差异的。

（3）尾矿库溃决泥沙流在到达各特征过流断面处的泥深时程曲线并非光滑曲线，而是在整个过程中出现较大幅度的波动现象，瞬间全溃坝情况下，泥深波动幅值最大，而1/4溃坝时，泥深的波动幅值最小，1/2溃坝情况下泥深的波动幅度介于两者之间。随着溃口的不断减小，同一过流断面处的波峰高度衰减速度较快，瞬间全溃坝情况下坝址处波峰高度几乎为1/4溃坝情况下的3倍左右。

不同的溃口形态所表现出的各特征过流断面处泥深过程曲线的形态不尽相同，且每种溃口形态在下游同一过流断面处的泥深过程曲线所表现出的每个阶段持续时间也有较大差异。溃决泥浆在90°弯道处流态变化强烈，在弯道内侧出现涡流现象，而在弯道外侧则出现泥浆反射现象，并出现明显的侧向爬升，泥浆在弯道两岸的泥深相差较大。瞬间全部溃坝条件下，溃后泥浆到达急弯后15s时形成涡流和反射波较相同条件下的1/2和1/4溃坝情况下要明显，且涡流出现的范围也明显比其他两种溃决形式要大得多。随着尾矿坝溃口的加大，泥浆在急弯处的侧向爬升高度呈增大趋势。伴随着尾矿坝溃口的不断减小，泥浆到达下游同一过流断面处的流动速度也相应减小，且随着泥浆向下游不断地推进，溃坝口门形态对泥沙流流速的影响程度在不断被强化。溃口形式对泥浆冲击力有较大影响，随着尾矿坝溃坝口门的减小，泥浆冲击力以及冲击力峰值到达时间均呈减弱趋势。

（4）随着尾矿库溃决泥沙流浓度的逐渐增大，泥浆在下游同一特征过流断面处的峰值泥深呈增大趋势，且泥沙流流经库区下游同一特征过流断面后所沉积的泥浆厚度逐渐变厚，并且泥浆的沉积厚度随浓度改变呈非线性变化。不同浓度的泥浆，泥浆到达同一断面处的时间以及到达峰值泥深的时间也都存在一定的不同，浓度越大到达时间越晚。而且浓度越大，冲击力越小。

（5）库区下游沟槽粗糙度对溃决泥沙流体在库区下游的淹没程度、流速及冲击力有重要的影响。随着尾矿库库区下游沟槽粗糙度的逐渐增大，溃决泥浆对下游的淹没高程呈增大趋势。且随着沟谷内泥深逐渐减小，沟床底部阻力对泥沙流体的流速和冲击力影响作用也变得越来越明显。

（6）尾矿库溃决后，形成的泥沙流体流动特性变化情况十分复杂，不同条件情况下的泥沙流运动规律具有高度的复杂性、动态变化和非线性特点。

（7）为有效、准确地计算尾矿库溃决泥沙流体在下游沟槽中的流动速度、冲击力和弯道超高量，在前人的基础上，运用量纲理论提出了一种适合尾矿库溃决形成的特殊泥沙流流动特征的计算方法。根据试验结果与理论对比分析可知，所提出的计算方法对于尾矿库溃决泥沙流体运动来说是合适、有效的。

4 尾矿坝溃决泥沙流流动特性数值模拟研究

4.1 概述

随着计算机技术的飞速发展，计算流体力学技术已在各行各业得到广泛应用。例如，矿山方面有矿井通风仿真系统等，水利方面有洪水演进模拟系统等。作者所在课题组将计算机仿真应用于尾矿库溃决下泄泥沙流体流动特性方面的研究。

尾矿库溃决后，库内尾水夹杂着尾矿沙形成泥浆一起往库区下游冲去，给下游居民生命财产造成巨大损失。然而，由于尾矿坝溃决的突发性、不可预见性以及巨大的灾害性，往往不可能对尾矿坝溃决泥沙流体的运动规律和冲击力特性进行现场检测，对尾矿坝溃决泥沙流体的流动特性认识往往不够深入。而采用计算流体力学方法（Computational Fluid Dynamics，CFD）通过大型 3D 流体软件对尾矿坝溃决泥沙流体流动特性进行模拟计算，探析尾矿坝溃决泥沙流体在下游沟谷中的演进过程，对深入认识其运动、动力学特性，为尾矿坝下游建立防护工程提供可靠的数据。

4.2 计算流体力学理论

计算流体力学是以经典流体力学和数值离散方法为数学基础借助于计算机求解描述流体运动的基本方程，研究流体运动规律的一门新型独立学科。CFD 的基本思想可以归结为：把原来在时间域及空间域上连续的物理量的场，如速度场和压力场等，用一系列有限个离散点上的变量值的集合来代替，通过一定的原则和方式建立起关于这些离散点上变量之间关系的代数方程组，然后求解代数方程组获得场变量的近似值。

流体的运动，可以用一组非线性的偏微分方程组来描述。但要用解析法求解这些问题，只有对极简单的情况方有可能。对于工程上感兴趣的问题，经典的流体力学就无能为力了。对于这类要么是非线性的，要么求解域相当复杂的实际工程问题，只能求助于数值法来求解。CFD 的主要控制方程基于质量守恒、动量守恒和能量守恒的自然规律。通过控制方程对流动的数值模拟，我们可以得到极其复杂问题的流场内各个位置上的基本物理量（如速度、压力和温度等）的分布，以及这些物理量随时间的变化情况，确定流场中的速度、压力和涡流等分布。

计算流体力学是近代流体力学、数值计算方法和计算机应用技术三者有机结合的产物。纵观计算流体动力学的发展史，它的发展经历了由线性到非线性，由无黏到有黏，由层流到紊流，由紊流的工程模拟到完全的直接数值模拟紊流，可以将计算流体力学的发展大致分为 4 个阶段：线性无黏流阶段、非线性无黏流阶段、雷诺平均 N-S 方程求解阶段以及非定常完全 N-S 方程求解阶段[176~181]。

4.2.1 计算流体力学特征

计算流体力学方法是对流场的控制方程组用数值方法将其离散到一系列网格节点上，

并求其离散数值解的一种方法。由控制所有流体流动的基本规律可以分别导出连续性方程、动量方程和能量方程，得到 N–S 方程组。N–S 方程组是流体流动所必需遵守的普遍规律。在守恒方程组基础上，加上反映流体流动特殊性质的数学模型（如湍流模型、多相流模型等）和边界条件、初始条件，构成封闭的方程组来数学描述特定流场、流体的流动规律，其主要用途是对流体进行数值仿真模拟计算。

计算流体力学的兴起推动了流体研究工作的发展。自从 1687 年牛顿定律公布以来，直到 20 世纪 50 年代初，研究流体运动规律的主要方法有两种，一种是单纯的实验研究，它以地面实验为研究手段；另一种是单纯的理论分析方法，它利用简单流动模型假设，给出所研究问题的解析解。CFD 方法与传统的理论分析方法和实验研究方法组成了研究流体流动问题的完整体系，图 4.1 给出了表征三者之间关系的"三维"流体力学示意图[182]。

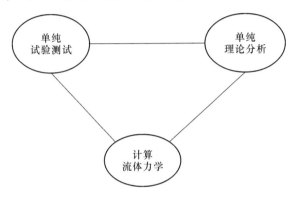

图 4.1 三维流体力学示意图

计算流体力学的兴起促进了实验研究和理论分析方法的发展，为简化流动模型的建立提供了许多的依据，使很多分析方法得到发展和完善。然而，更重要的是计算流体力学采用它独有的新的研究方法——数值模拟方法，来研究流体运动的基本物理特性。这种方法的特点是工作者在研究流体运动规律的基础上建立了各类型主控方程，提出了各种简化流动模型，给出了一系列解析解和计算方法。这些研究成果推动了流体力学的发展，奠定了今天计算流体力学基础，很多方法仍是目前解决实际问题时常采用的方法。这种方法的特点如下：

（1）给出流体运动区域内的离散解，而不是解析解。这区别于一般的理论分析方法。

（2）它的发展与计算机技术的发展直接相关。这是因为可能模拟的流体运动的复杂程度、解决问题的广度和所能模拟的物理尺度以及给出解的精度，都与计算机速度、内存、运算及输出图形的能力直接相关。

（3）若物理问题的数学提法（包括数学方程及其相应的边界条件）是正确的，则可在较广泛的流动参数（如马赫数、雷诺数、飞行高度、气体性质、模型尺度等）范围内研究流体力学问题，且能给出流场参数的定量结果。

CFD 技术经常被看作虚拟的流体实验室，试验是在计算机上完成的。相对而言，数值仿真通常比传统的方法有几大优势，包括：速度、费用、完整的信息和模拟所有操作条件。仿真的过程明显快于实验，更多的设计可以用更少的时间在计算机上实现测试，从而提高新产品的研发速度；在绝大部分场合，计算机本身和运行的费用大大低于同等条件下的试验设备的费用；CFD 能够提供流场区域每一个点的全部数据，流场中的任何位置和数值都是可以在 CFD 计算结果中得到；由于数值仿真模拟没有物理条件的限制，就可以在非正常工作区域内进行求解，能够得到全操作条件的流场数据，这些常常是实验和理论分析难以做到的。

计算流体力学已经成为独立于流体力学的一门专门学科，有其自己的方法和特点。计算流体力学是多领域的交叉学科，它所涉及的学科有流体力学、偏微分方程的数学理论、数值计算方法和计算机科学等。

4.2.2　流体力学基本方程

流体流动要受物理守恒定律的支配，基本的守恒定律包括：质量守恒定律、动量守恒定律、能量守恒定律，加上黏性规律导出了连续性方程、运动方程、能量方程及本构方程，这些方程加上状态方程、内能和熵的表达式组成了流体力学基本方程组。

（1）微分形式的流体力学基本方程：

$$
\left\{
\begin{aligned}
&\frac{\partial \rho}{\partial t} + \mathrm{div}(\rho v) = 0 && \text{连续性方程} \\
&\rho \frac{\mathrm{d}v}{\mathrm{d}t} = \rho F + \mathrm{div}P && \text{运动方程} \\
&\rho \frac{\mathrm{d}U}{\mathrm{d}t} = P:S + \mathrm{div}(\kappa\,\mathrm{grad}T) + \rho q && \text{能量方程} \\
&P = -pI + 2\mu\left(S - \frac{1}{3}I\mathrm{div}v\right) + \mu'I\mathrm{div}v && \text{本构方程} \\
&p = f(\rho, T) && \text{状态方程}
\end{aligned}
\right.
\tag{4.1}
$$

或写成：

$$
\left\{
\begin{aligned}
&\frac{\partial \rho}{\partial t} + \frac{\partial(\rho v_i)}{\partial x_i} = 0 \\
&\rho \frac{\mathrm{d}v_i}{\mathrm{d}t} = \rho F_i + \frac{\partial p_{ij}}{\partial x_j} \\
&\rho \frac{\mathrm{d}U}{\mathrm{d}t} = p_{ij}s_{ji} + \frac{\partial}{\partial x_i}\left(\kappa\frac{\partial T}{\partial x_i}\right) + \rho q \\
&p_{ij} = -p\delta_{ij} + 2\mu\left(s_{ij} - \frac{1}{3}s_{kk}\delta_{ij}\right) + \mu's_{kk}\delta_{ij} \\
&p = f(\rho, T)
\end{aligned}
\right.
\tag{4.2}
$$

式中，v 为流体流速；ρ 为流体密度；F 为作用在单位质量流体上的力；P 为应力张量；U 为单位质量流体的内能；$P:S$ 为流体变形后面力所做的功；q 为单位时间内热源给单位质量流体的热量；T 为热力学温度；I 是单元矩阵；黏性系数 μ，μ'，以及热传导系数 κ 与温度 T 的关系 $\mu(T)$，$k(T)$ 是给定的，U 的表达式由 $U(T, V) = \int_{T_0, V_0}^{T, V} C_V \mathrm{d}T + \left[T\left(\frac{\partial p}{\partial T}\right)_V - p\right]\mathrm{d}V$ 给出。

根据流体控制方程组，沟道泥沙流以溃决式运动，忽略泥流对沟道的冲刷过程，得出泥流控制方程。这些控制方程在流体力学中的体现就是相应的连续性方程和运动方程。

（2）连续性方程（质量守恒方程）。流场中任一封闭的空间（控制体），其表面称为控制面。流体通过控制面流入和流出控制体的流体质量发生了变化，对固定在空间位置的微元体，质量守恒定律可表示为：[单位时间内微元体中流体质量的增加]=[同一时间间隔内流入该微元体的净质量]。任何流动问题都必须满足质量守恒定律。按照这一定律，可以得出质量守恒方程，即连续方程。由此可得直角坐标系下流体流动连续性微分方程：

$$\frac{\partial \rho}{\partial t} + u \frac{\partial (\rho u)}{\partial x} + v \frac{\partial (\rho v)}{\partial y} + w \frac{\partial (\rho w)}{\partial z} = 0 \tag{4.3}$$

式中，ρ 为密度，kg/m^3；t 为时间，s；u，v，w 为速度矢量在 x，y，z 方向的分量。

由于尾矿坝溃决下泄泥沙流体为不可压缩流体，并假设密度为常数。因此，连续性方程则为：

$$u \frac{\partial u}{\partial x} + v \frac{\partial v}{\partial y} + w \frac{\partial w}{\partial z} = 0 \tag{4.4}$$

（3）泥流运动方程：

$$\frac{\partial u}{\partial t} + u \frac{\partial u}{\partial x} + v \frac{\partial u}{\partial y} + g \frac{\partial Z}{\partial x} + g n^2 u \frac{\sqrt{u^2 + v^2}}{h^{\frac{4}{3}}} = \gamma_t \left(\frac{\partial^2 u}{\partial x^2} + \frac{\partial^2 u}{\partial y^2} \right) \tag{4.5}$$

$$\frac{\partial v}{\partial t} + u \frac{\partial v}{\partial x} + v \frac{\partial v}{\partial y} + g \frac{\partial Z}{\partial x} + g n^2 u \frac{\sqrt{u^2 + v^2}}{h^{\frac{4}{3}}} = \gamma_t \left(\frac{\partial^2 v}{\partial x^2} + \frac{\partial^2 v}{\partial y^2} \right) \tag{4.6}$$

式中，紊动黏性 γ_t 取：

$$\gamma_t = \frac{k}{6} u^* h \tag{4.7}$$

式中，k 为卡门常数，$k=0.4$；u^* 为泥流摩阻流速，借用曼宁公式可得：

$$u^* = \frac{\sqrt{(u^2 + v^2)g}}{C_z} \tag{4.8}$$

而 C_z 为谢才系数，即（曼宁公式）：

$$C_z = \frac{1}{n} R^{1/6} \tag{4.9}$$

式中，R 为水力半径，$R = Bh/(B+2h)$；B 为泥流沟床宽度；h 为泥深。

控制方程是一组非线性的微分方程，目前还无法得到它的解析解，一般都是通过有限差分法或特征线法得到该方程组的数值解。

（4）能量方程。流体在沟谷中的能量损失主要包括沿程损失与局部损失两部分。沿程损失主要是由于流体具有黏性以及壁面粗糙的影响。而局部能量损失主要是由于流体流经弯道时，流体运动受到扰乱而产生压强损失。

沿程损失主要体现在流体的水头损失，可用水头损失方程来表示：

$$h_f = \lambda \frac{L}{d} \frac{v^2}{2g} \tag{4.10}$$

式中，λ 为沿程损失系数，对于层流流动，$\lambda = \frac{64}{Re}$；L 为流体流经长度；d 为流体流经管道的半径，在此处可近似为流体的水力半径；v 为流体流经该段的速度。

局部水头损失公式可表达为：

$$h_{\mathrm{f}} = \zeta \frac{v^2}{2g} \tag{4.11}$$

式中，ζ 为局部损失系数。

4.2.3 控制方程的离散

在计算流体力学中，研究流体运动规律的手段是采用数值计算方法，求解描述流体运动基本规律的微分方程。首先，数值计算方法要作的就是把微分方程离散化，即对空间上连续的计算区域进行划分，把它划分成许多个子区域，并确定每个区域中的节点，从而生成网格。然后，将控制方程在网格上离散，即将偏微分格式的控制方程转化为各个节点上的代数方程组。此外，对于瞬态问题，还需要涉及时间域离散。

由于应变量在节点之间的分布假设及推导离散方程的方法不同，就形成了有限差分法、有限元法和有限体积法等不同类型的离散化方法。

4.2.3.1 有限差分方法

有限差分法（FDM）是计算机数值模拟最早采用的方法，至今仍被广泛运用。该方法将求解域划分为差分网格，用有限个网格节点代替连续的求解域。有限差分法以 Taylor 级数展开等方法，把控制方程中的导数用网格节点上的函数值的差商代替进行离散，从而建立以网格节点上的值为未知数的代数方程组。该方法是一种直接将微分问题变为代数问题的近似数值解法，数学概念直观，表达简单，是发展较早且比较成熟的数值方法。

4.2.3.2 有限元方法

有限元法（FEM）的基础是变分原理和加权余量法，其基本求解思想是把计算域划分为有限个互不重叠的单元，在每个单元内，选择一些合适的节点作为求解函数的插值点，将微分方程中的变量改写成由各变量或其导数的节点值与所选用的插值函数组成的线性表达式，借助于变分原理或加权余量法，将微分方程离散求解。采用不同的权函数和插值函数形式，便构成不同的有限元方法。本次计算机仿真模拟计算采用有限元方法对尾矿库溃决泥沙流体的流动特性进行模拟研究。

4.2.3.3 有限体积法

有限体积法（FVM）又称为控制体积法。其基本思路是：将计算区域划分为一系列不重复的控制体积，并使每个网格点周围有一个控制体积；将待解的微分方程对每一个控制体积积分，便得出一组离散方程。其中的未知数是网格点上的因变量的数值。为了求出控制体积的积分，必须假定值在网格点之间的变化规律。从积分区域的选取方法来看，有限体积法属于加权剩余法中的子区域法；从未知解的近似方法来看，有限体积法属于采用局部近似的离散方法。简言之，子区域法属于有限体积法的基本方法。有限体积法的基本思路易于理解，并能得出直接的物理解释。离散方程的物理意义，就是因变量在有限大小的控制体积中的守恒原理，如同微分方程表示因变量在无限小的控制体积中的守恒原理一样。有限体积法得出的离散方程,要求因变量的积分守恒对任意一组控制体积都得到满足,对整个计算区域,自然也得到满足。这是有限体积法吸引人的优点。有一些离散方法,例如有限差分法,仅当网格极其细密时,离散方程才满足积分守恒;而有限体积法即使在粗网格情况下,也显示出准确的积分守恒。就离散方法而言,有限体积法可视作有限单元法和有限差分法的中间物。有限单元法必须假定值在网格点之间的变化规律(即插值函数),并将其作为近似解。有限差分法只考虑网格点上的数值而不考虑值在网格点之间如何变化。有限体积法只寻求结点值,这与有限差分法相类似;但有限体积法在寻求控制体积的积分时,必须假定值在网格点之间的分布,这又与有限单元法相类似。在有限体积法中,插值函数只用于计算控制体积的积分,得出离散方程之后,便可忘掉插值函数;如果需要的话,可以对微分方程中不同的项采取不同的插值函数。

三种离散方法各有所长,有限差分法具有直观,理论成熟,精度可选的优点,但是不规则区域处理繁琐,虽然网格生成可以使 FDM 应用于不规则区域,但是对区域的连续性等要求较严,使用 FDM 的好处在于易于编程,易于并行;有限元方法具有适合处理复杂区域,精度可选的优势,缺憾在于内存和计算量巨大,并行不如 FDM 和 FVM 直观,不过 FEM 的并行是当前和将来应用的一个不错的方向;有限体积法适于流体计算,可以应用于不规则网格,适于并行,但是精度基本上只能是二阶了,FVM 的优势正逐渐显现出来。

所有控制方程都可经过适当的数学处理,将方程中的因变量、时变量、对流项和扩散项写成标准形式,然后将方程右端的其余各项集中在一起定义为源项,从而化为通用微分方程。

4.3 大型 3D 流体软件 FLUENT 简介

近年来,CFD 在流场计算中应用日益广泛,成为优化设计的重要工具。目前国际上的 PHOENICS、CFX、FIDIP、FLUENT 等多个商用 CFD 软件,其中 FLUENT 软件是功能最全面、适应性最广、国内使用最广泛的 CFD 软件。FLUENT 是用于计算流体流动和传热问题的专用 CFD 软件程序,它于 1998 年进入中国市场,在我国已经获得较好的应用。它提供的非结构网格生成程序,对相对复杂的几何结构网格生成非常有效。FLUENT 还可根据计算结果调整网格,这种网格的自适应能力对于精度求解有较大梯度的流场有很实际的作用。由于网格自适应和调整只是在需要加密的流动区域里实施,而非整个流场,因此可以节约计算时间。由于 FLUENT 软件减少了研究者在计算方法、编程、前后处理等方面投入的重复、低效的劳动,将更多的精力和时间投入到考虑问题的物理本质、优化算法选用、参数的设定,因而提高了工作效率。

4.3.1 软件的组成及功能模块

从本质上讲,FLUENT 只是一个求解器。FLUENT 本身提供的主要功能包括导入网格模型、提供计算的物理模型、施加边界条件和材料特性、求解和后处理。对于网格文件,不管在创建时使用的什么单位制,在被 FLUENT 读入后,均假定为是用国际单位制(长度单位为 m)创建的。

FLUENT 软件包中包括以下几个模块:(1) FLUENT 求解器——FLUENT 软件的核心,

所有计算在此完成。（2）prePDF——FLUENT 用 PDF 模型计算燃烧过程的预处理软件。（3）GAMBIT——用于建立几何结构和网格生成的软件。（4）TGRID——FLUENT 用于从现有的边界网格生成空间体网格的软件。（5）Filters（Translators）过滤器——或者称翻译器，可以将其他 CAD/CAE 生成的网格文件变成能被 FLUENT 识别的网格文件。

　　FLUENT 软件各程序结构示意图如图 4.2 所示。

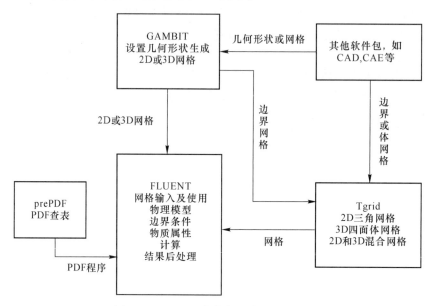

图 4.2　FLUENT 软件各程序结构示意图

4.3.2　FLUENT 求解流程

　　FLUENT 软件能推出多种优化的物理模型，如定常和非定常流动，层流（包括各种非牛顿流模型），紊流（包括最先进的紊流模型），不可压缩和可压缩流动，传热，化学反应等。对每一种物理问题的流动特点，有适合它的数值解法，用户可对显式或隐式差分格式进行选择，以期在计算速度、稳定性和精度等方面达到最佳。FLUENT 可将不同领域的计算软件组合起来，成为 CFD 计算机软件群，软件之间可以方便地进行数值交换，并采用统一的前、后处理工具，这就省却了科研工作者在计算方法、编程、前后处理等方面投入的重复、低效的劳动，而可以将主要精力和智慧用于物理问题本身的探索上。

　　在使用 FLUENT 前，首先应针对所要求解的物理问题，制订比较详细的求解方案，其中需要考虑的因素包括以下内容：

　　（1）决定 CFD 模型目标。确定要从模型中获得什么样的结果，怎样使用这些结果，需要怎样的模型精度。

　　（2）选择计算模型。在这里考虑怎样对物理系统进行抽象概括，计算域包括哪些区域，在模型计算区域的边界上使用什么样的边界条件。

　　（3）选择物理模型。考虑该流动是无黏、层流，还是湍流，流动是稳态还是非稳态，热交换重要与否，流体是用可压还是不可压方式来处理。

　　（4）决定求解过程。在这个环节要确定该问题是否可以利用求解器现有的公式和算法直接求解，是否需要增加其他的参数，是否有更好的求解方式可使求解过程更快的收敛，适用多重网格计算机的内存是否够用，得到收敛解需要多久时间。

当决定了上述几个要素后，便可按图4.3所示FLUENT求解流程图开展流动模拟。

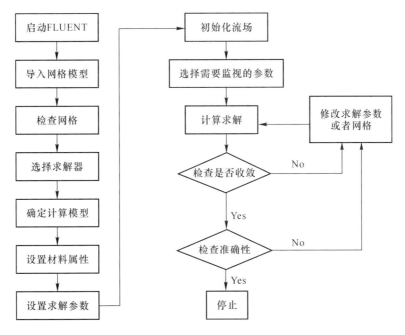

图 4.3　FLUENT 求解流程图

4.4　FLUENT^{3D}计算基本原理与理论

4.4.1　计算原理

由于尾矿坝溃决泥沙流体属于一种均匀的黏性流体，在研究上，通常把尾矿库溃坝所形成的泥流浆体与空气看作是两相流，可用欧拉-欧拉模型来描述其运动。在欧拉-欧拉模型中，不同的相被认为互相贯穿的连续介质。由于一种相所占的体积无法再被其他相占有，因此引入相的体积率（Phased Volume Fraction）的概念。体积率是时间和空间的连续函数，各相的体积率之和等于1。从各相的守恒方程可以推导出一组方程，这些方程对于所有的相都具有类似的形式。从实验得到的数据可以建立一些特定的关系，从而该方程封闭。另外，对于小颗粒流（Granular Flows），则通过应用分子运动论理论使方程封闭。在欧拉-欧拉模型中，常见的模型有3种，分别为：流体体积模型（VOF）、混合物模型和欧拉模型。选用流体体积模型（即VOF模型）对尾矿坝溃坝泥流运动进行数值模拟比较合适。

4.4.2　VOF 模型简介

VOF模型是美国学者HIRT和NICHOLS等人在MAC方法基础上提出的，它是一种可以处理任意自由面的方法。其基本原理是利用计算网格单元中流体体积量的变化和网格单元本身体积的比值函数 F 来确定自由面的位置和形状。VOF 方法追踪的是网格单元中流体体积的变化，而非追踪自由液面流体质点的运动，这与 Harlow 和 Welch 提出的 MAC 方法不同，后者则是从流体质点入手。相对于 MAC 方法，VOF 法所需计算时间更短、存储量更少，但在处理网格单元中体积比函数 F 的变化时，稍显繁琐，而且有一定的人为因素。VOF 法同 MAC 法一样，以压力 p 和速度 u、v 作为独立原始变量，边界条件易处理，为计算编制程序提供了很大方便，对于研究多相流体交界面的运动变化有着非常大的吸引力。VOF 模型的应用实例有：分层流、自由面流动、灌注、晃动、液体中大气泡的流动、水坝决堤时的水流、对喷射衰竭（Jet Breakup）（表面张力）的预测，以及求得液-气分界面的任意稳态或瞬时分界面。

VOF 方法根据各个时刻流体在网格单元中所占体积函数 F 来构造和追踪自由面。若在某时刻网格单元中 $F = 1$，则说明该单元全部为指定相流体所占据，为流体单元。若 $F = 0$，则该单元全部为另一相流体所占据，相对于前相流体则称为空单元。当 $0 < F < 1$ 时，则该单元为包含两相物质的交界面单元。VOF 方法将流体体积函数 F 设定在单元中心，流体速度设置网格单元的中心，根据相邻网格的流体体积函数 F 和网格单元四边上的流体速度来计算流过制定单元网格的流体体积，借此来确定制定单元内下时刻的流体体积函数，并根据相邻网格单元的流体体积数 F 来确定自由面单元内自由面的位置和形状。

4.4.3　VOF 的数学模型

数学上通常假定任意函数 $f(x, y)$，其定义如下：

$$f(x, y, t) = \begin{cases} 1, & \text{在 } (x, y) \text{ 点有该相流体质点} \\ 0, & \text{在 } (x, y) \text{ 点无该相流体质点} \end{cases} \tag{4.12}$$

由上述定义函数可知，f 是随流场变化的，或者说是随流场而运动的。显然 F 是 f 在计算单元中的平均值：

$$F_{i,j} = \frac{1}{\Delta S_{i,j}} \iint_{\Delta S_{i,j}} f(x, y, t) \, dx dy \tag{4.13}$$

如果不考虑剧烈的流体相变，则根据连续性介质概念，函数 f 随质点的运动保持不变，其随流场变化的导数为零，流体体积传输方程的形式如下：

$$\frac{\partial f}{\partial t} + u \frac{\partial f}{\partial x} + v \frac{\partial f}{\partial y} = 0 \tag{4.14}$$

根据不可压缩流体的连续性方程，则守恒形式的传输方程可写成：

$$\frac{\partial f}{\partial t} + \frac{\partial uf}{\partial x} + \frac{\partial vf}{\partial y} = 0 \tag{4.15}$$

在 $\Delta S_{i,j}$ 中对上式进行积分，其积分形式如下：

$$\frac{\partial}{\partial t} \frac{1}{\Delta S_{i,j}} \iint_{\Delta S_{i,j}} f(x, y, t) \, dx dy + \int_{\Delta y_j} \left[(uf)_{i+1/2,\, j} - (uf)_{i-1/2,\, j} \right] dy +$$

$$\int_{\Delta x_j} \left[(vf)_{i,\, j+1/2,\, j} - (vf)_{i,\, j-1/2,\, j} \right] dx = 0 \tag{4.16}$$

图 4.4 表示对流场采用交错网格划分后的部分流场示意图，其中阴影部分表示指定流体相，而空白部分则表示被另外一种流体所占据。根据示图网格采用交错网格，流体体积

F 定义在网格单元的中心，速度 u，v 则定义在网格单元的四边上。根据交错网格划分原理对式（4.13）进行网格差分，其中 F 随时间变化项采用一阶向前差分格式，具体形式如下：

$$\frac{F^{n+1}_{i,j} - F^{n}_{i,j}}{\Delta t} + \frac{\delta F^{n+1}_{i+1/2,j} - \delta F^{n+1}_{i-1/2,j}}{\Delta x_i} + \frac{\delta F^{n+1}_{i,j+1/2} - \delta F^{n+1}_{i,j-1/2}}{\Delta x_i} = 0 \tag{4.17}$$

式中，$\delta F^{n+1}_{i\pm1/2,j}$，$\delta F^{n+1}_{i,j\pm1/2}$ 为通过网格单元四条边界上的体积流率，在图 4.4 中箭头表示网格单元中流体体积流进、流出网格单元的方向，其中体积流率的积分形式如下所示：

$$\delta F^{n+1}_{i\pm1/2,j} = \frac{1}{\Delta t \Delta y_i} \int dt \int_{\Delta y_i} (uf)_{i\pm1/2,j} dy, \quad \delta F_{i\pm1/2,j} = \frac{1}{\Delta t \Delta x_i} \int dt \int_{\Delta x_i} (uf)_{i,j\pm1/2} dx \tag{4.18}$$

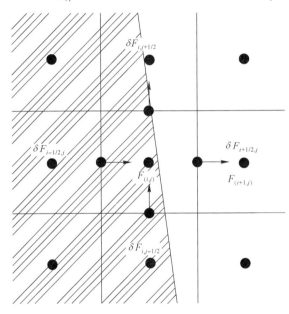

图 4.4　网格单元上的变量表示

利用交错网格技术求解 N-S 方程和连续性方程求得流体的整个压力场、速度场，由 VOF 方法根据速度场来确定两相流体运动交界面的位置和形状。

4.5　尾矿库溃决泥沙流 FLUENT³ᴰ有限元数值模拟

4.5.1　模型简化与假设

尾矿坝溃决计算模型包括几何尺寸、泄砂总量及边界条件等，合理确定计算剖面的尺寸、泄砂总量及边界条件尤为重要。

溃坝计算模型主要是由尾矿库溃坝时的泄砂总量来确定。泄砂总量的计算可根据尾矿的物理力学性质、利用尾矿坝的稳定性分析结果进行估算。由于尾矿坝溃决时，库内尾矿基本呈饱和状态，按照最不利情况下考虑最终泄砂总量，同时，为更好地分析尾矿库溃坝的灾害风险，考虑坝体在极端条件下（即同时遭遇洪水和地震）发生瞬间全部溃决。在尾矿坝为 100.0m 时，特殊工况下的最大可能滑弧面见图 4.5。参考文献 ［84］ 并结合现场实际情况,泄砂总量为滑弧底以上的全部库容。库区下游距离尾矿坝坝址 600.0m 处有一 90°的弯道,故建模过程中充分研究溃坝泥浆到达弯道时的冲击作用。边界条件的确定也非常重要,由于该尾矿库建在山谷中,则计算区域下游断面为开边界,两岸为闭边界。

尾矿坝高为 100.0m 情况下的溃坝模型如图 4.5~图 4.7 所示。

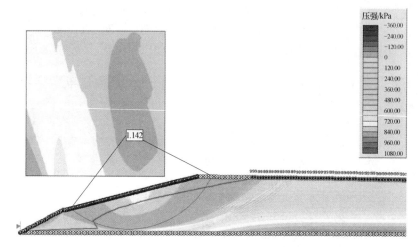

图 4.5　尾矿坝 100.0m 高时特殊情况下的潜在最大滑面

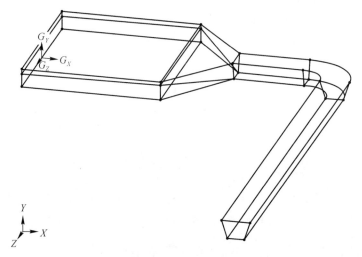

图 4.6　溃坝计算结构示意图

4.5.2　尾矿浆力学模型及参数

黏塑性模型(Bingham 模型)是泥石流非牛顿流体的物理模型,以 20 世纪 70 年代的 A. M. Johnson 等人为代表。提出这类模型主要考虑泥石流中流体的作用,至于颗粒在流体中的作用只是体现在 Bingham 极限剪应力和塑性黏度变化上,而不考虑其中粗颗粒相互作用对阻力的影响,因而这类模型比较适用于以细颗粒为主的尾矿浆体。

泥沙流黏塑性模型是考虑高浓度水沙流在黏性随浓度加大而增加,同时还要克服由于细颗粒形成絮网结构及粗颗粒内部摩擦而产生的屈服应力τ_y的前提下,建立的 Bingham 流

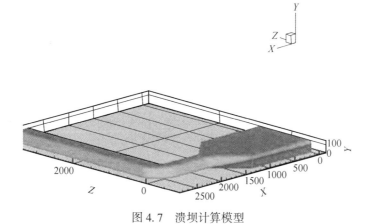

图 4.7 溃坝计算模型

体模型，即：$\tau = \tau_y + \mu \dfrac{\mathrm{d}u}{\mathrm{d}y}$（式中，$\tau_y$ 为 Bingham 屈服应力，μ 为 Bingham 流体刚度系数）。Bingham黏性模型已被广泛应用于泥石流等问题的有限元分析，在多数情况下可以得到令人满意的结果。同时，第2章内容也详细地研究了本次尾矿浆体的剪切应力 τ 与剪切速率 $\dot{\gamma}$ 之间存在的关系，对不同剪切速率情况下的实验测量剪切应力进行回归分析，发现尾矿浆体剪切应力τ与剪切速率 $\dot{\gamma}$ 之间存在较好的线性关系，故计算选用宾汉体模型来模拟溃坝尾矿浆是可行的。

材料参数是模拟计算的基础资料，根据现场尾矿库特性和室内尾矿浆的物理力学性质测试结果，现以矿浆体积浓度40%，下游沟谷坡度为平坦，尾矿库坝体高度为100m，溃决形式为全部瞬间溃坝，计算参数见表4.1。

表 4.1 有限元模型的计算参数

参数名称	数值	参数名称	数值
尾矿浆浓度 S_v/%	40	粗糙度常数 C_s	0.7
坝高 H/m	100	粗糙度厚度 K_s/m	1.0
溃决形态	瞬间全溃坝	下游计算区域 L/m	4000
容重 γ_m/kg·m⁻³	1.72×10^3		

4.5.3 数值计算结果与分析

将上述确定的计算模型、计算参数和边界条件等输入计算机中，运行 FLUENT 程序，就获得计算结果。当尾矿库堆积到 100.0m 高发生瞬间全部溃坝时，溃决后的尾水和尾矿形成泥沙流体的流场和压力场在不同时刻的分布规律如下。

4.5.3.1 流场分布规律

图 4.8 和图 4.9 列出了 100.0m 高尾矿库溃决后形成的泥沙流体在库区坝址处、库区下游 0.6km、2.0km、3.0km 和 4.0km 等 5 个过流断面处在溃后不同时刻的泥深变化规律。

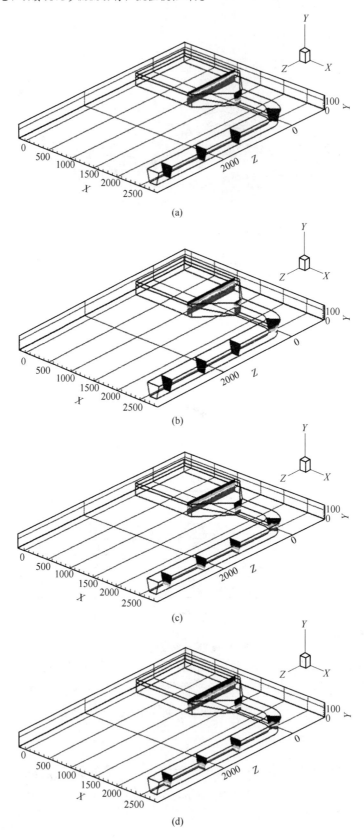

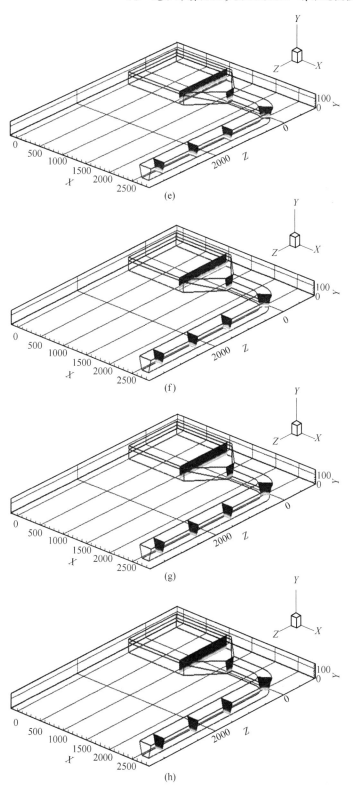

图 4.8　库区下游各过流断面处不同时刻的泥深图

(a) 10s; (b) 30s; (c) 120s; (d) 360s; (e) 800s; (f) 1600s; (g) 3600s; (h) 4800s

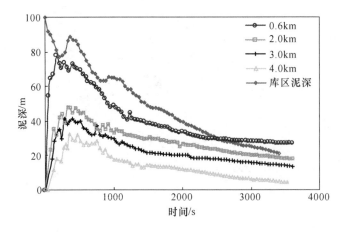

图 4.9　库区下游不同过流断面处的泥深演进过程曲线

由图 4.8 和图 4.9 可知，随着溃决泥沙流体持续地向下游演进，泥沙流体到达各过流断面处的泥深峰值也逐渐减小。就其中某个过流断面而言，当泥沙流体到达该过流断面处时，泥深在较短时间内达到峰值，而后逐渐降低，并出现了较明显的拖尾现象。

4.5.3.2　速度场分布规律

图 4.10 和图 4.11 列出了尾矿库溃决后形成的泥沙流体在库区下游各过流断面处不同时刻的速度场分布规律。

由图 4.10 和图 4.11 可得，尾矿库溃决后形成的泥沙流体在龙头段的速度较大，随着后续泥沙流体的不断下泄，流动速度逐渐减缓，从库区下游某个单独的过流断面流速过程曲线可知，泥沙流体在龙头段的速度衰减梯度较大，而在龙身段和龙尾段的速度衰减梯度明显降低。同时，随着尾矿库溃决泥沙流体向库区下游不断传播，泥沙流体的流动峰值速度也在不断的衰减，这主要是泥沙流体在下游沟谷流动过程中受到自身阻力和外部阻力，造成泥沙流体动能不断衰减的原因，与试验结果也是相符的。

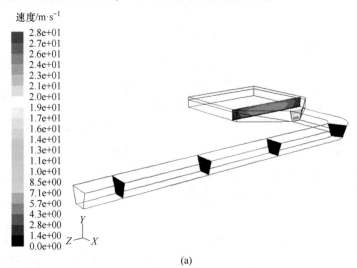

(a)

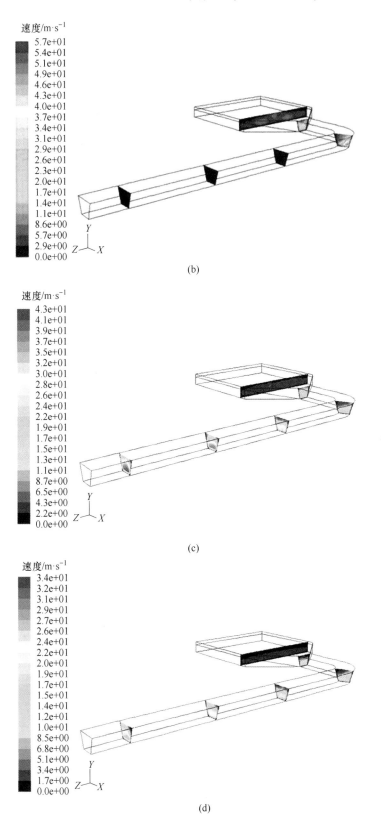

(b)

(c)

(d)

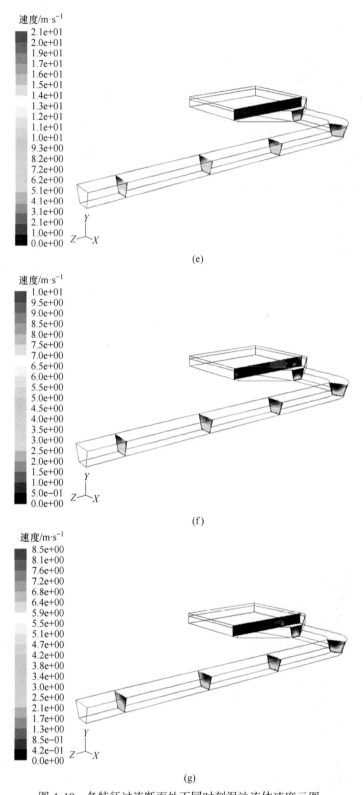

图 4.10   各特征过流断面处不同时刻泥沙流体速度云图

(a) 10s；(b) 30s；(c) 140s；(d) 360s；(e) 1200s；(f) 3600s；(g) 4800s

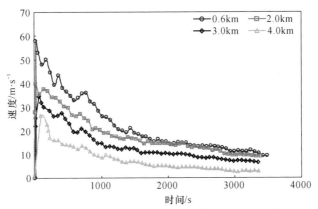

图 4.11 不同过流断面处泥沙流体流速过程曲线

4.5.3.3 压力场分布规律

图 4.12 和图 4.13 列出了尾矿库溃决后泥沙流体在库区下游各过流断面处不同时刻的压力场分布规律。

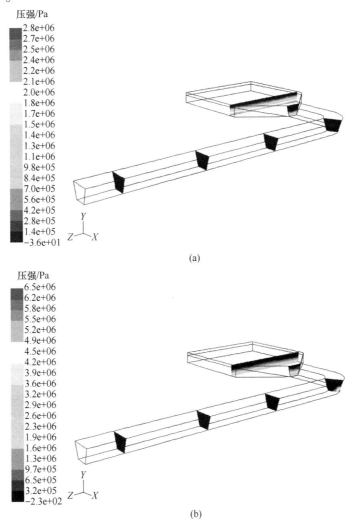

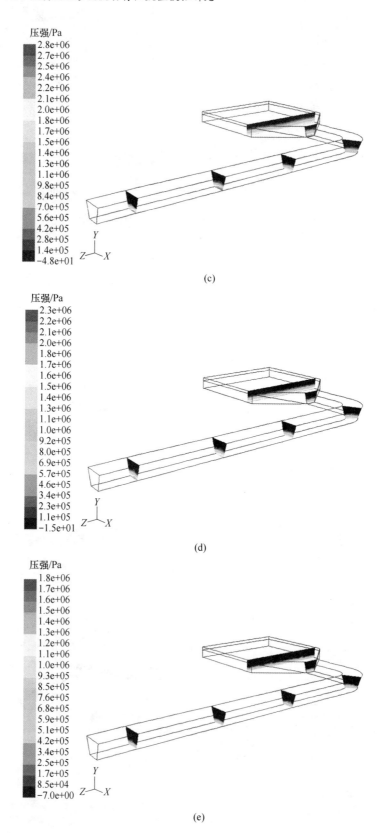

(c)

(d)

(e)

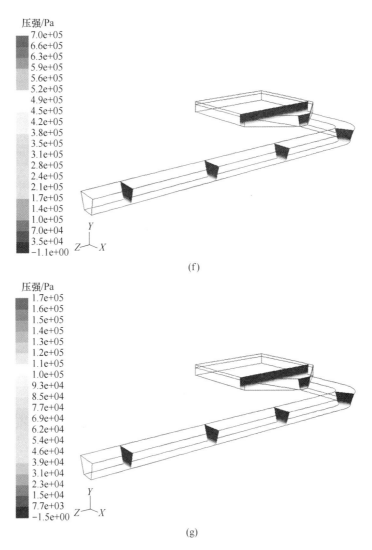

图 4.12　各特征过流断面处不同时刻的泥沙流体压力云图

（a）10s；（b）30s；（c）140s；（d）360s；（e）1200s；（f）3600s；（g）4800s

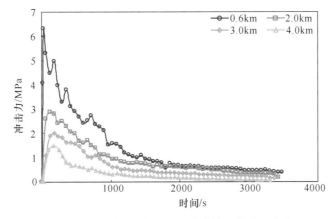

图 4.13　不同过流断面处泥沙流体压力过程曲线

由图 4.12 和图 4.13 可知，100.0m 高的尾矿库溃决后形成的泥沙流体对下游的冲击非常巨大，最大值达到了 6.32MPa。但是，尾矿库溃决泥沙流体在库区下游沟谷流动过程中，冲击力随着泥沙流体流动距离的增大而呈逐渐衰减的态势，并且衰减幅度较大。在库区下游 0.6km 的米茂村，受到泥沙流体的最大冲击力为 6.32MPa，而当泥沙流体到达库区下游 4.0km 处时，冲击力峰值已经衰减为 1.51MPa。这主要是由于泥沙流体自身阻力和沟谷阻力的共同作用结果。这些规律与试验结果基本吻合。

4.6　本章小结

对尾矿库坝体堆积到 100.0m 高度发生瞬间全部溃决后形成的泥沙流体流场和压力场的数值模拟研究可以得到以下结论：

（1）随着溃决泥沙流体持续地向下游传播，泥沙流体到达各过流断面处的泥深峰值也逐渐减小。但泥沙流体到达特定过流断面处时，泥深在较短时间内达到峰值，而后迅速降低，并出现了明显的拖尾现象。同时，泥沙流体的流动峰值速度和冲击力峰值都在不同程度地衰减。

（2）当尾矿库坝体高度达到 100.0m 时，假设尾矿库瞬间全部溃决后形成的泥沙流体抵达库区下游 600.0m 处的村庄（米茂村）时，矿浆冲击村庄建筑物的最大压力为 6.42MPa；即使尾矿库到达库区下游 4.0km 处，矿浆的冲击力也达到 1.51MPa。因此，倘若该尾矿库发生瞬间溃坝，则下游村庄（米茂村）的村民将受到巨大冲击，而即使是库区下游 4.0km 范围内也将遭受重大的损失。

（3）利用大型流体计算软件 FLUENT[3D] 根据实验所得到的尾矿浆流变模型建立相关的有限元模型，得出了基于尾矿库溃决后形成的尾矿浆在库区下游沟谷中 4.0km 内的流场、速度场和压力场分布规律，得到了与试验结果相吻合的运动、动力特征变化规律。

5 拦挡工程对尾矿坝溃决泥沙流流动特性的影响

5.1 概述

尾矿坝溃决泥沙流属于矿山泥石流中的一种，是近些年常见的一种矿山灾害。它是尾矿库内尾矿沙在水动力作用下失稳后，集中输移的一种演变过程。在形成、流通和停积等运动环节上，具有严重的灾害性[1]。

在研究防护工程对泥石流流动特性影响时，多采用模拟试验与数值模拟方法进行研究。日本京都大学里深好文、水山高久先生于 2004 年 7 月以两种粒径为材料，应用模型试验和数学分析对不透水型拦沙坝设置地点与泥石流的运动、堆积过程进行验证；分别建立了泥石流的运动、堆积控制方程式，分级建立数值模拟实验模型；对粒度在时间变化的条件下，计算泥石流的流动或泥石流在高峰时流量的变化与相关数据分析[4]。

因此，本章借鉴泥石流拦挡工程的研究方法，采用模型试验与数值模拟计算相结合的手段分别研究了单级和多级拦挡坝对尾矿坝溃决泥沙流在下游沟谷中的流动特性的影响规律。

5.2 拦挡坝模型试验

泥石流运动的研究方法有 3 类：一是以流体力学水力学系学科为基础，对泥石流的运动进行理论推演并对相关的参数进行简化最终得出运动的相关方程；二是综合利用各学科知识，以运动控制方程为基础，在计算机上进行数值模拟，以达到揭示泥石流运动规律的目的；三是借助室内外实验堆泥石流运动参数进行测定得出有针对性的定性定量的结论。而泥石流模拟试验是泥石流研究的重要手段之一。

5.2.1 试验目的

尾矿坝一旦溃决，所形成的泥沙流将对下游造成毁灭的灾害。因此，在尾矿库区下游重要区域往往要修筑相应的防护工程，对一旦溃决下泄的泥沙流进行拦截、疏导，起到减小泥石流流速、流量，减弱泥沙流冲击力，降低下游灾害程度，达到防灾减灾的目的。但是定量地分析下游修筑拦挡工程对泥沙流的拦截效果，以及拦挡坝对泥沙流流动规律的影响等问题都是需要我们用科学的方法进行认真解释的。

本次试验依托国家自然科学基金项目（项目号：51074199），从拦挡坝的防护效果出发，从试验中认识下游修筑拦挡坝对尾矿坝溃决泥沙流的流动特性的影响，归纳总结其影响特征，深入分析在拦挡坝影响下，泥沙流的运动规律以及冲击力等主要特征，为下游修筑合理的拦挡工程提供科学的依据。

5.2.2　试验装置

本次试验的试验装置为重庆大学自行研制的尾矿坝溃决破坏相似模拟试验系统，整个试验系统由以下部分组成：尾矿库库区、溃坝挡板、下游冲沟、制浆搅拌机、冲击力测量系统、流态记录系统、泥浆回收池等（详见第 3.5 节）。

5.2.3　试验材料

本次试验的模型尾矿浆采用与第 3.5 节模型试验中的试验尾矿浆相同，具体选择方法和材料性质详见第 3.4 节内容。

5.2.4　试验内容

为了深入探析不同拦挡工程对尾矿坝溃决泥沙流流动情况的影响，试验从单级拦挡坝、多级拦挡坝以及不同拦挡坝高度的角度出发，对在拦挡情况下的不同过流断面处的泥沙流泥深变化过程、冲击力等流动特性进行了系统深入的研究，具体内容详见表 5.1。

表 5.1　拦挡坝试验内容

试验编号	拦挡坝高度/cm	级数	坝高/cm	拦挡坝位置/m	沟槽糙率	溃决形态	泥浆浓度/%
1	2	单级	25	0.5	光滑	瞬间全溃坝	40
2	4	单级	25	0.5	光滑	瞬间全溃坝	40
3	6	单级	25	0.5	光滑	瞬间全溃坝	40
4	4	多级	25	0.5, 4.0, 6.5, 9.0	光滑	瞬间全溃坝	40

5.3　试验结果与分析

拦挡坝是指设置在滑坡体下游，用来拦挡泥石流保护下游安全的坝，设置拦挡坝的主要目的是把滑坡体下滑形成的泥石流进行拦截，从而减小泥石流规模，以便于泥石流的防治。泥石流拦挡坝坝体的高度直接决定了其对泥石流的拦挡效果，它是影响泥石流拦挡泥沙数量的决定性因素，它的高低决定了拦挡坝的库容，也同时直接影响着冲向下游的泥沙量。

由于尾矿坝溃决所形成的泥沙流往往量较大，因此一般情况下建立的拦挡坝库容远小于下泄泥沙量，故实质上这个拦挡坝相当于水利工程中的溢流坝，其作用不在于完全拦挡住泥石流，而是减缓泥石流流速，减弱其破坏力，而且拦挡坝布设在泥石流沟谷的位置不同其拦挡效果也会有很大差别。

5.3.1　拦挡坝对溃决泥沙流运动特性的影响

5.3.1.1　单级拦挡坝影响下的泥沙流流态特性

为此，为了明确不同高度拦挡坝对尾矿坝溃决下泄的泥沙流的拦挡效果，以及对泥沙流流速和冲击力的减弱规律，在尾矿坝下游距坝址4.0m(相当于现场1600m) 处分别修筑了高度为2cm、4cm和6cm(相当于现场8m、16m和24m高) 的拦挡坝（见图5.1），通过多组溃决模拟试验，深入分析拦挡坝高度对溃决泥沙流流动特性的影响。单级拦挡坝布置示意图以及拦挡坝的结构示意图如图5.2和图5.3所示。每种情况进行3组溃决模拟试验，3组试验结果的平均值作为某高度拦挡坝拦截效果的评价值。

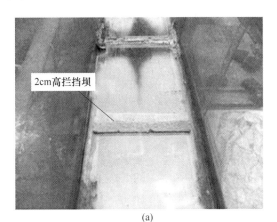

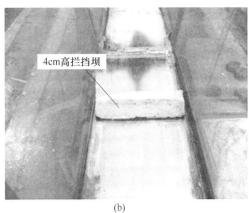

(a)　　　　　　　　　　　　　(b)

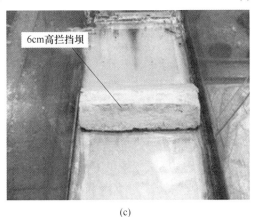

(c)

图5.1　不同高度拦挡坝布置图

（a）拦挡坝高2cm；（b）拦挡坝高4cm；（c）拦挡坝高6cm

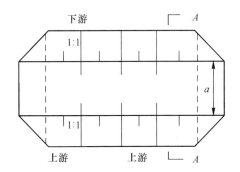

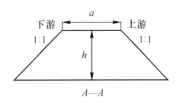

图5.2　拦挡坝结构示意图

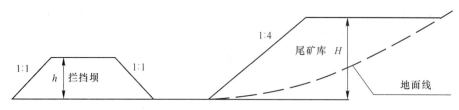

图 5.3　单级拦挡坝示意图

根据预先设计的试验方案,对不同拦挡坝情况进行尾矿坝溃决试验,图 5.4~图 5.10 分别列出了在下游沟谷修筑拦挡坝情况下尾矿坝溃决泥沙流各特征过流断面处的泥深变化规律。图 5.11~图 5.17 展示了拦挡坝对溃决下泄泥沙流拦挡效果的特征图。

图 5.4　溃坝后 2s 时刻坝址处流态

图 5.5　溃坝后 7s 时刻坝址处流态

图 5.6　溃坝后 11s 时刻坝址处流态

在坝址下游附近,由于下泄泥沙流遇到拦挡坝以及 90°的弯道影响,出现泥沙流反射现象,导致泥沙流产生了一个向上游传播的逆流(负波),该负波在向上游传播过程中,不断与溃决来流作用,并相互消散能量,最终消失在来流中。从产生负波到负波消失,共持续了 6.0s 左右。

泥石流拦挡坝坝体的高度直接决定了其对泥石流的拦挡效果,它是影响泥石流拦挡泥沙数量的决定性因素,它的高低决定了拦挡坝的库容,也同时直接影响着冲向下游的泥沙量。因此,拦挡坝修筑越高,所形成的拦挡库容越大,所能拦截的泥沙量也就越多,因而

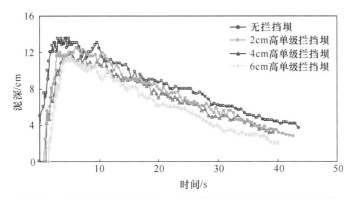

图 5.7 不同拦挡情况下 5.0m 过流断面处的泥深时程变化曲线

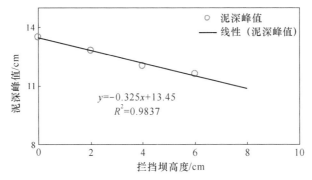

图 5.8 拦挡坝高度与 5.0m 过流断面处的最大泥深关系曲线

冲向下游的泥沙量相应减小，泥沙规模的减小，库区下游同一过流断面处的泥沙淹没高度也随之降低。由图 5.7~图 5.10 可以看出，拦挡坝的高度对下游同一过流断面处最大淹没高度有较大的影响，当拦挡坝高度为 2.0cm（相当于现场 8.0m）时，在库区下游 5.0m（相当于现场 2km）过流断面处的泥沙流最大淹没高度达到了 12.6cm（相当于现场 50.4m），但是当拦挡坝高度上升到 6.0cm（相当于现场 24.0m）时，则库区下游 5.0m 处的最大淹没高度降低到 10.4cm（相当于现场 41.6m），可见，随着拦挡坝高度的增加，尾矿库溃决泥沙流到达库区下游 2.0km 处的最大淹没高度降低了 9m 左右。因此，增大拦挡坝高度可有效地拦截上游泥沙量，减小下游的泥浆淹没高度，且拦挡坝的高度与泥深峰值基本呈线性关系。

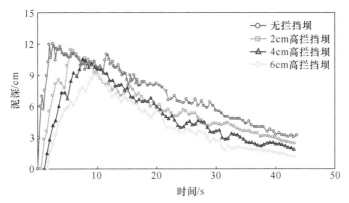

图 5.9 不同拦挡情况下 7.5m 过流断面处的泥深时程变化曲线

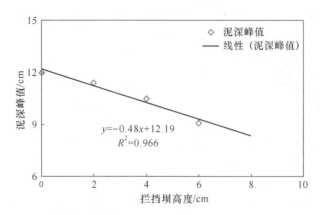

图 5.10　拦挡坝高度与 7.5m 过流断面处的最大泥深关系曲线

同时，从图 5.7 和图 5.10 中可得到，随着拦挡坝高度的增加，泥沙流到达下游同一过流断面处的时间逐渐延后，泥沙流到达该处后的泥浆峰值到达时间也相应推迟，推后的时间为 0.5~1.4s，这可为下游群众的撤离争取到宝贵的时间。下游群众撤离的过程，就是群众和时间赛跑的过程，时间就是生命，时间就是财富，多争取到一秒钟的时间，就可最大限度减小下游的灾害程度，尽可能地保护群众的生命和财产的安全。

在库区下游修筑拦挡坝对尾矿坝下泄泥沙流流态具有较大的影响，如图 5.11~图 5.18所示。

由图 5.11~图 5.18 可知，当尾矿坝下泄泥沙流到达拦挡坝处时，由于拦挡坝高度较小，拦挡坝库容远远小于尾矿坝溃决下泄的泥沙量，拦挡坝不能完全拦截住泥沙，因而泥沙流翻越拦挡坝，继续向下游流动，故实质上在下游沟谷中修筑的拦挡坝相当于水利工程中的溢流坝，其作用不在于完全拦挡住泥石流。由于泥沙流流动速度较大，当泥沙流触及到拦挡坝一瞬间，龙头部分被拦挡坝迅速抬升，形成了一个巨大的冲击波，龙头部分被拦挡坝抬升到一定高度，而后翻越拦挡坝落在拦挡坝下游。由于拦挡坝耗散了龙头部分的一部分能量，因而当龙头翻越拦挡坝继续向下游流动时，龙头的速度和冲击力强度都已远

图 5.11　挡坝高 2.0cm 情况下泥沙流触及
4.0m 处拦挡坝瞬间的流态

图 5.12　挡坝高 2.0cm 情况下泥沙流到达
4.0m 处拦挡坝 6s 时的流态

图 5.13 挡坝高 2.0cm 情况下泥沙流到达
4.0m 处拦挡坝 17s 时的流态

图 5.14 挡坝高 2.0cm 情况下泥沙流到达
4.0m 处拦挡坝 55s 后的流态（负波消失）

图 5.15 挡坝高 6.0cm 情况下泥沙流触及
4.0m 处拦挡坝瞬间的流态

图 5.16 挡坝高 6.0cm 情况下泥沙流到达 4.0m 处
拦挡坝 6s 时的流态（拦挡坝处泥深达到峰值）

图 5.17 挡坝高 6.0cm 情况下泥沙流到达
4.0m 处拦挡坝 17s 时的流态

图 5.18 挡坝高 6.0cm 情况下泥沙流到达
4.0m 处拦挡坝 65s 时的流态（负波消失）

小于翻越拦挡坝前。随着后续泥沙流向下游的不断传播，拦挡坝抬升了该处的泥沙流淹没高度，因而，在设置拦挡坝处的泥深峰值较未设置拦挡坝时要大。

由于修筑拦挡坝原因，尾矿坝下泄泥沙流在拦挡坝处形成了一个负波，泥沙流在向下游流动的过程中，当泥沙流来流能量大于负波回流能量时，泥沙流冲击负波，使负波能量持续积聚，坡度逐渐变陡，来流泥沙流的动能转化为负波势能，体现在宏观上，即负波的高度和坡度都逐渐变高变陡。而当来流能量小于负波回流能量时，则负波的势能又逐渐转化为动能，负波向上游不断传播，随着泥沙流的不断运动，负波的坡度逐渐减小，直到负波消失。同时发现，拦挡坝的高度越高，在此处形成的负波坡度也越大。可知，拦挡坝越高，所在处泥沙流翻越拦挡坝所耗散的能量也就越大，所在处泥深峰值越大，泥沙流所形成的负波越明显，则拦挡坝下游的流速和冲击力将大大减小，因此拦挡坝越高，拦挡效果越佳。但如若要达到更好的拦截效果，坝体设计尺寸必然加大，这样将降低防治工程的经济与安全性水平。为了建立优化的防治措施，使泥石流防治工程起到较好的作用，应该将多种治理措施综合使用，取长补短发挥各项优势，得到综合治理的效果。如在泥石流沟沟口修建适宜的泥石流导流渠，将减缓后的泥石流流体引向安全区域等。

从 6.0cm 高拦挡坝拦截泥沙过程可以知道，在泥沙流流动过程中，负坡向上游传播的距离约为 1.0m（相当于现场情况 400.0m），因此在这个区域内，泥浆的淹没高度较未设置拦挡坝情况都要高。因而，拦挡坝修筑位置的选择必须考虑拦挡坝上游的地理位置和上游的建筑物情况。拦挡坝需修筑在重要建筑物和人口密集区的上游，且拦挡坝上游 1.0km 内应该没有重要的设施和建筑物。

5.3.1.2　多级拦挡坝影响下的泥沙流流态特性

同时，为了明确拦挡坝数量的不同对尾矿坝溃决下泄的泥沙流的拦挡效果，以及对泥沙流流速和冲击力的减弱规律，分别在距尾矿坝坝址 0.5m、4.0m、6.5m 以及 9.0m 处（相当于现场 200.0m、1600.0m、2600.0m 及 3600.0m 处）修筑了高度为 4.0cm（相当于现场 16.0m 高）的多级拦挡坝，并通过数组溃决试验，系统研究拦挡坝数量对溃决泥沙流流动特性的影响。多级拦挡坝示意图如图 5.19 所示。

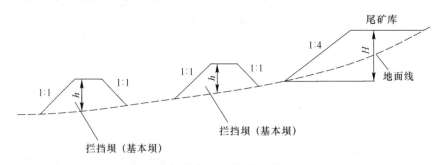

图 5.19　多级拦挡坝示意图

为了全面地探索拦挡坝数量对尾矿坝溃决下泄的泥沙流的拦挡效果，以及对泥沙流流速和冲击力的减弱规律，通过多组试验得到多级拦挡坝情况下的溃决泥沙流的流态特性如图 5.20~图 5.22 所示。

从图 5.20~图 5.22 可以看出，在坝址下游只修筑高 4.0cm（相当于现场 16m 高）单级

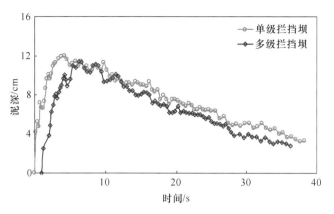

图 5.20 下游 5.0m 处的泥深时程变化曲线

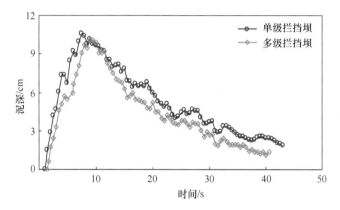

图 5.21 下游 7.5m 处的泥深时程变化曲线

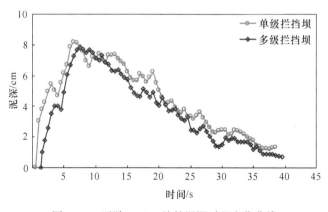

图 5.22 下游 10.0m 处的泥深时程变化曲线

拦挡坝情况时，一旦尾矿坝溃决，则泥沙流到达库区下游 5.0m（相当于现场 2.0km）过流断面处的最大泥深达到了 11.6cm（相当于现场的 46.4m），而在库区下游修筑多级拦挡坝时，在库区下游同一过流断面处的最大泥浆高度降低了约 5.0m 左右，泥深峰值为 10.4cm（相当于现场 41.6m），较单级拦挡坝情况下的泥深峰值明显要小。可见，在库区下游沟谷修筑多级拦挡坝，可明显降低下游区域的泥深最大淹没高度。同时，在修筑单级拦挡坝情况下，泥沙流到达库区下游 5.0m 处的时间较修筑多级拦挡坝时的泥沙流到达时间快了

0.5~1.0s, 到达时间的推后, 则说明下游群众的撤离时间将延长, 因而可尽可能地将群众撤离到安全区域。

因此, 修筑多级拦挡坝不仅可以有效地降低泥沙流淹没高度, 同时还可延迟泥沙流到达时间。因此在库区下游沟谷修建多级拦挡坝, 是减小下游淹没范围, 减弱下游灾害程度的一个最直接、最有效的措施。

5.3.2 拦挡坝缓冲效应试验研究

在尾矿库下游修筑拦挡坝, 与在滑坡泥石流地带修筑拦挡坝有一些区别, 在泥石流发生区域修筑拦挡坝, 主要是拦截滑坡形成的泥石流体, 起到保护下游不受泥石流灾害的影响, 而在尾矿库下游修筑拦挡坝, 实质上相当于水利工程中的溢流坝, 由于一般情况下, 尾矿坝溃决形成的泥沙流流量巨大, 平常我们所说的拦挡坝不能完全拦截溃决形成泥沙, 仅仅是起到减缓了泥石流流速, 减弱了其破坏力的作用。

根据试验方案, 项目组采用动态应变仪对修筑拦挡坝后的溃决泥沙流在流动过程中的冲击力以及流速进行了测试, 并将测试数据整理成图形。

5.3.2.1 修筑单级不同高度拦挡坝后冲击力变化情况

修筑单级不同高度拦挡坝后冲击力变化情况如图 5.23 和图 5.24 所示。

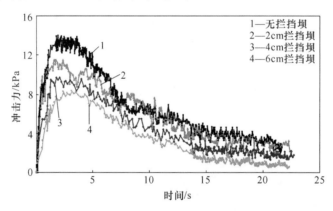

图 5.23 修筑单级拦挡坝后库区下游 1.5m 处的冲击力时程变化曲线

图 5.23 展示了修筑单级不同高度拦挡坝后, 尾矿库下游 1.5m 处 (相当于现场 600.0m 处) 的溃决泥沙流冲击力变化情况。根据本次研究的试验结果可知, 在下游布设拦挡坝后, 库区下游 1.5m 处的溃决泥沙流冲击力时程曲线与没布设拦挡坝情况时的冲击力曲线形态相似, 都表现为前端较陡, 后端相对平滑, 冲击力峰值出现在泥沙流龙头段, 而后迅速减小。这表明泥浆龙头段较后续泥浆的冲击力要大, 且冲击过程是在较短时间内完成的。

冲击力峰值出现在泥沙流到达该处后的 0~4.0s 之间, 而后随着泥沙流不断地向下游传播, 泥沙流的冲击力也逐渐衰减, 并都出现了拖尾现象。冲击力的大小直接决定了溃坝对下游的灾害程度, 冲击力越小, 下游的灾害程度也就越轻。

在无拦挡坝情况时, 溃决后泥沙流到达下游 1.5m 处的最大冲击力达到了 14.1kPa, 而当在下游 0.5m 处布设了 2.0cm 高 (相当于现场 8.0m 高) 的拦挡坝后, 泥沙流的最大冲击力则降低到 11.6kPa，布设拦挡坝前后，冲击力减小了 2.5kPa。这是因为在库区下游布设拦挡坝，则拦挡坝会拦截冲向下游的一部分泥沙量，因此溃决泥沙流流向下游的泥沙量相应减小。同时，由于有拦挡坝的存在，溃决泥沙流体冲击拦挡坝时，流体的速度被有效地消减，该过程也耗散了泥沙流体的一部分能量，使冲向下游的泥沙流体速度减小，能量也相应减小。

根据泥石流冲击力计算公式[16]可知，在泥沙流体流动过程中，泥沙流体的速度直接决定了其对下游建筑物的冲击力大小，速度越小，动能就越小，冲击力越小，故拦挡坝体有效地减小了溃决泥沙流的冲击力，从而很好地保护了下游区域建筑物安全。因此为了减小下游受灾程度，最直接、最有效的方法往往是在下游修筑拦挡坝工程。

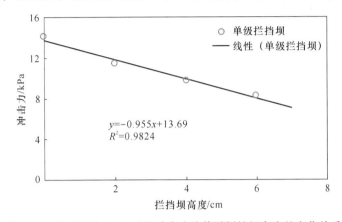

图 5.24　库区下游 1.5m 处的冲击力峰值随拦挡坝高度的变化关系

从图 5.24 可以看出，随着拦挡坝高度的不断升高，下游同一过流断面处的泥沙流冲击力呈逐渐递减趋势，且减小趋势近似为线性关系。同时，由于泥石流冲击力较大（14.1kPa），布设一个坝不能起到完全拦截泥沙流流体的作用，如若达到拦截的效果，坝体设计尺寸必然要加大，这样将降低防治工程的经济与安全性水平。因此为了建立优化的防治措施，使泥沙流防治工程起到较好的作用，应该将多项治理措施结合使用，取长补短发挥各项优势，得到综合治理的效果。如在库区下游修建拦挡坝群，采用多级拦挡坝综合拦截溃决下泄泥沙流体，最大限度的减小流向下游的泥沙量，或者在下游重要建筑附近修建适宜的泥沙流导流渠，将减缓后的泥沙流流体引向安全区域。

5.3.2.2　修筑多级拦挡坝前后冲击力变化情况

根据布设单级拦挡坝试验结果显示，由于泥石流冲击力较大，布设一个拦挡坝不能起到完全拦截泥石流流体的作用，如若要达到更好的拦截效果，坝体设计尺寸必然加大，这样将降低防治工程的经济与安全性水平。因此，在尾矿库下游修筑多级拦挡坝，采用群坝拦截的方式，对溃决泥沙流体进行层层拦截，尽可能地减小冲向下游的泥沙流量，显得相当必要。

为此，在考虑多种方案后，采取修建多级拦挡坝的方法，在尾矿库下游修筑了多级拦挡坝拦截泥沙流，以有效地对溃决泥沙流进行拦挡防护。同时对多级拦挡坝拦截后的泥沙流冲击力以及流速进行了系统的研究。修筑多级拦挡坝前后冲击力变化情况如图 5.25 和图 5.26 所示。

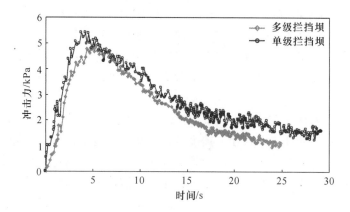

图 5.25 修筑不同级数拦挡坝后库区下游 5.0m 处的冲击力时程变化曲线

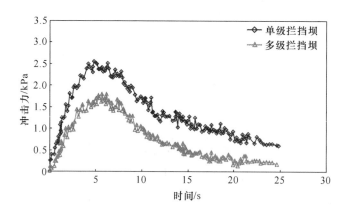

图 5.26 修筑不同级数拦挡坝后库区下游 10.0m 处的冲击力时程变化曲线

图 5.25 和图 5.26 展示了修筑单级拦挡坝和多级拦挡坝后库区下游 5.0m 和 10.0m 过流断面处（相当于现场库区下游 2.0km 和 4.0km 处）的冲击力变化规律曲线。根据试验结果可知，在下游布设多级拦挡坝后，在库区下游 5.0m 处的溃决泥沙流冲击力时程曲线与布设单级拦挡坝情况时的冲击力过程曲线形态近似，都表现为前端较陡，后端相对平滑，冲击力峰值出现在泥沙流龙头段，而后迅速减小，且都出现了较为明显的拖尾现象。

由图 5.25 可知，在库区下游沟谷布设单级拦挡坝时，溃决后泥沙流到达下游 5.0m 处的冲击力峰值达到了 5.4kPa，而当在下游沟谷处布设了 3 个 4.0cm 高（相当于现场 16.0m 高）的多级拦挡坝后，该过流断面处泥沙流的最大冲击力则降低到 4.1kPa，布设单级和多级拦挡坝前后，冲击力峰值减小了 1.3kPa。这是由于在库区下游布设了多级拦挡坝后，每个拦挡坝都会拦截一部分冲向下游的泥沙，在下游布设的拦挡坝越多，则拦截的泥沙量也就越大，溃决泥沙流流向下游的泥沙量也越小。同时，拦挡坝越多，所耗散泥沙流体的能量也越多，溃决泥沙流体的动能相应地减小越大，致使最大量地对冲向下游的泥沙流冲击力进行了弱化。从而有效地保护了下游重要建筑物安全。

图 5.26 展示了库区下游 10.0m 过流断面处修筑单级和多级拦挡坝前后的冲击力变化过程曲线。由图 5.26 可知，在库区下游布设单级拦挡坝情况下，坝址下游 10.0m 处的最

大冲击力达到了 2.52kPa，而布设多级拦挡坝后，该处的最大冲击力减小到 1.68kPa。可见，布设多级拦挡坝可有效地减小溃决泥沙流对下游的冲击力。此次试验中发现，由于尾矿库内所储存的尾矿数量庞大，虽然在尾矿库库区下游修筑了多级拦挡坝，但仍不能完全拦截尾矿库溃决下泄的泥沙流，因此仅通过修筑拦挡坝来达到对溃决泥沙流的拦截，虽有一定的拦挡效果，但是仍不能仅采取此方法来起到对下游的防护作用。在库区下游的防灾减灾项目中，必须采取多种方案来对上游溃决的泥沙流进行排导、拦截，有可能的话，最好将下游群众进行搬迁。本次试验仅分析修筑多级拦挡坝与单级拦挡坝的冲击力变化规律，对于拦挡坝级数对泥沙流冲击力大小拦截效果的定量研究还需做进一步探索。

5.3.2.3 修筑多级拦挡坝前后速度变化情况

通过对模型试验测试结果的整理分析，图 5.27 和图 5.28 分别列出了修筑不同级数拦挡坝情况下，库区下游 5.0m 和 10.0m 过流断面处（相当于现场的 2.0km 和 4.0km 处）的溃决泥沙流体过流速度时程曲线以及流速峰值图。

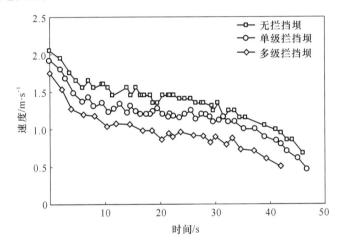

图 5.27　不同拦挡情况下泥沙流体在坝址下游 5.0m 处的流速过程曲线

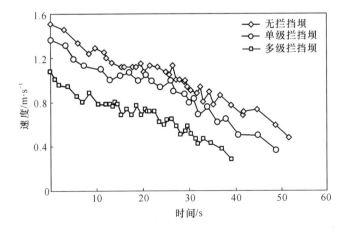

图 5.28　不同拦挡情况下泥沙流体在坝址下游 10.0m 处的流速过程曲线

由图 5.27 和图 5.28 可以看出，库区下游布设拦挡坝前后，溃决泥沙流在下游各过流断面处的流速变化规律基本相似。在尾矿坝溃坝后，泥沙流到达各过流断面处，都以一个较大的速度向下游传播，随着泥浆向下游的不断演进而逐渐减小。且泥沙流在库区下游各处的流速变化特性基本可分为三个阶段：流速加速降低阶段（龙头段），流速稳定阶段（龙身段）及流速稳定降低阶段（龙尾段）。

伴随着尾矿坝拦挡坝级数的增多，泥浆到达下游同一过流断面处的流动速度相应减小。在未布设拦挡坝情况下，溃决泥沙流到达库区下游 5.0m 处（相当于现场 2.0km 处）的峰值流速为 1.56m/s，而在布设单级拦挡坝情况时，溃决泥沙流到达此过流断面处的最大速度减小到 1.43m/s。相对于未布设拦挡坝时的流速值减小了 0.13m/s，减小幅度仅为 8.33%。当在下游布设多级拦挡坝时，泥沙流到达相同过流断面处的最大流速降低为 1.22m/s，相对于未布设拦挡坝时的流速值减小了 0.21m/s，减小幅度更是达到了 14.7%。可见，修筑多级拦挡坝可有效地降低泥沙流速度。

同时由图 5.27 和图 5.28 可知，由于在库区下游布设了多级拦挡坝，所拦截的泥沙流量也相对于单级拦挡坝要大，因此，布设多级拦挡坝后，溃决后的泥沙流冲过库区下游相同过流断面后，向下游下泄的泥沙量也相对较少，从而导致在多级拦挡坝情况时，各过流断面处的泥沙流流动时间也大为缩短。布设单级拦挡坝情况时，泥沙流在库区下游 5.0m 处的流动过程中，泥沙流需要流动大约 50.0s 的时间，流速才能从峰值降低到 0.4m/s 左右，而布设多级拦挡坝后，泥沙流运动流速从最大值降低到 0.4m/s 需要的时间不到 35s。这说明了随着泥浆向下游不断地流动，拦挡坝数量对泥沙流流速的影响程度在不断被强化，同时表明修筑多级拦挡坝的防护效果明显优于单级拦挡坝的防护效果（见图 5.29）。

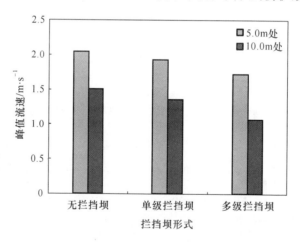

图 5.29   坝址下游各过流断面处的流速峰值图

由图 5.29 可以看出，不同的拦挡坝特征，对库区下游各过流断面处泥浆流动速度有较大影响。拦挡坝级数越多，则库区下游同一过流断面处同一时刻的泥沙流流速越小。同理，拦挡坝级数越少，则下游同一过流断面处同一时刻的泥沙流流速就越大。但是，相同的拦挡情况下，泥沙流在库区下游相同距离内的流速减小幅度又不尽相同。在未设置拦挡坝情况时，溃决泥沙流流经下游 5.0m 处的最大流速为 1.56m/s，当泥沙流流经库区下游 10.0m 时，最大流速降低到 1.25m/s，降低幅度为 19.9%。而在单级拦挡坝情况下，库区下游 5.0m 处的泥沙流最大流速为 1.43m/s，而下游 10.0m 处的泥沙流最大流速为 1.03m/s，降低幅度约为 27.9%。但在库区修筑多级拦挡坝后，库区下游 10.0m 处的泥沙流流速峰值为 0.81m/s，相对于库区下游 5.0m 处泥沙流流速峰值 1.22m/s 减小了 0.41m/s，减小幅度达到了 33.6%左右。可见，溃决泥沙流越往库区下游流动，拦挡坝对其流速的影响也就越大。

5.4 防护工程情况下泥沙流冲击力响应特征的仿真计算

一旦由于某种因素导致尾矿坝体溃坝后，库内尾水挟着尾矿形成泥沙流沿着沟谷一起向库区下游冲击，由于尾矿坝溃决的突发性、不可预见性以及灾害的巨大性，因此，对下游群众的生命和财产造成了巨大的灾害损失。

为了安全、有效地对尾矿库溃决下泄泥沙流进行拦截、防护，尽最大努力保护下游群众的生命和财产，需对尾矿库的防护工程效果有一个全面的认识。伴随着我国矿山开采的日益活跃，土地资源的愈加紧缺，尾矿库多修筑在下游人口密集的地区，加之尾矿库工程建设规模越来越大，坝体高度也越来越高，库区容量相当巨大，因而一旦尾矿库溃坝，对下游造成的灾害损失也受到了党中央、国务院的高度重视。在确保尾矿库安全生产的同时，矿山企业以及设计工作者必须做到居安思危，在尾矿库安全运营期间，对尾矿库溃决泥沙流的淹没范围及冲击力情况进行科学的分析，提前做出合理的灾害防护措施，并对防护工程的有效性进行深入的探析。对这类防护工程的有效性进行评价时，采用室内大型的模型试验也往往需要耗费巨大的人力、物力和财力，采用传统的现场工业试验与测试更是根本无法实现。数值方法的突出优点是在耗费较小的人力、物力和财力基础之上，结合现代力学和数学理论知识，借助先进的计算机软件，对现场工程问题进行分析与研究，同时通过与室内试验和现场测试研究结果的对比分析，起到补充和完善的效果，可更好地解决现场工程问题。因此，本节采用 FLUENT^{3D} 有限元法对防护工程情况下尾矿库溃决泥沙流的冲击响应特征进行仿真数值计算，以预测在尾矿库库区下游修筑不同类型的拦挡坝后，尾矿坝溃决泥沙流体在下游沟谷中的流动过程，深入认识防护工程对泥沙流运动、动力学特性，为尾矿坝下游建立有效、经济、合理的防护工程提供可靠的借鉴和依据。

在前述溃决泥沙流数值模拟的数学和物理模型基础之上，将不同拦挡情况的拦挡坝加入到库区下游沟谷模型。模型修改仍在 FLUENT-GAMBIT 环境下，将拦挡坝修筑在库区下游沟谷中的模型，详见图 5.21。

5.4.1 流场分布规律

图 5.30 和图 5.31 列出了 100.0m 高尾矿库溃决后形成的泥沙流体在库区坝址处、库区下游 0.6km、2.0km、3.0km 和 4.0km 等 5 个过流断面处在溃后不同时刻的泥深变化规律。

由图 5.30 和图 5.31 可知，随着溃决泥沙流体持续地向下游演进，泥沙流体到达各过流断面处的泥深峰值也逐渐减小。就其中某个过流断面而言，当泥沙流体到达该过流断面处时，泥深在较短时间内达到峰值，而后逐渐降低，并出现了较明显的拖尾现象。

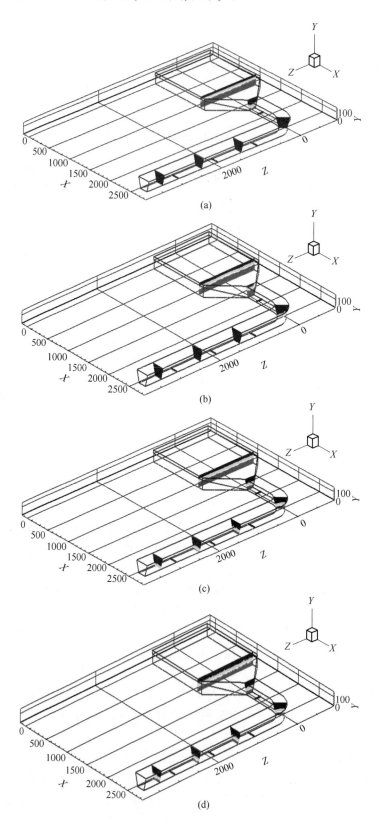

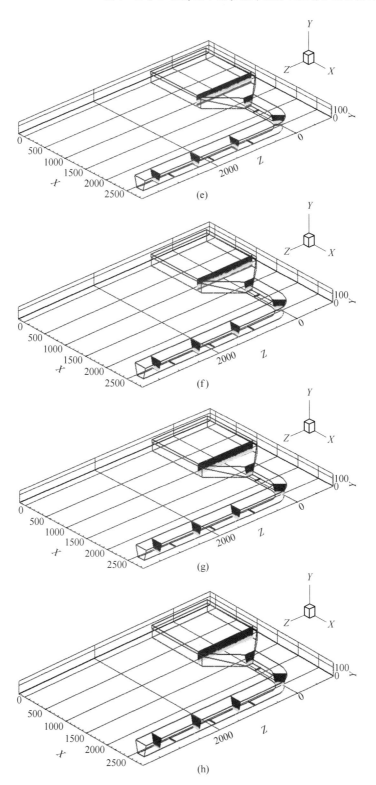

图 5.30 库区下游各过流断面处不同时刻的泥深变化

(a) 10s;(b) 30s;(c) 120s;(d) 360s;(e) 800s;(f) 1200s;(g) 3600s;(h) 4800s

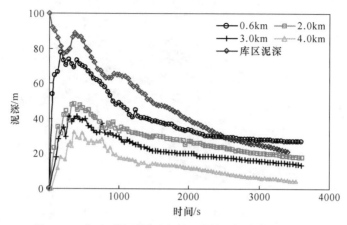

图 5.31　库区下游不同过流断面处的泥深演进过程曲线

5.4.2　速度场分布规律

图 5.32 和图 5.33 列出了尾矿库溃决后形成的泥沙流体在库区下游各过流断面处不同时刻的速度场分布规律。

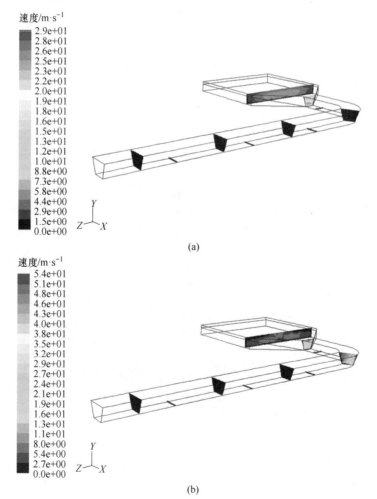

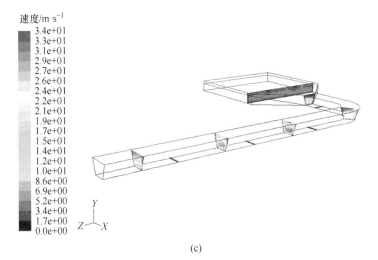

(c)

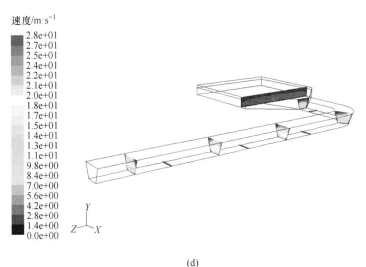

(d)

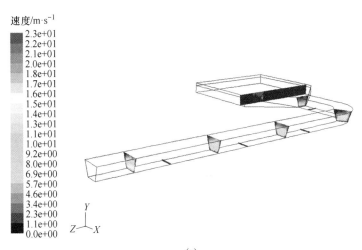

(e)

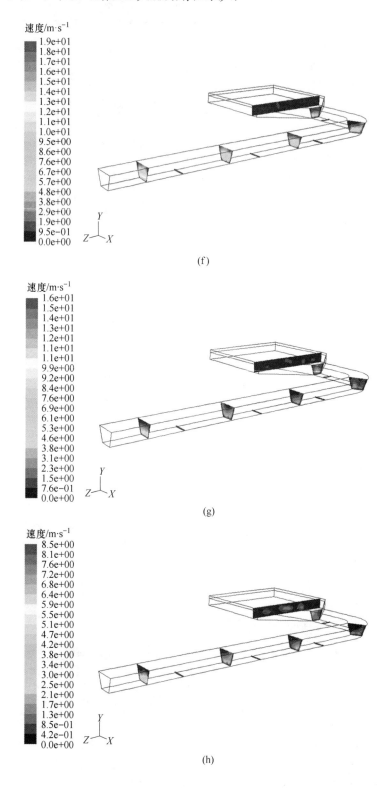

(f)

(g)

(h)

图 5.32   库区下游各过流断面处不同时刻的速度变化

(a) 10s; (b) 30s; (c) 120s; (d) 360s; (e) 800s; (f) 1200s; (g) 3600s; (h) 4800s

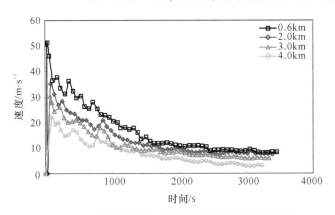

图 5.33 不同过流断面处泥沙流体流速过程曲线

由图 5.32 和图 5.33 可得,尾矿库溃决后形成的泥沙流体在龙头段的速度较大,随着后续泥沙流体的不断下泄,流动速度逐渐减缓,从库区下游某个单独的过流断面流速过程曲线可知,泥沙流体在龙头段的速度梯度较大,而在龙身段和龙尾段的速度梯度明显降低。同时,随着尾矿库溃决泥沙流体向库区下游不断传播,泥沙流体的流动峰值速度也在不断的衰减,这主要是泥沙流体在下游沟谷流动过程中受到自身阻力和外部阻力,造成泥沙流体动能不断衰减的原因,与试验结果也是相符的。

5.4.3 压力场分布规律

图 5.34 和图 5.35 列出了尾矿库溃决后泥沙流体在库区下游各过流断面处不同时刻的压力场分布规律。

由图 5.34 和图 5.35 可得,尾矿库溃决后形成的泥沙流体对下游建筑物的冲击力较大,且冲击力峰值出现在泥沙流龙头段,随着泥沙流体的不断向下游传播,冲击力呈逐渐递减的趋势,距库区坝址越近的区域,泥沙流体的冲击力衰减越快。且泥沙流体在龙头段的冲击力衰减速率较快,龙身段和龙尾段的冲击力衰减梯度明显较龙头段小。

随着尾矿库溃决泥沙流体不断下泄,库区下游各断面处最大冲击力也在不断的减小,0.6km 处的泥沙流冲击力峰值为 4.8MPa,约为 2.0km 处泥沙流冲击力峰值 2.18MPa 的两

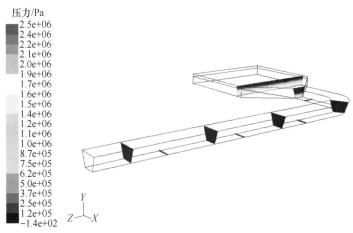

(a)

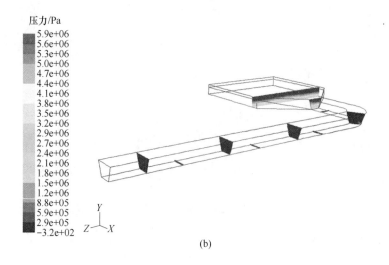

(b)

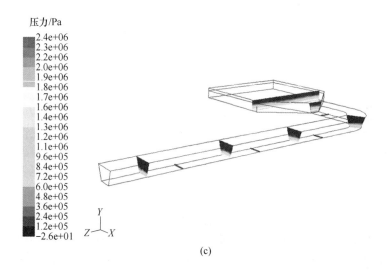

(c)

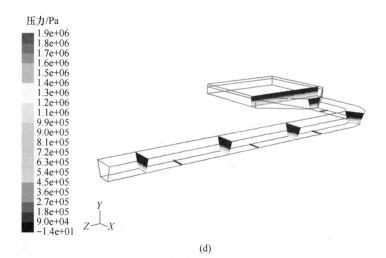

(d)

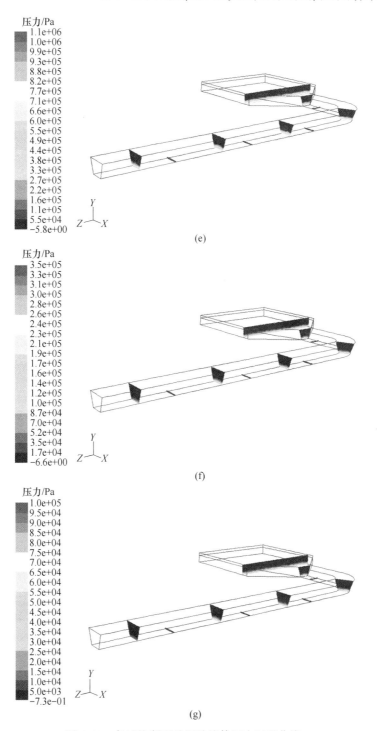

图 5.34 各过流断面处泥沙流体压力过程曲线

（a）10s；（b）30s；（c）140s；（d）360s；（e）1200s；（f）3600s；（g）4800s

倍多，而当泥沙流到达库区下游 4.0km 处时，冲击力最大冲击力已经下降到 0.9MPa 左右。这主要是因为泥沙流体在下游沟谷流动过程中受到自身阻力和外部阻力的综合作用，与试验结果也是相符的。

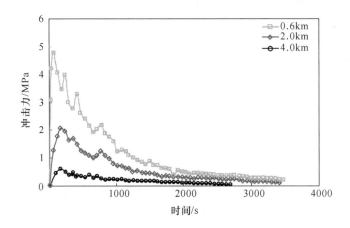

图 5.35　不同过流断面处泥沙流体压力过程曲线

5.5　溃决泥沙流冲高理论研究

5.5.1　泥石流冲高研究

泥石流在行进方向上与垂直于流速方向上的拦挡坝或障碍物相遇时，会骤然冲高，若障碍物不高时，泥石流就翻越过去，如若障碍物较高时，泥石流因受阻，将冲起后逐渐在障碍物前淤积、停止运动。若泥石流以平均流速 U_m 向前运动，根据动能与位能相互转化原理，忽略能量损失，可得冲高计算公式：

$$\Delta h_c = \frac{U_\text{m}^2}{2g} \tag{5.1}$$

由于上式的计算结果与现场实测结果偏小，故对上式进行了修正：

$$\Delta h_c = \frac{1.6 U_\text{m}^2}{2g} \tag{5.2}$$

若泥石流在运动过程中遇到较大反坡情况时，则泥石流在爬高过程中由于受到坡面阻力的作用，其爬高高程为：

$$\Delta h_c = \frac{\alpha U_\text{m}^2}{2g} \tag{5.3}$$

式中，α 为迎面坡度的函数。

综上可知，由于泥石流在运动过程中遇到弯道或拦挡建筑物的阻挡，会引起泥石流泥位深度增大，加重了灾害程度。而且随着泥石流流动速度的增加，泥浆在阻挡物处的淹没高度将进一步加大。

5.5.2　基于模型试验的泥沙流冲高研究

由于泥沙流在运动过程中突然遇到弯道或拦挡建筑物的阻挡，会引起泥石流骤然冲高，如若障碍物较高时，泥石流因受阻，将冲起后逐渐在障碍物前淤积、停止运动；若障碍物不高时，泥石流就翻越过去。由于一般情况下，溃决泥沙流在沟槽内的运动过程中遇到的拦挡建筑物一般较低，泥沙流体往往会翻越拦挡物而继续向前运动。现假定泥沙流以平均流速 U_0 向前运动，遇到拦挡建筑物后，泥沙流体的运动速度为 U_1，如若 U_1 的方向是垂直向上的，则可借鉴式（5.1）来计算泥沙流冲高高程。但众所周知，若泥沙流体翻越拦挡建筑物继续向前运动的话（见图 5.36），U_1 的方向必然会与水平方向呈一定的角度，假定该角度为 θ，则泥沙流体的流速可分解为沿水平方向的分量 U_{1h} 和沿垂直方向的分量 U_{1v}，而泥沙流体冲高高程所转化的位能仅是由泥沙流体垂向动能转化而致，与泥沙流体水平方向的速度分量无关，因此根据动能与位能相互转化原理，忽略能量损失，可得冲高计算公式：

$$\Delta h_c = \frac{U_{1v}^2}{2g} = \frac{U_1^2 \sin^2\theta}{2g} \tag{5.4}$$

式中，Δh_c 为泥沙流冲高高程，m；U_1 为泥石流冲起速度，m/s；g 为重力加速度，$g = 9.8\text{m/s}^2$；θ 为冲起速度与水平方向的夹角，(°)。

由式（5.4）可知，当 $\theta = 90°$ 时，即泥沙流冲起速度为垂直的，则式（5.4）可变换为式（5.1）。因此式（5.1）为式（5.4）的一种特殊情况。

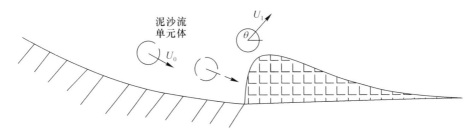

图 5.36　泥沙流单元体遇障冲起示意图

现以模型试验中单级拦挡坝高度为 0.04m 情况下库区下游 4.0m 断面的流速和冲高为例对式（5.4）进行验证，通过模型试验可知，在单级拦挡坝情况下，泥沙流到达库区下游 4.0m 处的拦挡坝时的冲起速度 $U_1 = 2.3\text{m/s}$，冲高为 0.16m，由于该试验布设的拦挡坝迎坡面角度为 45°，根据式（5.4）的计算冲高高程见表 5.2。

表 5.2　泥沙流冲高高程

计算条件	速度/m·s⁻¹	冲高/m	误差/%
模型试验测量值		0.16	—
式（5.4）计算值	2.3	0.14	12.5
式（5.1）计算值		0.27	68.7
式（5.2）计算值		0.43	168

5.6　溃决泥沙流能量突变机理研究

5.6.1　泥石流能量分析

在研究泥石流运动时，一般把整个泥石流流域视为一个开放的系统，系统与外界保持着密切的物质能量的交换。泥石流从形成到流动，直至停滞堆积等一系列过程中的能量转换、耗散均是通过泥石流体与外界相互作用的结果。因此，从能量的观点对泥石流运动机理的研究，不仅能解释运动力学方程中所不能解释的现象，而且能从泥石流内部的微观运动和流体中的大石块与浆体之间的相互作用以及泥石流体与外界的相互作用等方面来进一步深入探析泥石流运动特性。

对于任一流体微元的能量方程可表示如下：

$$\frac{\mathrm{d}}{\mathrm{d}t}\int_{\Omega}\rho\left(e + \frac{v^2}{2}\right)\mathrm{d}\Omega = \int_{\Omega}\rho Fv\mathrm{d}\Omega + \int_{S}p_n v\mathrm{d}S + \int_{S}K\frac{\partial T}{\partial \boldsymbol{n}}\mathrm{d}S + \int_{\Omega}\rho q\mathrm{d}\Omega \tag{5.5}$$

式中，Ω 为微元体体积；S 为界面面积；$\boldsymbol{n}$ 为界面的外法线单位矢量；ρ 为流体密度；e 为单位质量流体的内能；F 表示质量力的分布密度；p_n 为面力的分布密度；$\int_{S}K\frac{\partial T}{\partial \boldsymbol{n}}\mathrm{d}S$ 为单位时间内通过界面 S 时，由热传递传入的热量；q 为单位时间传给单位质量流体的热量。

在普通能量方程的基础上，倪晋仁[92]考虑泥石流体中各相的相互作用关系，建立了泥石流体中的固液各相能量守恒方程，各相间的相互作用由相间作用量相耦合。则泥石流固液两相流的能量基本方程描述如下：

$$\frac{\partial}{\partial t}\left[C_k\rho_k\left(e_k + \frac{1}{2}u_{ki}u_{ki}\right)\right] + \frac{\partial}{\partial x_j}\left[C_k\rho_k\left(e_k + \frac{1}{2}u_{ki}u_{ki}\right)u_{kj}\right]$$
$$= -\frac{\partial C_k q_{ki}}{\partial x_i} + \frac{\partial}{\partial x_j}(C_k\rho_{kij}u_{ki}) + C_k\rho_k g_{ki}u_{ki} + C_k Q_k + C_k E_k \tag{5.6}$$

式中，下脚 $k=1$，2 分别表示两相流中的固相或液相；ρ_k 为 k 相的密度，C_k 为 k 相的体积分数，$\sum_{k=1}^{2} C_k = 1$；e 为内能；q 为能量通量；Q 为体能源相；E 为碰撞源相；ρ_{kij} 为 k 相应力张量，由压力和切应力两部分组成。

根据众多实际观测资料和研究分析表明：泥石流体中浆体和固体颗粒的运动速度各不相同，存在着明显的差异，反映了泥石流在运动过程中浆体与固体颗粒的能量是有差异的。陈洪凯等人[101]基于上述流体能量方程分别建立了等效两相泥石流体颗粒拟流体和浆体的能量方程。

对颗粒拟流体的能量方程：

$$\frac{\partial}{\partial t}\left[\alpha\rho_s\left(e_s + \frac{v_{si}^2}{2} + \phi_s\right)\right] = \rho_s p_s v_{si} + \frac{\partial(\tau_{sij}v_{sj})}{\partial x_{si}} + F_s v_{si} + \frac{\partial}{\partial x_{si}}\left(\lambda\frac{\partial T_s}{\partial x_{si}}\right) + \rho_s q_s \tag{5.7}$$

对浆体而言的能量方程：

$$\frac{\partial}{\partial t}\left[(1-\alpha)\rho_f\left(e_f + \frac{v_{fi}^2}{2} + \phi_f\right)\right] = \rho_f p_f v_{fi} + \frac{\partial(\tau_{fij}v_{fj})}{\partial x_{fi}} + F_f v_{fi} + \frac{\partial}{\partial x_{fi}}\left(\lambda\frac{\partial T_f}{\partial x_{fi}}\right) + \rho_f q_f \tag{5.8}$$

式中，方程的左边表示体积为 Ω 的泥石流体的总能量，其改变率等于单位时间内各相质量力和黏性剪切应力所做功、相间作用力所做功和单位时间内传到的热能之和；e 为内能；ϕ 为势能；p 为流体分压力；τ 为黏性剪切应力；F 为浆体与颗粒拟流体之间的相互作用力；F_s 和 F_f 为相的砌体力。下脚 s，f 分别为固体颗粒拟流体和浆体。

5.6.2 泥沙流能量耗散机理研究

5.6.2.1 泥沙流运动能量损失方程

流体在沟谷中的能量损失主要包括沿程损失与局部损失两部分。沿程损失主要是由于流体具有黏性以及壁面粗糙的影响。而局部能量损失主要是由于流体流经弯道时，流体运动受到扰乱而产生压强损失。

沿程损失主要体现在流体的水头损失，可用水头损失方程来表示：

$$h_f = \lambda \, \frac{L}{d} \frac{v^2}{2g} \tag{5.9}$$

式中，λ 为沿程损失系数，对于层流流动，$\lambda = \dfrac{64}{Re}$；L 为流体流经长度；d 为流体流经管道的半径，在此处可近似为流体的水力半径；v 为流体流经该段的速度。

局部水头损失公式可表达为：

$$h_f = \zeta \, \frac{v^2}{2g} \tag{5.10}$$

式中，ζ 为局部损失系数。

5.6.2.2 溃决泥沙流运动能量耗散变化规律

泥沙流在流动过程中总是不断地克服各种阻力而消耗能量，因此，泥沙流在沟谷中的运动过程总是伴随着能量的消耗而越来越小，并且泥沙流总能量是泥沙流体高程 h_i 和流速 u_i 的函数，及泥沙流总能量总是随着泥沙流体高程 h_i 和流速 u_i 的变化而变化。根据试验过程中沟槽内溃决泥沙流体在各过流断面处的流速及相应的高程，可知单位质量泥沙流体所具有的能量为：

$$E_i = gh_i + \frac{u_i^2}{2} \tag{5.11}$$

现依托第 5.2 节模型试验及第 5.4 节数值模拟研究中泥沙流体各过流断面的流速和泥深高程，假定为泥沙流流通沟槽的端面为基准平面，通过测量各特征控制断面的泥沙流相对于基准平面的高度，可以得到单位质量的泥沙流此刻的位能，并测量其在各过流断面的流速，则根据式（5.11）计算得到各过流断面单位质量流体的能量大小。泥沙流在沟槽流动过程中的沿程能量变化规律，如图 5.37 所示。

从图 5.37 中可以看出，单位质量流体的能量随着流动距离的增大呈逐渐减小的趋势，减小趋势为非线性关系。单位质量的流体初始能量由势能决定，即泥沙流体相对于基准平面的高程，随着泥沙流体的逐渐流动，其位能逐渐转化为动能，动能在总能量中所占的比重也逐渐增大，而泥沙流体运动过程的总体能量总是逐渐减小。这说明泥石流在运动过程中，由于受到各种阻力的影响，其运动过程总伴随着能量的耗散。泥沙流体动能在进入弯道前逐渐增大，在弯道处由于受到强烈的冲击，消耗大量的能量，因此动能开始逐渐减小，这是因为在弯道处泥沙流受到沟岸的强烈阻碍，耗散很大一部分动能，其耗散的动能大于有泥沙流势能所转化的动能值，故泥沙流在弯道处的速度会减小，当泥沙流流出弯道

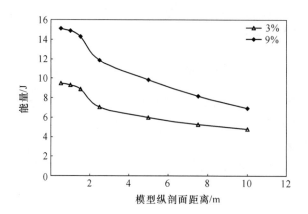

图 5.37 单位质量泥沙流能量沿程变化曲线

进入直道后，泥沙流的势能转化为动能的值大于其耗散值，故运动速度又逐渐增大。但泥沙流体系的总能量总是呈减小趋势。

5.6.2.3 泥沙流沿程能量耗散率分析

下面将就泥沙流在试验沟槽中的能量耗散率进行分析，定义泥沙流能量耗散率为单位质量流体在流动距离为单位位移情况下的能量损失量，即

$$\Delta\varepsilon = \frac{\Delta E}{mL} \tag{5.12}$$

式中，$\Delta\varepsilon$ 为能量耗散率，J/（kg·m）；ΔE 为泥沙流运动某段距离后的能量损失总量，J；m 为泥沙流体的质量，kg；L 为泥沙流运动距离，m。

依据上述的泥沙流在沟槽中运动的能量沿程变化规律，并采用式（5.12），可计算得到泥沙流体流动沟槽内相邻特征过流断面之间的能量耗散值，并整理成能量耗散率的变化规律曲线，计算结果如图 5.38 所示。

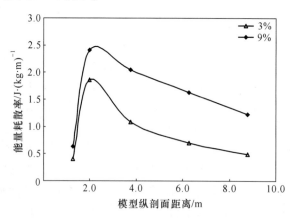

图 5.38 各特征断面间的泥沙流能量耗散值变化曲线

从图 5.38 可以看出，泥沙流在库区下游 1.5~2.5m 断面之间的能量耗散率最大，能量耗散率为 2.4，而在其余断面之间的能量耗散率相对较小，基本在 0.5~1.5 之间。这主

要是因为在库区下游 1.5~2.5m（现场为 600~1000m）区域内为一 90°弯道，当泥沙流流经该区域内时，泥沙流给予弯道两岸强烈的冲击作用的同时，弯道两岸给泥沙流体一个很大的反作用力，使泥沙流的流速瞬间减小，碰撞瞬间使泥沙流体的能量被迅速耗散。同时，弯道作用使泥沙流的流体发生明显变化，弯道对泥沙流的扰动导致泥沙流进入弯道前的层流变为了进入弯道后的紊流，泥沙流流态的变化也会大量消耗泥沙流体的能量。从能量的角度分析可知，泥沙流体携带的固体物质越多，其对沟岸的冲击与摩擦作用也就越明显。同时可以看出，泥沙流能量的沿程损失率远远小于局部能量损失率。了解了泥沙流沿程能量损失机理，对泥沙流灾害防治的研究举足轻重。例如，可在沟槽内修筑垂向拦挡设施或与沟槽主剖面形成一定角度的土坝，用以改变泥沙流的流态，增大能量耗散速度，以达到迅速减小泥沙流能量的目的。

5.7 泥沙流起动突变机理分析

尾矿库溃决泥沙流是矿山灾害的重要部分，也是矿山的重大控制性工程之一。在国内外由于尾矿库工程失效造成严重灾害的事例屡见不鲜[1,2]。从力学的角度分析，尾矿坝溃决泥沙体的运动情况是各种内力和外力共同作用的结果，因此，深入探讨泥沙流体的受力情况，从受力的角度切入，从而探析泥沙流体起动规律。泥沙流体的起动受多种因素的综合影响，并表现为非线性动力学机制，常规分析方法难以准确地对尾矿坝泥沙体起动做出评价，因而采用突变理论研究泥沙流起动特性显得极为重要。

5.7.1 突变理论简述

1972 年法国数学家雷内·托姆在《结构稳定性和形态发生学》一书中，明确地阐明了突变理论，宣告了突变理论的诞生。突变理论是用来研究不连续现象的一个新兴分支，其主要方法是将突变现象归纳到不同类别的拓扑结构中，讨论各类临界点附近的非连续性态特征，从而比较有效地解释光滑系统中可能出现的突变问题，突变理论特别适用于内部因素尚属未知系统的研究，即在即使不知道系统有哪些微分方程及如何解这些微分方程的条件下，仅在几个少数假设的基础上，用少数几个控制变量便可以预测系统的定性或者定量性态。

目前突变理论的应用方式可分为两类：一类是定量描述，主要用于"硬"科学，其方法是寻找一个势，与势相类似的函数或者分叉集有相同数学描述的系统，应用适当的数学手段或者技巧将其归结为某一类型。此类应用不仅能加深已有的认识，从较高的角度统一处理问题，往往能导致一些新的结果。另一类是定性分析，主要适用于生物、社会等"软"科学，即由观察到的特征现象如跳跃、滞后等设想一个初等突变模型，然后作数据拟合，看这个数学模型能否用来很好地解释观察到的现象，最后受启发而推理得出机理，导出一个物理模型。此类应用可使许多难以或者无法作数学处理的问题得到解决。

5.7.1.1 突变理论的基本概念

突变理论的主要数学原理是根据势函数把临界点分类，将各种领域的突变现象归纳到不同类别的拓扑结构中去，进而研究各种临界点附近非连续性态的特征，即为若干个数的初等变换，这样得到的认识与不连续现象的理论分析和观察资料相结合，建立数学模型，以便深刻地认识不连续现象的突变机理并作出预测。突变理论的数学基础相当宽厚，某些内容也很高深。对于以应用为目的的采矿工程学科而言，只需对其基本的数学概念和基本理论进行了解，下面对突变理论的相关内容进行简要介绍。

A　梯度动力系统

如果系统由 n 个状态变量 X_1，X_2，$\cdots$，X_n，m 个控制参数 C_1，C_2，$\cdots$，C_m 来描述，动力学方程可写为：

$$\frac{\mathrm{d}x_i}{\mathrm{d}t} = f_i(\{x_i\}, \{c_\alpha\}) \quad i, j = 1, 2, \cdots, n; \ \alpha = 1, 2, \cdots, m \quad (5.13)$$

方程左边可表述为一个势函数 $V(\{x_i\}, \{c_\alpha\})$ 的梯度，即：

$$\frac{\mathrm{d}x_i}{\mathrm{d}t} = -\frac{\partial V}{\partial x_i} \quad (5.14)$$

以上方程称为梯度动力学系统，系统的定态解可以由以下方程求得：

$$\frac{\partial V}{\partial x_i} = 0 \quad (5.15)$$

系统的定态解在相空间表现为奇点。突变理论就是利用势函数 $V(\{x_i\}, \{c_\alpha\})$ 来研究奇点 $(X_{10}, X_{20}, \cdots, X_{n0})$ 如何随控制参数 $(C_1, C_2, \cdots, C_m)$ 的变化以及 V 与 $\{x_i\}$，$\{c_\alpha\}$ 的拓扑不变关系的理论。

B　拓扑等价与结构稳定性

拓扑等价是拓扑空间之间的一种关系。两个拓扑空间 X 与 Y，如果它们同胚，即存在从空间 X 到 Y 上的一个同胚，即拓扑空间在任意同胚下保持不变的性质。在所有拓扑空间组成的类中，拓扑等价是自反的、对称的、可传递的二元关系。只要两个几何对象是拓扑等价的，经拓扑变化抽象后，它们的定性性质会保持不变即结构是稳定的。例如，对于一个动力系统，如果控制参数连续变化，它的相空间中点的数目以及吸引子和排斥子的性质不变，尽管奇点周围轨线的分布形状发生了变化，我们就认为它的结构没变，即变化前后是拓扑等价的。突变理论是在更一般的意义上来研究分支焦点集的拓扑结构不变性。

结构稳定性就是由相空间 M 中的向量场 X 给出的一个动力系统是结构稳定的。如果向量场受到一个小扰动 δx 后，系统的轨线 $\delta x + x$ 与未受扰动时系统的轨线 x 相互间定性（拓扑意义下）相同。判断一个系统结构是不是稳定的关键是看该系统的势函数在受到扰动后是否与原来未被扰动的势函数具有相同的结构。

C　Hessen 矩阵和余秩数

奇点的稳定性可由势函数的二阶导数来确定，势函数的极小值点为吸引子，极大值点为排斥子。这一结论对图 5.35 中的系统仍然适用。这就是说，势函数的梯度 $\nabla V = 0$ 确定了奇点，而奇点的性质由它的二阶偏导数矩阵来确定，即

$$V_{ij} = \frac{\partial^2 V}{\partial x_i \partial x_j} \quad i, j = 1, 2, \cdots, n \quad (5.16)$$

或者

$$\begin{bmatrix} \dfrac{\partial^2 V}{\partial x_1^2} & \dfrac{\partial^2 V}{\partial x_1 \partial x_2} & \cdots & \dfrac{\partial^2 V}{\partial x_1 \partial x_n} \\[2mm] \dfrac{\partial^2 V}{\partial x_2 \partial x_1} & \dfrac{\partial^2 V}{\partial x_2^2} & \cdots & \dfrac{\partial^2 V}{\partial x_2 \partial x_n} \\[2mm] \vdots & \vdots & \ddots & \vdots \\[2mm] \dfrac{\partial^2 V}{\partial x_n \partial x_1} & \dfrac{\partial^2 V}{\partial x_n \partial x_2} & \cdots & \dfrac{\partial^2 V}{\partial x_n^2} \end{bmatrix} \tag{5.17}$$

式（5.17）称为 Hessen 矩阵。若 Hessen 矩阵的行列式 $\det V_{ij} \neq 0$，则由 $\nabla V = 0$ 确定的奇点称为孤立奇点。Hessen 矩阵是对称的，经过一定的线性变换（如正交变化）可以化为对角矩阵，对角矩阵元 ω_1，ω_2，$\cdots$，ω_n 是 Hessen 矩阵的特征值。奇点与控制参数有关，故特征值也是控制参数的函数。如果在控制参数 c_1，c_2，$\cdots$，c_n 取某些特征值时，特征值 ω_i（$i=1$，2，$\cdots$，l）为零，这时 Hessen 矩阵就是不满秩矩阵，即 $\det V_{ij} = 0$，这时由 $\nabla V = 0$ 和 $\det V_{ij} = 0$ 确定的奇点是非孤立奇点或 Morse 奇点，l 是 Hessen 矩阵的余秩数，Hessen 矩阵的秩为 $n-l$。

势函数 $V(\{x_i\}, \{c_\alpha\})$ 可以在奇点附近按泰勒级数展开，假定奇点取在相空间原点，这样展开式中的常数项可以取为零值，由奇点的定义一阶偏导数项 ∇V 也为零，于是有

$$V(\{x_i\}, \{c_\alpha\}) = \sum_{i=1}^n \omega_i^3 + \text{高次项} \tag{5.18}$$

上式假定已通过线性变换把 Hessen 矩阵化为对角形。如果 Hessen 矩阵的秩为 n，则奇点的性质完全由 Hessen 矩阵的特征值 ω_i 来决定，高次项不起作用。这时的函数称为 Morse 势，它是结构稳定的。如果 Hessen 矩阵的秩为 $n-l$，则有 $\omega_1 = \omega_2 = \cdots = \omega_l = 0$，二阶偏导数不能决定状态变量 ω_1，ω_2，$\cdots$，ω_l 的奇点特性，必须考虑势函数对它们的三阶偏导数。这样，对于余秩数为 l 的 Hessen 矩阵，可以把势函数分为 Morse 部分和非 Morse 部分，即

$$V \approx V_{NM}(x_1, x_2, \cdots, x_l) + \sum_{i=l+1}^n \omega_i x_i^2 \tag{5.19}$$

式（5.19）第二部分是孤立奇点对应的 Morse 部分，V_{NM} 是非孤立奇点对应的非 Morse 部分。显然，V_{NM} 是泰勒级数展开式中关于 x_1，x_2，$\cdots$，x_l 的三次项，如果势函数对它的三阶偏导数为零就去考虑四次项，依次类推。结构不稳定性只局限于状态变量 x_1，x_2，$\cdots$，x_i，其余状态变量 x_{l+1}，x_{l+2}，$\cdots$，x_{l+n} 均与函数的性质无关，因而可以忽略。以上的部分为剖析引理，它将函数剖析分成 Morse 部分和非 Morse 部分，同时也将状态变量剖析分为两部分，与结构稳定性有关的实质性变量和与之无关的非实质性变量，并且在分析突变类型时可以将第二部分略去。由此可见，可能出现的突变类型的数目不取决于状态变量的数目，而取决于实质性变量的数目 l，即取决于 Hessen 矩阵的余秩数。

D 万能扩展

式（5.19）中 V_{NM} 是突变的生成项，它是结构不稳定的，添加一些项使其变为结构稳定函数，这个添加过程称为扩展。

以 $V_{NM} = x^4$ 为例，为了判断它是否稳定，可以和被扰动的多项式 $\bar V(x) = x^4 + \alpha x^m$ 相比较，V_{NM} 有三重零点。如对 $\bar V(x)$ 求导数则有：

$$\bar{V}'(x) = 4x^3 + \alpha m x^{m-1} \tag{5.20}$$

$$\bar{V}''(x) = 12x^2 + \alpha m(m-1)x^{m-2} \tag{5.21}$$

如果 $m=3$，无论 α 为正还是负，$\bar{V}(x)$ 在 $x=0$ 处有一个拐点，在 $x=-3\alpha/4$ 处有极小值。如果 $m=2$，当 $\alpha<0$ 时，$\bar{V}(x)$ 在 $x=0$ 处有极大值，而在 $x=\pm\sqrt{-\alpha/2}$ 处有极小值。如果 $m=1$，$\bar{V}(x)$ 在 $x=\sqrt[3]{-\alpha/4}$ 处有极小值。其次，当 $m=5$ 时，$\bar{V}(x)$ 在 $x=-4\alpha/5$ 处有临界点。从扰动的意义来说，当 α 为任意小时，若外加的临界点位于未扰函数临界点的 α 领域内，同时临界点的配置相同，则该函数是结构稳定的。

在 $x^4+\alpha x^m$ 的例子中，当 $m=5$ 时，临界点为 $x=-4\alpha/5$，α 任意小使临界点远离原点。可见，x^4 不是结构稳定的函数。同样，对 $m=2$ 时的函数 $x^4+\alpha x^m$ 也不是结构稳定的。

如把 x^4 扩展为：

$$W(x) = x^4 + ax^3 + bx^2 + cx + d \tag{5.22}$$

其一阶和二阶导数分别为：

$$W'(x) = 4x^3 + 3ax^2 + 2bx + c \tag{5.23}$$

$$W''(x) = 12x^2 + 6ax + 2b \tag{5.24}$$

显然，在临界点 x_0 处 $W''(x) \neq 0$，所以由 $W'(x)=0$ 确定的临界点 x_0 的性质（极大、极小或拐点）完全由 $W'(x)=0$ 的符号决定，勿须考察高阶导数，因此高于四次的扰动函数不会影响 $W(x)$ 的定性特性，即 $W(x)$ 是结构稳定的，因为外加五次项或者高次项不会影响到它的类型，而且没有更低次项可供添加。$W(x)$ 是 x^4 的结构稳定扩展，结构稳定的扩展称为完全扩展。

其实不必添加所有的低次项就能获得一个结构稳定的扩展。只要通过变量代换和坐标平移就可以把 $W(x)$ 中的三次项和常数项消去，得到

$$V(x) = x^4 + ux^2 + vx \tag{5.25}$$

$V(x)$ 也是 x^4 的一个完全扩展，它同 $W(x)$ 是拓扑等价的，即在函数 $W(x)$ 中遇到的所有类型也都出现在函数族 $V(x)$ 中，因此 $V(x)$ 也是结构稳定的，但 $V(x)$ 只有两个扩展参数 u 和 v。我们把扩展参数个数最少的完全扩展成为万能扩展。

E　余维数

万能扩展需要参数的数目等于余维数，因此，余维数是一个重要的概念。其定义为：几何对象的维数与所在空间的维数之差，称为几何对象的余维数，它表示描述几何对象所需的方程数目。例如，在三维空间的二维曲面（几何对象），它的余维数为 1，需要 1 个方程来描述；在三维空间的一维曲线，其余维数为 2，需要 2 个方程；在三维空间的零维的点需要 3 个方程，其余维数为 3。

余维数有两个重要的性质。其一是剖分性，不论几何对象的维数是多少，只有当它的余维数为 1 时才能将它所在的空间分为两个不同的部分。如一个点剖分一条直线，一条直线剖分一个面，一个面剖分一个立体。其二是不变性。在讨论剖分定理时指出，一个势函数的状态变量可以分为实质性与非实质性的两部分，如果忽略去非实质性部分，则对象的维数与所在的空间维数均可以同时减少同样的数目，因而余维数是不变的。例如，三维空间中一条曲线的余维数为 2，假如我们忽略了 z 坐标，曲线变为 xoy 平面中的交点，其维数为 0，但余维数仍然为 2。

以 $V_{NM}=x^4$ 为例说明其余维数为万能扩展参数的数目。该函数的奇点 $\dfrac{\partial V_{NM}}{\partial x}\Big|_{x=x_0}=4x_0^3=0$，

因此在 $x=x_0$ 处有 $\dfrac{\partial^2 V_{NM}}{\partial x^2}=\dfrac{\partial^3 V_{NM}}{\partial x^3}=0$，由此确定的参数值的子集是一个余维数为 2 的几何对象，因此它由 2 个方程给出。所以 x^4 的万能扩展需要 2 个扩展参数。由此可知，势函数本身的余维数等于万能扩展中参数的数目。假设一有 1 个状态变量的系统，它的 Hessen 矩阵的秩恒为零，这就意味着它的每一个矩阵元都为零，即

$$V_{ij}=\frac{\partial^2 V}{\partial x_i \partial x_j}=0 \qquad (i\le 1,\ j\le l) \tag{5.26}$$

因此，共有 l^2 个方程。但由于 Hessen 矩阵的对称性 $V_{ij}=V_{ji}$，独立方程的数目为 $l(l+1)/2$，因此其最小余维数也等于 $l(l+1)/2$。如果 $l=1$，式（5.26）给出唯一的一个方程为 $\dfrac{\partial^2 V}{\partial x^2}=0$，其余维数最小也是 1。如果 $l=2$，可以得到 3 个方程，

$$\frac{\partial^2 V}{\partial x_1^2}=\frac{\partial^2 V}{\partial x_2^2}=\frac{\partial^2 V}{\partial x_1 x_2}=0 \tag{5.27}$$

余维数为 3，因而至少需要 3 个扩展参数。事实上，l 就是 Hessen 矩阵的余秩数，也是实质性状态变量的个数。这样，对于余秩数为 l 的系统至少需要 $l(l+1)/2$ 个扩展参数。当前有 3 个实质性状态变量时，即 $l=3$，余维数为 $l(l+1)/2=6$，因而至少需要 6 个扩展参数。由此反推，当扩展参数不多于 5 时，实质性状态变量不会多于 2。

5.7.1.2 基本突变类型

任何一个系统，其状态总要保持平衡，系统由一个平衡状态跃变（而不是渐变）到新的平衡状态时就发生了改变。这一过程的全貌可通过一光滑的平衡曲面来描述。突变理论所研究的就是描述这种突变过程的所有可能的平衡曲面。千差万别的突变现象，以它们的平衡曲面来划分，可以归结为若干基本的类型。Thom 经过数学推导证明了渐变的控制因素（控制空间）所产生的突变行为（状态空间），在控制空间不超过 4 维的情况下，自然界的各种形形色色的初等突变可以归结为 7 种基本突变类型，见表 5.3。

表 5.3　7 种基本突变类型

突变类型	状态变量数目	控制变量数目	势 函 数	平衡曲面方程
折叠型	1	1	x^3+ux	$3x^2+u=0$
尖点型	1	2	x^4+ux^2+vx	$4x^3+2ux+v=0$
燕尾型	1	3	$x^5+ux^3+vx^2+\omega x$	$5x^4+3ux^2+2vx+\omega=0$
蝴蝶型	1	4	$x^6+tx^4+ux^3+vx^2+\omega x$	$6x^5+4tx^3+3ux^2+2vx+\omega=0$
双曲脐型	2	3	$x^3+y^3+\omega xy+ux+vy$	$3x^2+\omega y+u=0$ $3y^2+\omega x+v=0$
椭圆脐型	2	3	$x^3-xy^2+\omega(x^2+y^2)+ux+vy$	$3x^2-y^2+2\omega x+u=0$ $-2xy+2\omega y+v=0$
抛物脐型	2	4	$y^4+x^2y+\omega x^2+ty^2+vy+ux$	$2xy+2\omega x+u=0$ $4y^3+x^2+2ty+v=0$

5.7.1.3 尖点突变类型

在突变理论中将可能出现的变量称为状态变量或者内部变量，把引起突变的起因变量（通常是连续变化因素）称为控制变量。矿柱，特别是连续的高长矿壁属于典型的脆性材料，其失稳破坏过程具有突然性，因次突变理论可以很好预测矿柱的失稳破坏。尖点突变，Thom 又称作为 Rienan-Hugonioc 点突变，是 7 种基本突变中最为常见，应用也最为广泛的一种突变型式。其势函数为：

$$V(x) = x^4 + ux^2 + vx \tag{5.28}$$

式中，x 为状态变量；u，v 为控制变量。

对式（5.28）进行一阶求导，得平衡曲面 M 的方程：

$$\frac{\partial V(x)}{\partial(x)} = 4x^3 + 2ux + v = 0 \tag{5.29}$$

平衡曲面 M 在 (x, u, v) 相空间中的图形为一具有褶皱的光滑曲面，如图 5.39 所示。它由上、中、下三叶构成，其中上、下两叶是稳定的，中叶是不稳定的，无论 u，v 沿着何种途径变化，相点 (x, u, v) 都只是在上叶或者下叶平稳的变化，并且在其达到该叶的褶皱边沿时产生突跳而跃过中叶。因此相点由上叶向下叶或者下叶向上叶的变化中，必然有一个突变过程，系统处于不稳定的状态，故而所有在平衡曲面上有竖直切线的点就构成状态的突变点集（即奇异点集）S，其方程为：

$$\frac{\partial V^2(x)}{\partial^2(x)} = 12x^2 + 2u = 0 \tag{5.30}$$

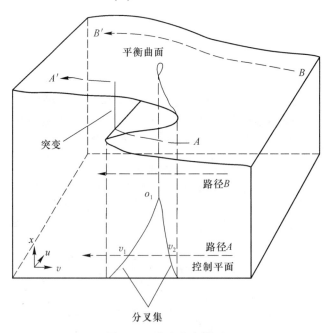

图 5.39　尖点突变模型

奇异点集在控制变量 (u, v) 平面上的投影构成分叉集 Q（见图 5.40），它是所有使得状态变量产生尖点突变的点的集合，其方程表达式为：

$$8u^3 + 27v^2 = 0 \tag{5.31}$$

系统的平衡曲面方程式（5.31）为一个三次方程，它的实根为一个或者三个，其判别式为：

$$\Delta = 8u^3 + 27v^2 \tag{5.32}$$

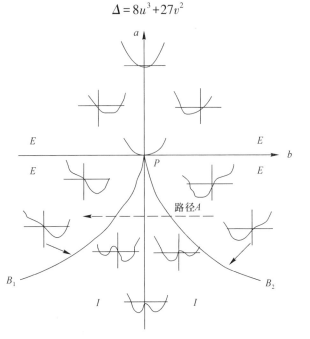

图 5.40 尖点突变参数平面图

当 $\Delta > 0$ 时，仅有一个实根（另两个为复根）；当 $\Delta = 0$ 时，有 3 个实根，当 $u = v = 0$ 时，有 3 重零根，当 $uv \neq 0$ 时，两个相同的实根；当 $\Delta < 0$ 时，有 3 个相异的实根。于是可在 uv 平面上各区域中 $V(x)$ 的图形，如图 5.40 所示。由判别式（5.32）所确定的分叉集 Q 的曲线是一条半立方抛物线。分叉集 Q 把控制平面分为 E 和 I 两个区域，在区域 E 中，$\Delta > 0$，系统是稳定的；在区域 I 中，$\Delta < 0$，系统有 3 个平衡点，其中两个稳定，一个不稳定。三维空间的坐标分别为控制变量 u、v 和状态变量 x（垂直坐标），从 B 点出发，随着控制参数的连续变化，系统状态沿路径 B 演化到 B'（见图 5.39），状态变量连续变化，不发生突变（$V > 0$）；而从 A 点出发沿路径 AA' 演化（见图 5.39），当接近折叠翼边缘时，只要控制参数有微小的变化，系统状态就会发生突变，从折叠翼的下叶跃迁到折叠翼的上叶。

对于下面将要研究的泥沙体的起动其实质即为状态变量 x 突然增大引起泥沙流体突然由静态跳跃到动态的过程，路径 A 代表泥沙流体的突变演化过程，随着状态变量 x 发生变化而变化。当状态变量跨越分叉集时，泥沙流体系统发生质变，从静态骤变到动态。通过上述分析并结合前人归结的相关成果，可以归纳出尖点突变基本特点主要为：多模特性、不可达性、突跳性、发散性、滞后性。

（1）多模态性。参数空间的一个点可以对应系统多重定态解，其中有的是渐稳定的（吸引子），有的是不稳定的（排斥子）。只有多重定态解存在，系统才可能在渐近稳定的定态解之间跃迁，这样才会有突变出现。而多重定态解存在的真正根源是系统的非线性，所以突变只有在非线性系统中才会发生。

（2）不可达性。在多重定态解中，必有不稳定的定态解存在，实际的系统不可能达到不稳定的定态解，是突变的原因之一，否则，在任何情况下系统的状态都可以连续变化。

（3）突跳性。如果系统具有上述两个性质，就会有突变发生，即控制参数的连续变化可以导致系统从势函数的一个极小值突跳到另一个极小值。发生突跳的位置与涨落的大小有关。如果涨落很小，近似遵从拖延规则，突跳发生在分支点集的领域；如果涨落很大，遵从 Maxwell 规则，系统会寻求势函数的全局最小值。

（4）发散性。对所有突变点集而言，控制变量及其微小的变化都可能导致状态变量的巨大变化（突跳），习惯上把这种性质称为突变的发散性。

（5）滞后性。系统的状态从平衡曲面上叶跃迁到下叶（或从下叶跃迁到上叶）后，当控制变量沿原路径返回时，系统的状态并不沿原路径返回，这称为突变的滞后性。没有突变发生就不会出现这种滞后，没有突变发生，当控制变量沿原路径返回时，状态变量也沿原路径返回。

5.7.2　尾矿库溃决泥沙体起动的尖点突变模型

5.7.2.1　泥沙体起动的判别准则

静止的泥沙体在沟谷中的运动与否，主要体现在泥沙体的受力方面。根据土力学理论，中国科学院成都山地灾害与环境研究所崔鹏[159]研究员对泥沙体受力情况进行了分析得到，位于一定坡度的沟谷中静止的泥石体，其自身处在一定的应力场中，且同时具有一定的势能，同时受到以重力分力为主的沿沟谷斜面向下促使运动的牵引力τ_d以及泥石流黏结力与沟床摩擦作用为主的阻碍泥石流体流动的阻力τ_f共同作用。图 5.41 所示为泥沙体受力示意图。

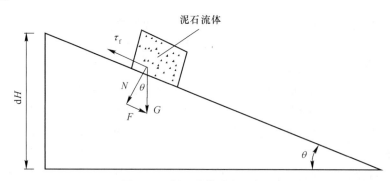

图 5.41　泥石流体受力示意图

简单分析可得促使泥石流体运动的牵引力$\tau_d \doteq F = G\sin\theta$，而阻碍泥石流体运动的阻力$\tau_f = \tau_0 + f_s$（式中，$f_s$为摩擦阻力，$f_s = N \cdot n_s = G\cos\theta \cdot n_s$；$n_s$为摩擦系数；$\tau_0$为泥石流黏结力）。如果$\tau_d > \tau_f$，则泥沙流体就处于运动状态，当$\tau_d < \tau_f$时，则说明泥石流体所受合力不能推动泥沙体运动，泥沙体处于静止状态。

掌握泥石流体运动机理，对深入认识泥石流灾害具有举足轻重的作用。本节利用突变理论对尾矿库泥沙体状态的突变过程进行研究，从内部认识泥沙体的起动突变机制。

从上述理论可得到泥沙体状态的判别准则为：

$$f(\theta) = \tau_{\mathrm{d}} - \tau_{\mathrm{f}} \tag{5.33}$$

式中，τ_{d} 为促使泥石流体运动的牵引力，N；τ_{f} 为阻碍泥石流体运动的阻力，N。

5.7.2.2 突变的势函数

根据上述分析可知，泥沙体的起动是由促使泥石流体向下运动的牵引力 τ_{d} 与阻碍泥石流体运动的阻力 τ_{f} 二者共同作用的结果，分析 τ_{f} 可得：

$$\begin{cases} \tau_{\mathrm{f}} = \tau_0 + f_{\mathrm{s}} \\ f_{\mathrm{s}} = N \cdot n_{\mathrm{s}} = G\cos\theta \cdot n_{\mathrm{s}} \end{cases} \tag{5.34}$$

当泥沙体与沟槽糙率一定时，可得泥石流黏结力 τ_0 与摩擦系数 n_{s} 为常数，故可知，泥石流运动与否取决于沟谷坡度 θ 的大小。因此泥石流状态判别准则其实是沟谷坡度 θ 的函数。可得：

$$V(\theta) = G\sin\theta - (\tau_0 + G\cos\theta \cdot n_{\mathrm{s}}) \tag{5.35}$$

式中，n_{s} 为摩擦系数；τ_0 为泥石流黏结力；θ 为沟谷坡度；G 为泥石流重量。

将式（5.35）展开为 θ 的泰勒级数，保留到 θ 的四次项，并略去无关紧要的高阶项。则有：

$$G\sin\theta \sim G\left(\theta - \frac{\theta^3}{6}\right) \tag{5.36}$$

$$\tau_0 + G\cos\theta \cdot n_{\mathrm{s}} \sim \tau_0 + G\left(1 - \frac{\theta^2}{2} + \frac{\theta^4}{24}\right) \cdot n_{\mathrm{s}} \tag{5.37}$$

将式（5.36）和式（5.37）代入到式（5.35）中，可以得到：

$$V(\theta) \sim a_0 + a_1\theta + a_2\theta^2 + a_3\theta^3 + a_4\theta^4 \tag{5.38}$$

其中

$$a_0 = -\tau_0 - Gn_{\mathrm{s}}, \quad a_1 = G, \quad a_2 = \frac{1}{2}Gn_{\mathrm{s}}, \quad a_3 = -\frac{1}{6}G, \quad a_4 = -\frac{1}{24}Gn_{\mathrm{s}}$$

然后令：

$$\theta = \varphi - \frac{1}{n_{\mathrm{s}}} \tag{5.39}$$

将式（5.39）代入式（5.38），可略去其中的 φ 三次项。同时略去不含 φ 的项，略去常数项，不会改变 $V(\varphi)$ 函数的性状。经整理可得：

$$V(\varphi) \sim \frac{G}{3n_{\mathrm{s}}^3}\varphi - \left(\frac{Gn_{\mathrm{s}}}{2} + \frac{G}{4n_{\mathrm{s}}}\right)\varphi^2 + \frac{Gn_{\mathrm{s}}}{24}\varphi^4 \tag{5.40}$$

令 $x = \sqrt[4]{\dfrac{Gn_{\mathrm{s}}}{24}}\varphi$，则式（5.40）可简化得到以 u, v 为控制变量，以 x 为状态变量的标准尖角（CUSP）型突变模型（势函数）：

$$V(y) \sim vx + ux^2 + x^4 \tag{5.41}$$

其中

$$u = -\left(\frac{Gn_{\mathrm{s}}}{2} + \frac{G}{4n_{\mathrm{s}}}\right)\sqrt{\frac{24}{Gn_{\mathrm{s}}}} \tag{5.42}$$

$$v = \sqrt[4]{\frac{8G^3}{27n_{\mathrm{s}}^9}} \tag{5.43}$$

式中，v，u 依赖于 n_s，G。

则系统的平衡曲面为势函数的一阶倒数等于零的曲面：

$$V'(x) = v + 2ux + 4x^3 = 0 \tag{5.44}$$

式（5.44）属于标准的尖点突变类型平衡方程，其中 x 为状态变量，u，v 为控制变量，控制变量 u，v 是由泥石流所受重力以及阻力控制参数由泥石流泥深与沟床特征共同决定。

分叉集的方程为：

$$8u^3 + 27v^2 = 0 \tag{5.45}$$

沿着两个控制变量 u，v 的分歧曲线如图 5.42 所示，它是一半立方抛物线，尖点在 (0, 0) 处，突变点集将控制平面划分成两个区域：一个区域（较小的）内，系统有三个平衡点，其中两个是稳定的，一个是不稳定的；在另一个区域（较大的）内，则仅有一个稳定的平衡点。在突变点集上的 u，v 点对应于系统有两个平衡态，一个稳定，一个不稳定。如果控制变量 u，v 在平面上缓慢变化，只要 u，v 移动时不跨越突变点集，系统的稳定性就不会发生性质上的变化；跨越突变点集时，系统性能发生突跳。体现在数学判别式上为：$\Delta = 8u^3 + 27v^2$，当 $\Delta > 0$ 时，泥沙体处于静止状态，当 $\Delta \leqslant 0$ 时，泥沙体发生突变，由先前的静止状态跳跃到运动状态。在 u，v 控制平面上，只有当 $u < 0$ 时，泥沙流系统才跨越突变点集（即奇点集）。

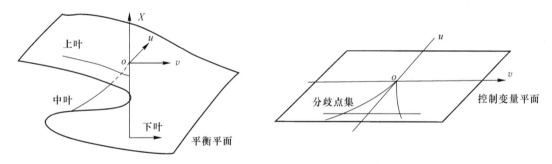

图 5.42 尖角型（CUSP）突变模型的平衡曲面和控制平面

由分叉方程 $8u^3 + 27v^2 = 0$ 可知，当 $u = 0$ 时，尖角突变的平衡方程有三重根，即：$x_1 = x_2 = x_3 = 0$；当 $u > 0$ 时，平衡方程没有根；当 $u < 0$ 时，平衡方程有三个实根，于是泥沙流系统跨越突变点集的状态变量 x 发生突变。突变示意图见图 5.43。

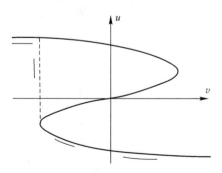

图 5.43 跨越分歧点集的突变

由式（5.42）、式（5.43）和式（5.45）可得：

$$27\left(\frac{8G^3}{27n_s^9}\right)^{1/2} - 8\left[\left(\frac{Gn_s}{2} + \frac{G}{4n_s}\right)\sqrt{\frac{24}{Gn_s}}\right]^3 < 0 \tag{5.46}$$

从突变流型曲线可以看出，泥石流起动与否，取决于泥石流所受的动力和阻力的对比关系，这也符合泥石流起动特征。对于所建立的泥沙起动模型，只有在重力和糙率满足条件式（5.46）时，才是结构不稳定的，才有可能由一个平衡状态突变到另一个平衡状态。

5.8 本章小结

以秧田箐尾矿坝溃决泥沙流体为研究对象，对库区下游修筑拦挡坝后对溃决泥沙流流动特性的影响规律以及对冲击力的缓冲效应进行了研究，并对拦挡坝工程的防护机理进行了分析。结合前人的理论研究成果和模型试验的结论，对基于拦挡坝工程的溃决泥沙流体能量耗散机理进行系统的分析，并对泥沙流冲击拦挡坝后的冲起高度进行深入探讨。最后运用尖点突变理论，对泥沙流体的沉积与起动机理进行了分析，建立了基于力学理论的泥沙流体起动力学模型系统，对泥沙流体的起动条件和机理进行深入研究。主要得到如下结论：

（1）泥石流拦挡坝高度直接决定了其对泥石流的拦挡效果，它是影响泥石流拦挡泥沙数量的决定性因素，它的高低决定了拦挡坝的库容，也同时直接影响着冲向下游的泥沙量。随着拦挡坝高度的增加，尾矿库溃决泥沙流到达库区同一特征过流断面处的最大淹没高度逐渐降低，泥沙流到达下游同一过流断面处的时间也逐渐延后，同时，泥浆对下游构筑物的冲击力也呈逐渐减小趋势，且拦挡坝的高度与泥深峰值以及冲击力峰值之间基本呈线性关系。

（2）尾矿坝溃决泥沙流拦挡坝工程中拦挡坝的作用不在于能完全拦挡住泥石流，而是尽可能地耗散泥沙流能量，减小流动速度，降低冲击力。同时，泥沙流在拦挡坝处会形成一个向上游传播的负波，拦挡坝的高度越高，形成的负波坡度也越大，因此负波传播的区域内，泥浆的淹没高度较未设置拦挡坝情况要高。

（3）在库区下游修筑多级拦挡坝，可明显降低下游区域的泥深最大淹没高度、冲击力大小以及到达时间，是减小下游淹没范围，减弱下游灾害程度的一个最直接最有效的措施。布设多级拦挡坝情况下的泥沙流冲击力时程曲线与布设单级拦挡坝情况时的冲击力过程曲线形态近似，都表现为前端较陡，后端相对平滑，冲击力峰值出现在泥沙流龙头段，而后迅速减小，且都出现了较为明显的拖尾现象。

（4）伴随着尾矿坝拦挡坝级数的增多，泥浆到达下游同一过流断面处的流动速度相应减小。同时，溃决泥沙流越往库区下游流动，拦挡坝对其流速的影响也就越大，可见，拦挡坝对泥沙流流速的影响程度随着泥沙流体流动距离的增大在不断被强化。

（5）通过 FLUENT[3D]流体计算软件采用有限单元法分析了多级拦挡坝工程影响下的尾矿坝溃决泥沙流的流场、压力场分布规律，得到了与试验结果基本吻合的流速、冲击力以及冲高高程的演化规律。

（6）基于能量理论的流体力学分析方法在研究泥沙流运动、动力学方面提供了简便可行的理论基础和框架，利用能量理论建立了尾矿坝溃决泥沙流体在遇到与泥沙流运动方向垂直的拦挡建筑物后的冲高数学模型，并对泥沙流体在行进过程中的能量耗散机理进行了分析。运动边界条件的改变是泥沙流体发生能量突变的前提。

（7）基于突变思想，建立了尾矿库溃决泥沙流体起动的力学模型系统，得出了泥沙流起动的势函数，并根据尖点突变理论建立了泥沙流体起动的尖点模型，从力学的角度运用尖点突变理论对泥沙流起动的机理进行分析，得到了泥沙流起动的充要条件。

值得说明的是，将突变理论引入到尾矿坝溃决泥沙流的研究中来，定量地分析了泥沙流体沉积与起动的力学状态对分析尾矿坝溃决泥沙流具有重要的影响，但由于尾矿库溃决泥沙流的研究还是初步的，有待于进行深入的研究。

6 尾矿库（坝）监测技术与 溃决泥沙流灾害防治措施

由于对尾矿库的研究起步较晚，重视程度较低，因而相关的研究成果和理论还远未成熟。关于尾矿库溃决泥沙流动特性的研究文献鲜有报道，而在尾矿库溃决泥沙流灾害防治领域的研究更是一个空白，但是有关泥石流灾害防治方面的研究相对较成熟，因此，在本书研究成果基础之上，借鉴泥石流防治措施，提出了尾矿库溃决泥沙流灾害的相应预防措施，为尾矿库灾害防治工程提供一些参考。

6.1 泥石流防治概况

泥石流治理指导基本原则是：避让、排导、拦挡及综合治理。避让（避绕和让位），就是避开或绕开泥石流沟和泥石流危险区，或是设计大跨度构筑物，让泥石流通过它。这种指导思想在线路工程中（公路、铁路）用得较广泛，在矿山泥石流治理中，这两种情况很少出现。排导，这是在线路工程中，无法避让的情况下但又必须通过某一泥石流区时，设计泥石流构筑物将泥石流排到非危险区的工程措施。这种指导思想在宝成铁路建设过程中用得较多。拦挡，是前两种方法无法实现或很难实现时使用的，这是下策。但在这种拦挡工程应用十分广泛、有效。综合治理，是在某一泥石流流域内进行总体规划、通盘考虑的指导思想。从长远的角度看，这是一种必须的防治法。

泥石流防治的基本方法有生物工程措施、岩土工程措施、泥石流预警措施。生物工程措施是泥石流防治的一项长期的治理方法，见效慢，但它的影响非常深远，生态环境主要指自然生态环境，一旦恶化，不可能在短期内得到恢复，需要数十年甚至几十年的时间。岩土工程措施是泥石流防治的短期行为，见效快，在泥石流防治中应用非常广泛，也是泥石流防治工程首先考虑的工程措施。泥石流预警措施是泥石流灾前的预防方法，它只能使某项灾害的损失减少到最低程度。它不能算是真正意义上的防治措施，只能算是预防措施。

而在上述泥石流防治的基本方法中，岩土工程措施是泥石流防治的一种重要方法。泥石流岩土工程防治措施主要有：拦渣工程措施、淤积平台、排导工程和渡槽工程。其主要功能有：（1）拦砂截流，减小泥石流流速、容重与规模；（2）抬高局部沟段的侵蚀基准，护床固坡；（3）减缓回淤段沟床坡降，使泥石流冲刷和冲击力减小，减轻沟床侵蚀，抑制泥石流发育；（4）坝下游冲刷力增大而有利输沙，对泥沙淤积和沟道演变起调节作用。鉴于矿山泥石流的特点，前两者用得较多，后两者在线路工程中用得较广泛。

泥石流拦渣工程是防治泥石流的一项主要工程措施。它是修建在泥石流沟上的一种横向拦挡建筑物，主要为利用拦挡坝或格拦坝抑制泥石流发生，拦截水动力源，阻滞泥沙输移、减势、稳定沟床及减轻两岸侵蚀[1,2]，常是泥石流综合防治的先导工程，有见效快、使用时间短的特点。用于泥石流防治的拦渣坝和用于水利水电工程的蓄水坝，虽然同属于横断沟床的拦挡建筑物，但无论在使用目的和结构功能方面都有许多不同之处，主要表现在以下几个方面：（1）功能不同，前者是为了拦沙，后者是为了拦水；（2）作用的荷载不同；（3）坝库回淤的方式不同；（4）流体过坝的破坏作用不同；（5）坝下游冲刷强度与效能方式不同。

泥石流拦渣工程必须透水性要大，坝体坚固性要强，流水面防磨性要高，使用寿命要长。总的目的是削弱泥石流，控制泥石流，是配合综合治理泥石流的重要措施。泥石流拦渣坝的类型繁多，可以从几何形体、结构形式、受力状态、建筑材料、透水性能作用和施工方法等方面来分类，见表 6.1。

表 6.1 拦渣工程分类表

分类	拦渣类型	特征及效用
几何形式	平面形坝 立体形坝	结构简单，不宜过高，省材料，效用小 结构复杂，越高越费材料，效用大
结构形式	实体坝、轻型坝、格拦坝、混凝土结构坝、梁式坝、桥式坝、拱形坝、桩林坝、钢索坝、框架坝、笼装石坝、堆砌坝、桩基坝等	坝型随地形、地质、时间、地点、效用与经济能力、施工技术水平而定，与泥石流危害有关，一般以防冲、耐用、经济实惠为准
使用材料	土坝、石坝、坞工坝、混凝土坝、钢筋混凝土坝、金属坝、混合材料坝、木料坝、铁丝笼坝、竹笼坝	就地取材、经济耐用、经济实惠、施工方便
受力状态	刚性坝、柔性坝、拱坝、重力坝、三维应力分析直线坝、支墩坝	以受力条件能稳定安全性高为宜
透水性能	透水性坝：格栅坝、网索坝、间隙坝 不透水性坝：土坝、实体坝	透水性强、可以减小动水压力与坝下冲刷，并能增强调节作用，符合泥石流特性
使用寿命	永久性坝：浆砌石坝、混凝土坝、钢筋混凝土坝 半永久性坝：金属坝、格拦坝 临时性坝：笼装石坝、木料坝、柴稍编篱填石坝	经久耐用，能巩固效用，不增大危害，使用一段时间需加固补强，有后患
施工方法	现场制作：土坝、混凝土坝 预制构件装配：格拦坝、框架坝等	适合就地取材； 工业化工厂制作质量好，但运输要求高

排导工程主要包括渡槽、排导沟、倒流堤等，其功能主要为拦截水动力源、通畅流路、定向输移[1]。

淤积平台它主要是改善泥石流运动坡降，起到减缓泥石流流速，部分淤积作用，以减小泥石流对下游构筑物的冲击。它一般是以几个平台连续出现的形式设计，如图 6.1 所示。

淤积平台一般要与相应的拦渣工程相配合（泥石流排导工程、泥石流渡槽工程、泥石流拦渣工程）。

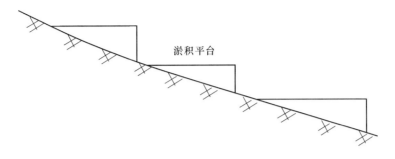

图6.1 淤积平台示意图

根据沈寿长等人[185]对铁路沿线1300余条泥石流沟及600多处防治工程建筑物统计，拦挡坝是泥石流治理工程中最常用的治理措施，占防治工程建筑物总数的52%，拦挡坝在泥石流防治中的重要性可见一斑。近几年内由于尾矿库溃决造成的灾害事故不胜枚举，然而由于社会之前对尾矿库的不关注，导致尾矿库溃决灾害防治方面的研究相当滞后，而国内对于尾矿库溃决泥沙流的防治研究工作几乎为空白，因此对尾矿坝溃决灾害的防护研究显得尤为重要。

6.2 尾矿坝溃坝灾害影响

当今社会，伴随着全球人口的不断增长和生产的快速发展，人们对资源的需求和消耗以空前的速度迅猛上升，对矿产资源的需求也是越来越大，相应地大幅度增强了对矿产资源的开发力度。资料显示，矿业开发是人类生存和社会发展活动中一个非常重要的组成部分，世界上90%的工业品和17%的消费品都是用矿物原料生产的，目前我国95%的能源和80%的原材料依赖于矿产资源。矿产资源开发的同时，在很大程度上改变了资源地原有的生态环境，矿业生产大面积占地，土地、森林、草地、水资源遭到破坏和污染；矿区原有的地形、地貌和自然景观遭到破坏留下荒芜的采矿场或塌陷的采空区；矿山废弃物堆置场成为周围环境新的污染源，其中最为严重的就是矿山排弃的大量尾矿渣。

中国是一个矿业大国，每年因选矿产生的尾矿约3亿吨，除一部分作为井下充填或综合利用外，大部分尾矿以浆状形式排出，储存在尾矿库内。尾矿库是一种特殊的工业建筑物，是矿山三大控制性质工程之一[1]。它的运营好坏，不仅影响到一个矿山企业的经济效益，而且与库区下游居民的生命财产安全问题及周边环境息息相关[2]。尾矿库一旦失事，将会造成十分严重的后果。据统计，中国目前已形成一定规模的尾矿库有2000多座。尾矿坝是尾矿库的重要组成部分，目前我国冶金矿山的尾矿坝就有400多座，其中尾矿坝的最大设计坝高为260m，超过100m的有26座，库容大于$1×10^8 m^3$的有10座[4]。在我国无论是尾矿库的数量、库容，还是坝高在世界都是罕见的。

尾矿库是一座人工建造的具有高势能泥石流的巨大危险源，然而随着尾矿坝高度的不断增加，其稳定性成了一个重大的挑战。它的存在，也成为了一颗埋在下游居民心中的定时炸弹。由于尾矿库的特殊性，也因其存在溃坝的危险，因此它是矿山安全的头等问题。

尾矿库事故的危害，在世界93种事故、公害隐患中，名列第18位，其安全（稳定性) 问题已成为矿山企业的头等大事。例如, 1986 年 4 月 30 日凌晨溃决的黄梅山尾矿库, 库容量仅 84 万立方米, 形成 7~8m 高度的泥沙流涌向下游, 冲毁了工厂、村庄、农田, 给国家和人民的生命财产造成了重大损失。2000 年 10 月 18 日坍塌的广西南丹尾矿库, 存入的尾矿砂约 2 万立方米, 事故时约有 4000 立方米的尾砂下泄, 冲出距离达 500m, 覆盖面积约 1.5 万平方米[3]。而最近几年, 尾矿库垮塌引发突发环境事件成明显上升趋势, 仅 2006 年我国就发生了 10 起尾矿库或电厂灰渣库垮塌造成人员伤亡和有毒污染物下泄事故, 给当地带来重大人员伤亡和财产损失。为此国家安监总局、国家发改委、国土资源部及国家环保总局专门联合部署开展尾矿库专项整治行动并颁布了《关于印发开展尾矿库专项整治行动工作方案的通知》(安监总管〔2007〕112 号)。

由此可见现在迫切需要对这种有别于自然泥石流, 在矿区形成的尾矿库溃决特殊泥石流问题进行有效的防治。

6.3 尾矿库 (坝) 监测技术及溃坝灾害防护

6.3.1 概述

尾矿库安全监测是掌握尾矿库运行状态, 保证尾矿库安全运行的一项重要措施。尾矿库 (坝) 的监测工程在尾矿库的日常生产中占有举足轻重的地位, 是尾矿库安全管理的耳目, 也是工程灾害预防的主要措施。由于尾矿库 (坝) 工程的特殊性, 与其他工业工程不一样, 是一种特殊工业构筑物, 它是在一个长时间中形成的, 而且是边施工 (堆积成坝) 边服务, 一旦施工完成, 则其服务期也结束, 一直处于一个动态的过程中。在这个过程中, 为了及时发现问题和解决问题, 除了日常的人工巡视外, 借助仪器监测是必不可少的, 而且国家在有关法规中也作了明文规定, 以确保尾矿库安全服务。

6.3.2 尾矿库 (坝) 监测工作

工程监测是实现工程信息化设计与施工的前提, 也是工程质量控制管理中做到事前控制和事中控制必不可少的环节。尾矿坝监测工作的宗旨是为尾矿库的安全运营服务。合理的使用、管理好尾矿库, 使安全隐患得到及时处理, 提高尾矿库的综合效益, 必须进行尾矿库 (坝) 的监测工作。

通过尾矿库 (坝) 的监测工作可以起到以下作用: (1) 评价尾矿库 (坝) 施工及其使用过程中的稳定性, 并做出有关预测预报, 为施工单位提供预报数据, 跟踪和控制施工过程, 合理采用和调整有关施工工艺和步骤, 取得最佳经济效益。(2) 为防止尾矿库 (坝) 破坏提供及时支持。预测和预报尾矿库 (坝) 变形, 并及时采取措施, 以尽量避免和减轻灾害损失。(3) 监测结果对原设计的计算假定、结论和参数进行验证。(4) 为进行有关位移反分析及数值模拟计算提供参数。(5) 为实现尾矿库工程信息化施工与管理提供基础资料。

6.3.3 尾矿库 (坝) 工程监测的方法

目前, 我国尾矿库 (坝) 监测方法主要采用简易观测法、设站观测法、仪表观测法和远程监测法等。

6.3.3.1 简易观测法

简易观测法是通过人工观测尾矿库（坝）沉降、坍塌及地下水位变化、地温变化等现象。简易观测法可初步判定尾矿库（坝）变形情况。即使采用先进的仪表观测，该法仍然是不可缺少的观测方法。

6.3.3.2 设站观测法

设站观测法是指在充分了解了现场的工程地质背景的基础上，在尾矿库（坝）上设立变形观测点（成线状、网络状），在变形区影响范围之外稳定地点设置固定观测站，用测量仪器（经纬仪、水准仪、测距仪、摄影仪及全站型电子速测仪、GPS 接收机等）定期监测变形区内网点的三维（X, Y, Z）位移变化的一种行之有效的监测方法。

6.3.3.3 仪表观测法

仪表观测法是指用精密仪表对尾矿库（坝）进行地表及深部的位移、沉降动态应力应变等物理参数与环境影响因素进行监测。目前，监测仪器的类型，一般可分为位移监测、地下倾斜监测、地下应力测试和环境监测四大类。

6.3.3.4 远程监测法

伴随着电子技术及计算机技术的发展，各种先进的自动遥控监测系统相继问世，为尾矿库（坝）工程的自动化连续遥测创造了条件。远距离无线传播是该方法最基本的特点（见图 6.2），由于其自动化程度高，可全天候连续不间断观测，故省时、省力和安全，是当前和今后一个时期尾矿库（坝）监测发展的方向。

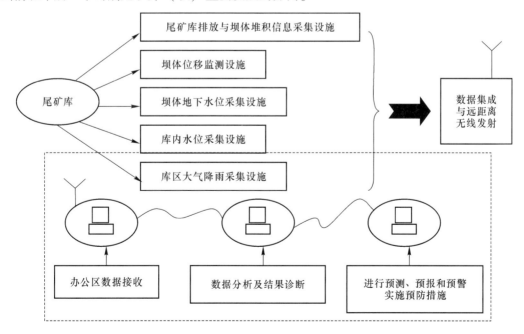

图 6.2 尾矿库远距离无线实时安全监测与诊断系统

6.3.4 尾矿库（坝）监测结果处理

尾矿坝安全监测的成果体现为系列观测数据，对该系列数据进行分析能为坝体设计、施工、管理及科研提供第一手的资料和规律性的认识，这对于安全、经济地建好管好尾矿坝具有十分重要的意义。

对监测数据的处理，可以一个降雨年份为单位，分析总结所获取的各种监测数据，对它们进行回归分析，建立数学模型，找出变化规律。

首先对监测网点的显著性和稳定性做检验。一般可采用比较检验法、t 检验法、F 检验法、模糊聚类分析法等进行显著性检验。其中，比较检验法的计算步骤如下：

先计算单位权重误差：

$$\mu = \sqrt{\frac{(V^{\mathrm{T}}PV)_1 + (V^{\mathrm{T}}PV)_2}{r_1 + r_2}}, \quad \Delta < 2\mu\sqrt{2Q} \tag{6.1}$$

式中，μ 为 2 次观测的监测网综合单位权重误差；$(V^{\mathrm{T}}PV)_1$，$(V^{\mathrm{T}}PV)_2$ 分别为 2 次观测的监测网加权改正数平方和；r_1，r_2 分别为 2 次观测的监测网多余观测量；Δ 为 2 次观测的监测网中某点的坐标或高程差；Q 为监测网中某点的权系数。

当 $\Delta < 2\mu\sqrt{2Q}$ 成立时，认为被检验点是稳定的，否则认为该点有位移。

当 2 次观测的监测网单位方差无显著差别时，可采用 t 检验法，即先计算 t 检验的统计量：

$$t = \frac{\Delta}{2\mu\sqrt{2Q}} \tag{6.2}$$

式中，t 为 t 检验统计量。

然后，按显著水平 $\alpha = 0.05$ 和 t 的自由度 (r_1+r_2) 查取 $t_{\alpha/2}$，当 $t < t_{\alpha/2}$ 时，认为被检验点无位移，否则认为该点位移显著。

观测资料的整理分析，依赖于现场观测所获得数据的数量和质量，同时，它又反过来指导和推动现场的观测工作更有效的进行，它是从实践到理论，再用理论指导实践的一个螺旋上升的过程。

只有通过观测资料的整理分析，才能达到尾矿库的监测目的。对资料不加整理分析，就失去了观测的意义。实践证明，我国很多矿山通过对尾矿库的观测资料整理分析，了解尾矿库的不同情况下的服务状态，获得了工程运行的规律，为保证尾矿库的安全服务提供了宝贵的第一手资料。同时为设计、施工、管理和科学研究提供了丰富详实的基础资料。

6.3.5 尾矿库（坝）监测发展方向

今后尾矿库安全监测与管理发展的方向应是建立尾矿库工程动态监测系统，为工程行为的判断和评价提供基础性实测数据；建立尾矿库灾害诊断、危险性评价的智能系统；建立尾矿库工程安全分析系统；对发生灾害的可能性和危害程度做出判断和评估，对灾害发展趋势做出科学预测；建立尾矿库工程控制系统，辨别关键性控制因素，以便采取有效防治措施；建立尾矿库工程灾害治理系统，有针对性地选择治理和加固方法。

6.3.6 尾矿库（坝）溃坝灾害防护

尾矿库溃决将造成重大灾害事故，据国外统计资料显示，尾矿库溃坝产生的尾矿泥流沿库区下游沟谷冲击的距离最短为 300.0m，最长达到了 120.0km，可见尾矿库溃决后的影响范围之广。所以，对尾矿库溃决的灾害预防以及防护，为尾矿库安全管理的重中之重。

（1）平时加强尾矿库的安全管理，按照设计要求和操作规范排放尾矿。雨季到来前做好库区防洪工作，准备充足的防洪物资，将库内水位降到最低，以确保尾矿库安全度汛。

（2）建立完备的尾矿库安全监测系统，加强尾矿库（坝）监测工作。加强尾矿库监测数据的采集、分析工作，并以此为基础，进行尾矿库灾害方面的预测与预报。

（3）修建拦挡设施，缓解尾矿库溃决后泥流的冲击力度和时间。以秧田箐尾矿库现场情况为例，在库区下游适当位置修建栅栏坝，在米茂村的公路前，修筑土堤坝（见图6.3），以减缓、削弱尾矿库溃决后的泥流冲击，保障人员的生命安全。

图 6.3 尾矿库溃决防护措施示意图

（4）制定溃坝防灾预案。制定科学的尾矿库溃坝防灾预案，除了矿山的职工熟知预案外，让库区周边的村民也熟知。制定村民后退的路线，并适当进行演习，一旦发生灾害，受灾村民就会按照预案及时进行疏散与转移。

6.4 尾矿库维护管理措施

搞好尾矿库生产操作及维护管理，关系到尾矿库能否安全运行。为确保尾矿库安全，必须按尾矿库相关规范要求进行生产操作和维护管理。建议严格按照《选矿厂尾矿设施设计规范》(GB 50863—2013) 和《尾矿库安全技术规程》(GB 39496—2020) 等相关规范、规程进行管理，制定相应的生产操作及维护管理技术措施。

（1）建立健全巡坝护坝工作责任制度，安排专人巡视尾矿坝和整个尾矿库区，保护好尾矿库内相关观测设施。

（2）严格按相关要求控制尾矿库内沉积干滩长度及澄清距离。定期进行调洪演算。根据调洪演算结果确定尾矿库内水位控制标高。特别在汛期不得随意抬高尾矿库内水位，确保雨季暴雨洪水时期尾矿库内具有足够的调洪库容，尾矿坝具有足够的安全超高。

（3）选矿厂尾矿通过自流沟渠和自流管道排放至尾矿坝顶的尾矿排放总管。尾矿排放总管沿尾矿坝顶铺设。放矿支管间隔距离为 5.0m，采用放矿闸阀控制。

（4）尾矿排放采用分散均匀放矿的方式进行放矿，保证尾矿坝内形成均匀内坡，避免形成凹坑和扇形内坡。

（5）发现尾矿坝外坡出现局部隆起、坍陷、流沙（土）、管涌等异常现象，应立即分析研究原因，制定处理措施并及时实施处理方案，同时加密观测次数并报告有关部门。

（6）针对尾矿库实际情况，制定尾矿库管理维护和运行细则。安排专人定期检查维修排洪设施、排渗设施等。

（7）雨季前一个月内疏通尾矿库内外主排洪隧洞、支洞、排洪竖井和溢洪塔等主体排洪设施。雨季前半个月内疏通尾矿坝肩截洪沟、坝坡网格状排水沟、马道排水沟等。确保雨季时各种排洪设施完好，排洪设施能够充分发挥泄洪功能。

（8）当接到震情预报时，根据实际情况做出防震计划和安排。

6.5 尾矿坝溃决泥沙流研究展望

目前，国内外对尾矿坝溃决泥沙流的研究才刚刚起步，研究方法和理论远未形成一个系统。尾矿坝溃决泥沙流作为特殊类型的泥石流，除了具有泥石流研究领域共性的需开拓领域外，与之有关的需进一步深化研究的方面还有以下几点：

（1）尾矿坝溃决泥沙流起动机理研究。对尾矿坝溃决泥沙流的起动机理研究，国内外都是薄弱环节。由于尾矿坝溃决泥沙流在结构、粒度、物理力学性质等方面与泥石流都有很大差异，因此尾矿坝溃决泥沙流起动过程、机理并非是自然泥石流起动机理的缩影，而有其内在的独特性。

（2）尾矿坝动态监测。水是尾矿坝溃决的主要因素。降水方式、雨量过程、产生汇流过程等特点是尾矿坝溃决变化的主要原因，由于一般情况下尾矿库汇水面积较大，因此一旦遇到暴雨情况，库区内的水位将会很快升高，从而导致坝体浸润性的抬高，由于浸润性是尾矿库的生命线，因此浸润性抬高过快、过高往往会直接导致坝体溃决。因此应该动态监测库区雨量以及坝体浸润线。

（3）尾矿库溃决泥沙流灾害预测研究。到目前为止，还没有查阅到有关尾矿库溃决泥沙流防治方面的文献，对于研究尾矿坝溃决泥沙流运动、动力学特性，从而深入分析尾矿坝溃决泥沙流的冲击特性和灾害范围显得尤为重要。通过现场测试和室内试验充分探析尾矿坝溃决泥沙流的运动、动力特性，为尾矿库溃决灾害防护和预测提供可靠的参考资料。

（4）尾矿坝溃决泥沙流潜在发展趋势分析。人为超强度的资源开发产生的大量尾矿库，不仅是数量的急速增长，而且存在着潜在的增大增高的趋势。这应提醒人们的注意，应尽可能地减少尾矿库数量和高度，确保库区的安全、稳定运营。

6.6 本章小结

以秧田箐尾矿库研究背景,借鉴普通泥石流防治措施,并根据尾矿库溃决泥沙流自身的特征,提出了尾矿库的安全管理措施与溃决泥沙流灾害的防治方法。针对尾矿库溃决泥沙流灾害,矿山企业乃至全社会必须引起高度重视,从事故源头抓起,防微杜渐。

7 结论和展望

7.1 主要结论

采用室内实验、理论分析、模型试验和数值计算相结合的综合研究方法，以秧田箐尾矿库为工程背景，对尾矿坝溃决下泄泥沙流动特性及其防护措施等问题进行了探索性研究。包括尾矿颗粒组成、物理力学性能、尾矿浆体流变特性、尾矿坝灾变机制、泥沙起动机理以及尾矿坝在极端条件下发生溃坝形成的下泄泥沙在下游区域流动特性等多个方面。通过本次的探索性研究，所得到的主要结论可以分为以下几个方面：

（1）在尾矿坝基础研究方面：

1）通过对有关尾矿坝的研究文献进行整理分析可知，国内外对尾矿坝的研究多集中在环境污染、尾矿坝稳定性等方面，对尾矿坝溃决泥沙流动特性的研究鲜有报道，而对尾矿坝溃决灾害的防护更是空白。基于泥石流流动特性研究及其灾害防护措施，结合尾矿坝自身特点，提出了尾矿坝溃决泥沙流动特性及其灾害防治的重要性；

2）通过室内土工试验，获得了全尾矿的物理力学性质指标，并通过流变实验，对尾矿浆的流变特性进行了系统的分析，得到了适合描述尾矿浆独特性质的流变模型，为下一步的尾矿坝溃决泥沙流动特性模型试验相似材料的选取提供了科学依据；

3）深入分析尾矿坝灾变机理可知，水和地震力是尾矿坝发生溃决破坏的主要作用力。其中由于水作用而导致尾矿坝发生溃决破坏的形式主要有渗透破坏、洪水漫顶以及坝体失稳，而由于地震力作用而引起坝体破坏主要为地震液化和地震失稳两个方面。

（2）在尾矿坝溃决泥沙流变实验研究方面：

1）随着浓度的变化，溃坝泥沙流体的黏度呈非线性特性。尾矿浆体的黏度随浓度的增大而增大，并且增大幅值不同。泥沙浓度为20%时的黏度大约为浓度50%时的1/10。并得到康志成提出的泥石流黏滞系数计算公式是计算尾矿浆体的黏度的合适公式。

2）尾矿浆的黏度随剪切速率增大呈减小态势，表现出一种明显的剪切稀化特性（反之则表现为剪切稠化特征）。不同浓度的尾矿浆体随着剪切速率的增大而体现出黏度减小速率的明显差异性，浓度越低，黏度受剪切速率的变化越敏感。体积浓度为50%的尾矿浆在剪切速率从6min^{-1}提升到60min^{-1}时的黏度减小幅度达到了72.6%。而浓度为20%的尾矿浆所受剪切速率从6min^{-1}增大到60min^{-1}时，矿浆黏度减小幅度达到了85.5%。

3）本次尾矿浆体静态屈服应力与浆体的固体颗粒体积浓度呈现为较典型的指数关系，与剪切速率之间存在线性关系。

4）通过对泥浆流变模型的分析，最终得到宾汉姆体是描述尾矿坝溃决泥沙流变性质的合适模型。

（3）在尾矿坝溃坝模型试验研究方面：

1）尾矿坝坝体高度对溃决泥沙流在库区下游的流动特征有较明显的影响，随着尾矿坝高度的增加，溃决泥浆对下游的淹没高程呈增大趋势，冲击力呈现递增趋势，而泥浆到达下游同一特征过流断面处的时间呈减小趋势，同一时刻的泥浆自由流面坡降梯度也随着尾矿坝高度的增加而逐渐增大。泥浆到达下游各过流断面后，泥浆高度迅速增大到峰值，而后随着泥浆向下游不断演进，泥浆高度逐渐减小，直至泥浆停滞。整个泥浆淹没高度过程线可概化为三角形，冲击力过程曲线呈现前端较陡后端较平滑的规律，并出现较为明显的拖尾现象，并随着时间的推移呈逐渐衰减的趋势，其衰减趋势表现为非线性特性。

2）下游沟谷坡度对泥浆淹没高度影响较小，但是对冲击力却有明显的影响。沟谷坡度越大，下游同一过流断面处的峰值泥深越小，但到达峰值的时间却表现为延迟的迹象。当下游沟谷坡度很小时，泥沙流的冲击力随着流动距离的增大呈逐渐减小趋势，其减小趋势为非线性关系。而当沟谷坡度为3%、6%和9%时，泥沙流体的冲击随着流动距离的增大而逐渐增大，同时随着沟谷坡度的逐渐增加，冲击力增大幅值也有所差异。

3）不同的溃口形态所表现出的各特征过流断面处泥深过程曲线的形态不尽相同，且每种溃口形态在下游同一过流断面处的泥深过程曲线所表现出的每个阶段持续时间也有较大差异。溃决泥浆在90°弯道处流态变化强烈，在弯道内侧出现涡流现象，而在弯道外侧则出现泥浆反射现象，并出现明显的侧向爬升，泥浆在弯道两岸的泥深相差较大。瞬间全部溃坝条件下，溃后泥浆到达急弯后15s时形成涡流和反射波较相同条件下的1/2和1/4溃坝情况要明显，且涡流出现的范围也明显比其他两种溃决形式要大得多。随着尾矿坝溃口的加大，泥浆在急弯处的侧向爬升高度呈增大趋势。伴随着尾矿坝溃口的不断减小，泥浆到达下游同一过流断面处的流动速度也相应减小，且随着泥浆向下游不断地推进，溃坝口门形态对泥沙流流速的影响程度在不断被强化。同时随着尾矿坝溃坝口门的减小，泥浆冲击力以及冲击力峰值到达时间均呈减小趋势。

4）泥沙流浓度与下游沟槽粗糙度对其流动特性有重要的影响。随着尾矿坝溃决泥沙流浓度的逐渐增大，泥沙在下游同一特征过流断面处的峰值泥深呈增大趋势，且泥沙流流经库区下游同一特征过流断面后所沉积的泥沙厚度逐渐变厚，并且泥沙的沉积厚度随浓度改变呈非线性变化。不同浓度的泥沙流体，到达同一断面处的时间以及到达峰值泥深的时间也都存在一定的不同，浓度越大泥沙到达时间越晚。而且浓度越大，冲击力越小。随着尾矿库库区下游沟槽粗糙度的逐渐增大，溃决泥沙对下游的淹没高程呈增大趋势。

(4) 在防护工程对尾矿坝溃决泥沙流动特性影响的模型试验研究方面：

1）拦挡工程是尾矿坝溃坝灾害防护中最重要的防护措施之一。拦挡坝高度直接决定了其对泥石流的拦挡效果，随着拦挡坝高度的增加，尾矿坝溃决泥沙流到达库区同一特征过流断面处的最大淹没高度逐渐降低，泥沙流到达下游同一过流断面处的时间也逐渐延后，同时，泥浆对下游构筑物的冲击力也呈逐渐减小趋势，且拦挡坝的高度与泥深峰值以及冲击力峰值之间基本呈线性关系。

2）在尾矿坝溃决泥沙流防护工程中，拦挡坝的作用不在于能完全拦挡住泥石流，而是尽可能地耗散泥沙流能量，减小流动速度，降低冲击力。同时，泥沙流在拦挡坝处会形成一个向上游传播的负波，拦挡坝的高度越高，形成的负波坡度也越大，在负波传播的区域内，泥浆的淹没高度较未设置拦挡坝情况要高。

3）在库区下游修筑多级拦挡坝，可明显降低下游区域的泥深最大淹没高度、冲击力大小以及泥沙流到达时间，是减小下游灾害范围，降低灾害程度的一个最直接、最有效的措施。布设单级和多级拦挡坝情况时的冲击力过程曲线形态近似，都表现为前端较陡，后端相对平滑，冲击力峰值出现在泥沙流龙头段，而后迅速减小，且都出现了较为明显的拖尾现象。

4）伴随着挡坝级数的增多，溃决泥沙流到达下游同一过流断面处的流动速度相应减小。且随着泥浆不断向下游传播，拦挡坝对其流速的影响越明显，即拦挡坝对泥沙流流速的影响程度随着流动距离的增大在不断强化。

（5）在尾矿坝溃决泥沙流动特性理论研究方面：

1）尾矿坝溃决泥沙流动特性变化情况十分复杂，不同条件情况下的泥沙流运动规律具有高度的复杂性、动态变化和非线性特点。

2）为有效、准确地计算尾矿坝溃决泥沙流体在下游沟槽中的流动速度、冲击力和弯道超高量，在前人的基础上，运用量纲理论提出了一种适合尾矿坝溃决形成的特殊泥沙流流动特征的计算方法。根据试验结果与理论对比分析可知，所提出的计算方法对于尾矿坝溃决泥沙流体运动来说是合适、有效的。

3）基于能量理论的流体力学分析方法在研究泥沙流运动、动力学方面提供了简便可行的理论基础和框架，利用能量理论建立了尾矿坝溃决泥沙流体在遇到与泥沙流运动方向垂直的拦挡建筑物后的冲高计算模型，并对泥沙流体在行进过程中的能量耗散机理进行了分析。运动边界条件的突变是泥沙流体发生能量突变的前提。

4）基于突变思想，建立了尾矿坝溃决泥沙流体起动的势函数，并根据尖点突变理论建立了泥沙流体起动的尖点模型，从力学的角度运用尖点突变理论对泥沙流起动机理进行分析，得到了泥沙流起动的充要条件。

（6）在尾矿坝溃决泥沙流动特性数值模拟研究方面，对尾矿坝瞬间全溃形成的泥沙流场、速度场和压力场的数值模拟研究可以得到以下结论：

1）总体而言，随着溃决泥沙流持续地向下游传播，泥沙流的峰值速度和最大冲击力都在不同程度地衰减，且泥浆最大淹没高度逐渐减小。但是由于在库区下游沟槽某个区域内的形状（即边界条件）发生较大的变化时，泥浆的淹没高度、流速和冲击力大小会有所变化（弯道超高、冲起以及能量衰减）。

2）当尾矿坝坝体高度达到100.0m高时，假设尾矿坝瞬间全部溃决后形成的泥沙流体抵达库区下游600.0m处时，矿浆冲击村庄建筑物的最大压力为6.42MPa；矿浆到达库区下游4.0km处，冲击力也达到1.51MPa。因此，倘若该尾矿坝发生瞬间溃坝，则下游村庄（米茂村）的村民将受到巨大冲击，而即使是库区下游4.0km范围内也将遭受重大的损失。

3）利用大型流体计算软件FLUENT[3D]以及根据实验所得到的尾矿浆流变模型建立相关的有限元模型，得出了基于尾矿坝溃决后形成的尾矿浆在库区下游沟谷中4.0km内的流场、速度场和压力场分布规律，得到了与试验结果相吻合的运动、动力特征变化规律，更真实地展现了尾矿坝溃决泥沙流在库区下游区域的流动特性。

4）利用FLUENT[3D]软件还分析了在库区下游修筑拦挡坝对尾矿坝溃决泥沙流动特性，得到了拦挡坝可有效地拦截泥沙流，对尾矿坝溃坝灾害的防护起到了很好的效果。

7.2　创新点

（1）首次采用重庆大学自行设计开发的尾矿坝溃决模拟试验台对尾矿库溃决泥沙演进规律、冲击力变化特性以及弯道超高等问题进行深入系统的研究，在尾矿库溃坝试验研究中，分析了坝体高度、泥浆浓度、沟槽坡度、溃决口门大小以及沟槽底部粗糙条件对溃决泥沙流动特性的影响，得到尾矿库溃决泥沙流动特征。

（2）运用量纲理论提出适合尾矿库溃决泥沙流动特性的速度、冲击力计算公式。并基于流体力学分析方法与流体质量守恒定律，依据泥石流垂向流速与表面流速分布理论以及泥沙沉积规律，对溃决泥沙流在弯道处的超高计算公式进行了修正，提出了更符合泥石流实际运动情况的弯道超高分析方法。

（3）通过相似物理模型试验，系统地研究在库区下游修筑拦挡坝后对溃决泥沙流缓冲效应等问题。在试验研究中，分别从拦挡坝高度、拦挡坝级数两方面对防护效果进行深入探讨，并对拦挡坝工程的防护机理进行分析。

（4）利用能量理论建立了尾矿坝溃决泥沙流体在遇到与泥沙流运动方向垂直的拦挡建筑物后的冲高数学模型，并对泥沙流体在行进过程中的能量耗散机理进行分析。深入认识边界条件的改变对于泥沙流体发生能量突变的重要作用，并提出增大能量耗散的措施。

（5）基于突变思想，建立尾矿库溃决泥沙流体起动的势函数，并根据尖点突变理论建立泥沙流体起动的尖点模型，从力学的角度运用尖点突变理论对泥沙流起动的机理进行分析，得到泥沙流起动的充要条件。

7.3　需要进一步研究的问题

尽管利用理论分析、室内实验（模型试验）和数值模拟相结合的综合研究方法，对尾矿坝溃决泥沙流动特性等一系列问题开展了系统研究，并取得了一些成果，为下一步尾矿坝灾害的防治工作提供参考。但由于国内外对尾矿坝的研究起步较晚，而尾矿坝溃决泥沙运动、动力学性质研究还是一个较新的探索性的前沿课题，无论从理论分析、试验研究还是数值计算方面仍然还有诸多问题需要进一步研究和探讨：

（1）虽然相似模拟试验具有重要的实用价值，但由于现场尾矿库库区和沟谷都为极其复杂的地形，而在本次试验研究过程中对库区和下游沟谷均进行了一定的简化。因此，采用试验得到的成果去分析现场尾矿坝溃坝泥沙流动特性会有一定的误差，对于定量分析尾矿坝溃坝泥沙流动特性还有一段很长的路要走，以后的相关研究应该更贴合实际现场情况，有条件的话可在现场做一些试验研究。

（2）研究成果虽然整体上可以反映所要研究问题的总体规律，但是受到相似理论的限制，只能做定性或半定量的分析。加之在模型材料选取方面，模型材料很难达到与原型材料物理、力学性质完全地相似，只能尽可能地选取与原型材料相似的材料去研究，因而在后续工作中，应尽可能地提高材料的相似性，从而提高试验结果的准确性。

（3）由于是首次对尾矿坝溃决泥沙流动特性进行模型试验研究，测试工具精度和试验条件的限制以及对数据的测试方法都对试验结果产生了一定的误差，因而下一步工作将是尽可能地提高模型试验测试精度、改善试验条件以及找到更好的测试方法，让模型试验数据的高精度采集以达到对所研究的问题进行准确、定量分析。

（4）尾矿坝溃坝过程其实是一个由固态向液态转化的过程，由于本次试验主要目的旨在研究尾矿坝溃决后泥沙在库区下游沟谷中的流动特性，故而假定在尾矿坝溃决一瞬间，库内固态的尾矿砂已经完全形成了液态的泥沙流体，而未考虑两者形态之间的转化过程。因而如何更好地模拟现场尾矿坝溃决是今后研究工作中的一个重要方向。

参 考 文 献

［1］ 王凤江. 国外尾矿坝事故调查分析［J］. 金属矿山（增刊），2004，8：49～52.

［2］ 王国华，段希祥，庙延钢，等. 国内外尾矿库事故及经验教训［J］. 工业技术，2008(1)：23～24.

［3］ Marcus W A，Meyer G A，Nimmo D R. Geomorphic control of persistent mine impacts in a Yellowstone Park stream and implications for the recovery of fluvial systems［J］. Geology，2001，29(4)：355～358.

［4］ Fourie A B，Blight G E，Papageorgiou G. Static liquefaction as apossible explanation for the Merriespruit tailings dam Failure［J］. Canadian Geotechnical Journal，2001，37(4)：707～719.

［5］ Harder L F J，Stewart J P. Failure of Tapo Canyon tailings dam［J］. Journal of Performance of Constructed Facilities，1996，10(3)：109～114.

［6］ Blight G E. Destructive mudflows as a consequence of tailings dyke failures［J］. Proceedings of the Institution of Civil Engineers Geotechnical Engineering，1997，125(1)：9～18.

［7］ Chandler R J，Tosatti G. Stava tailings dams failure，Italy，July 1985［J］. Proceedings of the Institution of Civil Engineers Geotechnical Engineering，1995，113(2)：67～79.

［8］ Vick S G. Tailings dam failure at Omai in Guyana［J］. Mining Engineering，1996，48(11)：34～37.

［9］ Mc Dermott R K，Sibley J M. Aznalcollar tailings dam accident a case study［J］. Mineral Resources Engineering，2000，9(1)：101～118.

［10］ Kemper T，Sommer S. Estimate of heavy metal contamination in soils after a mining accident using reflectance spectroscopy［J］. Environmental Science and Technology，2002，36(12)：2742～2747.

［11］ 徐宏达. 我国尾矿库病害事故统计分析［J］. 工业建筑，2001，1(31)：69～71.

［12］ 王凤江，王来贵. 尾矿库灾害及其工程整治［J］. 中国地质灾害与防治学报，2003，9(3)：76～80.

［13］ 丁军明. 尾矿库危险源分析及安全评价导则建议方案研究［D］. 昆明：昆明理工大学，2005.

［14］ 沈楼燕. 关于尾矿库安全管理的思考［J］. 中国有色金属报，2008，1(3)：1～2.

［15］ 李作章，等. 尾矿库安全技术［M］. 北京：航空工业出版社，1996.

［16］ 马敏，王海亮，丁慧哲. 小型尾矿坝风险分析［J］. 安全与环境学报（增刊），2006，6：140～143.

［17］ Hiroshi Ikeya. 日本泥石流及其防治措施［J］. 朱桂芳，王生，译. 世界地质，1992，11(2)：78～90.

［18］ Glotov V E，Chlachula J，Glotova L P，et al. Causes and environmental impact of the gold-tailings dam failure at karamken，the Russian Far East［J］. Engineering Geology，2018(245)：236～247.

［19］ Rico M，Benito G，D′ıez-Herrero A. Floods from tailings dam failures［J］. Journal of Hazardous Materials，2008，154(1)：79～87.

［20］ 商向朝，郝勇. 日本泥石流研究现状［A］//中国科学院成都山地研究所. 泥石流（3）. 重庆：科学技术文献出版社重庆分社，1981：150～158.

［21］ Nelson J. Parameters affection stability of tailings dams［J］. Proc of the Conf on Geotech Pract for Disposal of Solid Water Mater，Ann Arbor，1977：440～460.

［22］ 王汉强. 尾矿坝的特性及高尾矿坝计算方法研究［D］. 南昌：冶金工业部南昌有色冶金设计研究院，1982.

［23］ Finn W. Seismic stabilization of St. Joe State Park tailings dam［J］. Proceedings of Geotechnical Practice in Dam Rehabilitation，Raleigh，1993：25～28.

［24］ 日本电力土木技术协会. 最新土石坝工程学［M］. 北京：水利电力出版社，1983.

[25] 陈守义. 浅议上游法细粒尾矿堆积坝问题 [J]. 岩土力学, 1995, 16(3): 70~76.

[26] 柳厚祥, 王开治. 旋流器与分散管联合堆筑尾矿坝地震反应分析 [J]. 岩土工程学报, 1999, 21 (2): 171~176.

[27] 崔学奇, 吕宪俊, 葛会超, 等. 旋流分级浓缩工艺在北洺河铁矿的应用 [J]. 中国矿业, 2007, 2 (17): 73~76.

[28] 沈楼燕. 土工网格在尾矿库软弱坝基处理中的应用 [J]. 有色冶金设计与研究, 1997(3).

[29] 周志刚, 张起森, 郑健龙. 土工加筋材料性能研究综述 [J]. 长沙交通学院学报, 2001(2): 38~42.

[30] 袁兵. 浙江龙游黄铁矿尾矿坝软土地基的处理 [J]. 冶金矿山设计与建设, 2001, 33(3): 10~12.

[31] 袁磊, 董筱波. 废弃物填埋场土工合成材料与土界面特性试验 [J]. 西部探矿工程, 2002, 2: 34~36.

[32] 徐林荣, 王水和, 等. 加筋土陡边坡破坏模式的量化指标的合理选取探讨 [J]. 中国铁道科学, 1995(4): 95~101.

[33] 徐林荣, 等. 加筋边坡承载力和位移模型试验及结果分析 [J]. 铁道学报, 1999(1): 73~76.

[34] 朱湘, 黄晓明. 加筋路堤的室内模拟试验和现场沉降观测 [J]. 岩土工程学报, 2002(3): 386~388.

[35] 梁波, 孙遇棋. 土模型试验中的拉力破坏研究 [J]. 岩土工程学报, 1995(2): 83~87.

[36] 吴景海, 陈环, 等. 土工合成材料与土界面作用特性的研究 [J]. 岩土工程学报, 2001(1): 89~93.

[37] 李作勤. 扭转三轴试验综述 [J]. 岩土力学, 1994(1): 80~93.

[38] 保华富, 张光科, 龚涛. 尾矿料的物理力学性试验研究 [J]. 四川大学学报 (工程科学版), 1999, 3(5): 115~121.

[39] 阮元成, 郭新. 饱和尾矿料静、动强度特性的试验研究 [J]. 水利学报, 2004(1): 376~384.

[40] 王崇淦, 张家生. 某尾矿料的物理力学性质试验研究 [J]. 矿冶工程, 2005(4): 878~885.

[41] 徐进, 张家生, 李永丰. 某尾矿填料的土工试验研究 [J]. 重庆建筑施工与技术, 2006(8): 1022~1030.

[42] 段仲沅, 袁兵. 某尾矿坝暴雨蓄洪溃塌原因分析与综合治理措施 [J]. 力学与实践, 2008, 4(2): 40~44.

[43] Yokel F Y. Liquefaction of sands during earthquake, cyclic strain approach[C]//Int. Symp. on Soilunder Cyclic Transient Loading, Swansea, 1980.

[44] Dobry R. Prediction of Pore Water Pressure Building and Liquefaction of Sands During Earthquakes by the Cyclic Strain Method[M]. NBS. Building Science, 1982: 176.

[45] 辛鸿博, 王余庆. 大石河尾矿粘性土的动力变形和强度特征 [J]. 水利学报, 1995(11): 945~952.

[46] 黄博, 陈云敏, 等. 粉土和粉砂的动力特性试验研究 [J]. 杭州: 浙江大学学报 (工学版), 2002, 36(2): 795~803.

[47] 周健. 尾矿坝在地震作用下的三维两相有效应力动力分析 [J]. 工程抗震, 1995(1): 39~43.

[48] 王建华, 要明伦. 循环应变下饱和砂 (粉) 土衰化动力特性研究 [J]. 水利学报, 1997(7): 343~349.

[49] 张超, 杨春和, 孔令伟. 某铜矿尾矿砂力学特性研究和稳定性分析 [J]. 岩土力学, 2003(10): 1187~1193.

[50] 谢孔金, 王霞, 王磊. 尾矿坝坝体沉积尾矿的动力变形特性 [J]. 岩土工程报, 2004(2): 45~49.

[51] 陈敬松, 张家生, 孙希望. 饱和尾矿砂动强度特性试验研究 [J]. 山西建筑, 2005(19): 75~76.

[52] 钱家欢, 殷宗泽. 土工原理与计算 [M]. 北京: 中国水利水电出版社, 1996.

[53] 陈敬松, 张家生, 孙希望. 饱和尾矿砂动强度特性试验结果与分析 [J]. 水利学报, 2006, 37(5): 603~607.

[54] 张超, 杨春和, 白世伟. 尾矿料的动力特性试验研究 [J]. 岩土力学, 2006, 27(1): 36~40.

[55] 张超, 杨春和. 细粒含量对尾矿材料液化特性的影响 [J]. 岩土力学, 2006, 27(7): 1133~1142.

[56] 余君, 王崇淦. 尾矿的物理力学性质 [J]. 企业技术开发, 2005, 24(4): 3~4.

[57] 张超. 尾矿动力特性及坝体稳定性分析 [D]. 武汉: 武汉岩土力学研究所, 2005.

[58] 张电吉, 汤平. 尾矿库土石坝稳定性分析研究 [J]. 大坝与安全, 2003(3): 18~20.

[59] 张超, 杨春和, 孔令伟. 某铜矿尾矿砂力学特性研究和稳定性分析 [J]. 岩土力学, 2003, 24(5): 858~862.

[60] 李国政, 李培良, 徐宏达. 基于结构可靠度指标的尾矿库坝体稳定性分析 [J]. 黄金, 2005, 26(6): 48~50.

[61] 罗建林, 牛跃林, 孙浩刚. 圆弧条分法在尾矿库安全评价中的应用 [J]. 中国安全生产科学技术, 2006, 2(3): 84~87.

[62] 王凤江. 加筋尾矿坝的极限平衡分析 [J]. 西部探矿工程, 2003, 81(2): 84~85.

[63] 楼建东, 李庆耀, 陈宝. 某尾矿坝数值模拟与稳定性分析 [J]. 湖南科技大学学报, 2005, 20(2): 58~61.

[64] 尹光志, 余果, 张东明. 细粒尾矿库地下渗流场的数值模拟分析 [J]. 重庆大学学报, 2005, 28(6): 81~83.

[65] 魏宁, 茜平一, 张波, 等. 软基处理工程的有限元数值模拟 [J]. 岩石力学与工程学报, 2005, 24(2): 5789~5794.

[66] 许彦会, 孙建泼, 孙永国. 条分法在尾矿库子坝安全评价中的应用 [J]. 中国职业安全卫生管理体系认证 (现中国安全生产科学技术), 2004(4): 44~45.

[67] 李明, 胡乃联, 于芳, 等. ANSYS 软件在尾矿坝稳定性分析中的应用研究 [J]. 金属矿山, 2005(8): 56~59.

[68] 郑怀昌, 李明. 界壳论在尾矿库稳定性研究中的应用 [J]. 金属矿山, 2005(6): 47~49.

[69] 李国政, 李培良, 徐宏达. 基于结构可靠度指标的尾矿库坝体稳定性分析 [J]. 黄金, 2005, 26(6): 48~50.

[70] 刘才华. 大尖山尾矿坝稳定性分析 [J]. 地基基础和岩土工程, 2007(2): 172~173.

[71] 郑欣, 许开立, 李春晨. 集对分析方法在尾矿坝稳定性评价中的应用 [J]. 矿业安全与环保, 2008, 8(4): 72~77.

[72] 马池香, 秦华礼. 基于渗透稳定性分析的尾矿库坝体稳定性研究 [J]. 工业安全与环保, 2008, 9(9): 32~34.

[73] 陈殿强, 王来贵, 李根. 尾矿坝稳定性分析 [J]. 辽宁工程技术大学学报 (自然科学版), 2008, 6(3): 359~361.

[74] 尹光志, 魏作安, 万玲, 等. 细粒尾矿堆坝加筋加固模型试验研究 [J]. 岩石力学与工程, 2005(6): 1030~1034.

[75] 敬小非, 尹光志, 魏作安, 等. 模型试验与数值模拟对尾矿坝稳定性综合预测 [J]. 重庆大学学报, 2009(3): 308~313.

[76] 郑欣, 秦华礼, 许开立. 导致尾矿坝溃坝的因素分析 [J]. 中国安全生产科学技术, 2008, 2(1): 51~54.

[77] 陈国芳, 胡波. 尾矿库溃坝风险分析及对策 [J]. Scl-Tech Information Development & Economy, 2008(3): 227~228.

[78] 刘江. 奥地利泥石流防治简介 [M]//中国科学院成都山地研究所. 泥石流 (3). 重庆: 科学技术

文献出版社重庆分社，1981.

[79] Moxon S. Failing again[J]. International Water Power and Dam Construction, 1999, 51(5): 16~21.

[80] Shakesby R A, Whitlow J. Richard. Failure of a mine waste dump in Zimbabwe: Causes and consequences [J]. Environmental Geology and Water Sciences, 1991, 8(2): 143~153.

[81] Chandler R J, Tosatti G. Stava tailings dams failure, Italy, July 1985[J]. Proceedings of the Institution of Civil Engineers Geotechnical Engineering, 1995, 113(2): 67~79.

[82] Strachan C. Tailings dam performance from USCOD incident-survey data[J]. Mining Engineering, 2001, 53(3): 49~53.

[83] 李夕兵，蒋卫东，赵伏军. 汛期尾矿坝溃坝事故树分析 [J]. 安全与环境学报，2001，10(5): 45~48.

[84] 袁兵，王飞跃，金永健. 尾矿坝溃坝模型研究及应用 [J]. 中国安全科学学报，2008，4(4): 169~172.

[85] 田连权，吴积善，康志成，等. 泥石流侵饰搬运与堆积 [M]. 成都：成都地图出版社，1993.

[86] Bagnold R A. Experiment on a gravity-free dispersion of large solid sphere in a Newtonian fluid under shear [J]. Proc R Soc. London, Ser A, 1954(225): 49~63.

[87] Takahashi T. Debris flow on prismatic open channel [J]. J. Hydraulic Div., ASCE, 1980, 106: 381~396.

[88] 沈寿长. 泥石流应力本构关系 [J]. 水利学报，1982(12): 16~22.

[89] 陈洪凯，唐红梅，马永泰，等. 公路泥石流研究及治理 [M]. 北京：人民交通出版社，2004.

[90] 范椿. 泥石流及其运动方程 [J]. 力学与实践，1997，19(3): 7~11.

[91] 章书成. 泥石流研究述评 [J]. 力学进展，1989，19(3): 365~375.

[92] 倪晋仁，王光谦. 泥石流的结构两相流模型：Ⅰ. 理论 [J]. 地理学报，1998，53(1): 66~76.

[93] 倪晋仁，干光谦，熊育武. 泥石流的结构两相流模型：Ⅱ. 应用 [J]. 地理学报，1998，53(1): 77~85.

[94] 吴积善，康志成，田连权，等. 云南蒋家沟泥石流观测研究 [M]. 北京：科学出版社，1990.

[95] 陈光曦，王继康，王林海. 泥石流防治 [M]. 北京：中国铁道出版社，1983.

[96] 中国科学院兰州冰川冻土研究所，甘肃省交通科学研究所. 甘肃泥石流 [M]. 北京：人民交通出版社，1982.

[97] 程尊兰，刘雷激. 西藏古乡沟泥石流流速 [J]. 山地研究（现山地学报），1997，15(4): 293~295.

[98] 刘江，程尊兰. 云南大盈江浑水沟泥石流流速计算 [M]//泥石流论文集 (1). 重庆：科学技术文献出版社重庆分社，1981: 87~89.

[99] 王兆印. 泥石流龙头运动的实验研究及能量理论 [J]. 水利学报，2001，3: 18~26.

[100] 舒安平，费祥俊. 粘性泥石流运动流速与流量计算 [J]. 泥沙研究，2003，3: 7~11.

[101] 陈洪凯，唐红梅，马永泰，等. 公路泥石流研究及治理 [M]. 北京：人民交通出版社，2004.

[102] 甘肃省交通科学研究所，中国科学院兰州冰川冻土研究所. 泥石流地区公路工程 [M]. 北京：人民交通出版社，1981.

[103] PWRI. Technical standard for measures against debris flow [Z]. Technical Memorandum of PWRI, No. 2632, Ministry of Construction, Japan.

[104] Rickenmann D. Empirical relationships for debris flows[J]. Natural Hazards, 1999, 19(1): 47~77.

[105] Takahashi T, Sawada T, Suwa H, et al. IAHR Monography Series [A]. Balkema Publishers, The Netherlands.

[106] Rickenmann D. Debris flows 1987 in Switzerland: Modelling and sediment transport[A]//Sinniger R O,

Monbaron M(eds.). Hydrology in Mountainous Regions Ⅱ. R IAHS Publ. , 1990, 194：371~378.

[107] Koch T. Testing of various constitutive equations for debris flow modelling[A]//Kovar K, et al. (eds.). Hydrology, Water Resources and Ecology in Headwaters. IAHS Publ. , 1998：249~257.

[108] 何杰, 陈宁生. 粘性泥石流弯道超高在流速计算中的应用 [J]. 成都理工学院学报, 2001, 28 (4)：425~428.

[109] 蒋忠信. 基于弯道超高计算泥石流流速的探讨 [J]. 岩土工程技术, 2007, 21(6)：288~291.

[110] 康志成, 张军. 泥石流洪峰流量的研究与计算 [J]. 中国水土保持, 1991, 2：15~18.

[111] 谢修齐, 沈寿长. 一种采用输移浓度为主要参数的泥石流流量计算新方法 [J]. 北京林业大学学报, 2000, 22(3)：76~80.

[112] 苏延敏. 数值模拟在泥石流流量计算中的应用 [J]. 山西建筑, 2010, 36(21)：96~97.

[113] 钱宁, 万兆惠. 泥沙运动力学 [M]. 北京：科学出版社, 1991.

[114] Qian Ning, Wan Zhaohui. Mechanics of Sediment Transport[M]. ASCE Press, 1998.

[115] 费翔俊, 康志成, 王裕宜. 细颗粒浆体、泥石流浆体对泥石流运动的作用 [J]. 山地学报, 1991, 9(3)：143~152.

[116] 吴四飞. 泥石流运动过程的能量聚涨、突变与衰减动力学研究 [D]. 重庆：重庆交通学院, 2005.

[117] 舒安平, 张志东, 王乐, 等. 基于能量耗损原理的泥石流分界粒径确定方法 [J]. 水利学报, 2008, 38(3)：257~263.

[118] 冯泽深, 高甲荣. 基于能量概念的泥石流减灾新思路 [J]. 中国地质灾害与防治学报, 2009, 20 (1)：27~31.

[119] Iverson R M, Reid M E, Lahusen R G. Debris-flow mobilization from landslides[J]. Earth Planet, 1997, 25：85~138.

[120] Iverson R M, Vallance J W. New views of granular mass flows[J]. Geology, 2001, 29(2)：115~118.

[121] Iverson R M, Denlinger R P. Flow of variably fluidized granular masses across three-dimensional terrain [J]. Journal of Geophysical Research, 2001, 106(B1)：537~555.

[122] Iverson R M. The Physics of Debris Flow[A]. The American Geophysical Union, 1997：245~296.

[123] Armanini A, Fraccarollo L, Larcher M. Dynamics and Energy Balances in Uniform Liquid-Granular Flows [J]. Manuscript Draft, 2003.

[124] 魏鸿. 泥石流龙头对坝体冲击力的试验研究 [J]. 中国铁道科学, 1996, 3：26~33.

[125] 刘雷激, 魏华. 泥石流冲击力研究 [J]. 四川联合大学学报 (自然学科版), 1997, 2：99~102.

[126] 弗莱施曼 C M. 泥石流 [M]. 北京：科学出版社, 1986.

[127] 章书成, 袁建模. 泥石流冲击力及其测试 [M]. 中国科学院兰州冰川冻土研究所集刊. 第四号 (中国泥石流研究专辑). 北京：科学出版社, 1985.

[128] 周必凡, 李德基, 罗德富, 等. 泥石流防治指南 [M]. 北京：科学出版社, 1991.

[129] 水山高久. 土石流冲击力计算 [J]. 新砂防, 1979(5)：112~114.

[130] Valentino R, Barla G, Mont rasio L. Experimental analysis and micromechanical modelling of dry granula flow and impacts in laboratory flume tests[J]. Rock Mechanics and Rock Engineering, 2008, 41(1)：153~177.

[131] Okuda, et al. Observation of Debris Flow at Kamikamihoei Valley of Mt [C]//Yadedake, Excursion Guide-book, the Third Meeting of IGU Commission on Field Experiments in Geomorphology, Disaster Prevention Research Institute Kyoto Unit Japan, 1980：127~139.

[132] 费祥俊, 舒安平. 泥石流运动机制与灾害防治 [M]. 北京：清华大学出版社, 2003.

[133] 何思明, 李新坡, 吴永. 考虑弹塑性变形的泥石流大块石冲击力计算 [J]. 岩石力学与工程学报,

2007, 26(8): 1664~1669.

[134] 何思明, 吴永, 沈均. 泥石流大块石冲击力的简化计算 [J]. 自然灾害学报, 2009, 18(5): 51~56.

[135] 石川芳治, 等. 关于分离泥石流隔栅材料的冲击荷载的试验 [J]. 水土保持科技情报, 1996(3): 57~60.

[136] Zanchetta G, Sulpizio R, Pareschi M T, et al. Characteristics of May 5-6, 1998, volcaniclastic debris flows in the Sarno area(Campania, southern Italy): Relationships to structural damage and hazard zonation [J]. Journal of Volcanology and Geothermal Research, 2004, 133: 37~39.

[137] Rico M, Benito G, Salgueiro A R. A Reported tailings dam failures: A review of the European incidents in the worldwide context[J]. Journal of Hazardous Materials, 2008, 152(2): 846~852.

[138] Harder L F J, Stewart J P. Failure of Tapo Canyon tailings dam[J]. Journal of Performance of Constructed Facilities, 1996, 10(3): 109~114.

[139] Mambretti S, Larcan E, Daniele D W. 1D modelling of dam-break surges with floating debris[J]. Biosystems Engineering, 2008, 100(2): 297~308.

[140] 谢任之. 溃坝水力学 [M]. 济南: 山东科学技术出版社, 1992.

[141] 《中国有色金属尾矿库概论》编辑委员会. 中国有色金属尾矿库概论 [R]. 中国有色金属工业总公司, 1992.

[142] 中华人民共和国建设部. GB 5001—2009 岩土工程勘察规范 [S]. 北京: 中国建筑工业出版社, 2010.

[143] 钱家欢, 殷宗泽. 土工原理与计算 [M]. 2 版. 北京: 中国水利水电出版社, 1996.

[144] 张建隆. 尾矿砂力学特性的试验研究 [J]. 武汉水利水电大学学报, 1995, 6(28): 685~689.

[145] 郑颖人, 龚晓南. 岩土塑性力学基础 [M]. 北京: 中国建筑工业出版社, 1989.

[146] 龚晓南. 土塑性力学 [M]. 2 版. 杭州: 浙江大学出版社, 1999.

[147] 费祥俊, 等. 浆体与粒状物料输送水力学 [M]. 北京: 清华大学出版社, 1994.

[148] Jan C D, Shen H W. A review of debris flow analysis[J]. Proceeding XXV Congreee, IAHR, 1993, 3: 25~31.

[149] Johnson A M. Physical Processes in geology, freeman, cooper[D]. San Francisco, California, 1970.

[150] Takahashi T. Debris flow on prismatic open channel folw[J]. Journal of hydraulic division, ASCE, 1980: 381~396.

[151] Mc Tigue D F. A nonlinear constitutive model for granular materials: application to gravity flow[J]. Applied Mechanics, ASME, 1982, 49(2): 291~296.

[152] Johnson P C, Jackson R. Frictional-collisional constitutive relations for granular materials with application to plane shearing[J]. Fluid mech, 1987: 167~176.

[153] 王裕宜, 詹钱登, 等. 泥沙浆体与甘油浆体流变特性之实验研究 [C]//中华防灾学会 (台湾), 第二届土石流研讨会议论文集, 1999: 226~233.

[154] 余昌益. 高含沙水流流变参数之实验研究 [D]. 台南: 成功大学, 1997.

[155] 费祥俊. 高浓度浑水的宾汉临界剪切应力 [J]. 泥沙研究, 1981(3): 19~28.

[156] Major J J, Pierson T C. Debris flow rheology: Experimental analysis of fine-grained slurries[J]. Water Resources Research, 1992, 28(3): 841~857.

[157] 杨俊杰. 相似理论与结构模型实验 [M]. 武汉: 武汉理工大学出版社, 2005.

[158] Baker Wilfred E, Westine Peter S. Similarity methods in engineering dynamics-Theory and practice of scale modeling[M]. Hayden book company, Inc., 1973.

[159] 崔鹏, 柳素清, 唐邦兴, 等. 风景区泥石流研究与防治 [M]. 北京: 科学出版社, 2005.

［160］ Jing Xiaofei, et al. The effect of grain size on the hydrodynamics of mudflow surge from a tailings dam-break［J］. Applied Sciences, 2019, 9(12): 2474.

［161］ 蔡为武，译. 美国溢洪道设计洪水问题［J］//水利水电译丛，1965(4): 55~64.

［162］ Frank J. Betrachtungen ueber den Ausfluss beim Bruch Von Stauwaenden［Z］//Considerations on the outflow from dam breaches: Schwenzer Bauzeitung, 1951, 29: 401~406.

［163］ 王国安. 坝体瞬间全溃最大流量通用公式推导［R］. 黄河水利委员会水文局研究所，1982.

［164］ 铁道部科学研究院，等. 溃坝最大流量的研究［R］. 1980.

［165］ 贺志德. 溃坝缺口自由溢流［J］. 水利学报，1982(11): 67~76.

［166］ 贺志德. 局部溃决的一般解法［R］. 南京水利科学研究所，水工研究室，1983.

［167］ 水利部水利科学研究院. 某水库水体突然泄放模型试验报告［R］. 1959.

［168］ 田连权，吴积善，康志成，等. 泥石流侵蚀搬运与堆积［M］. 成都: 成都地图出版社，1993.

［169］ 陈光曦. 泥石流防治指南［M］. 成都: 中国铁路出版社，1983.

［170］ 尹光志，敬小非，魏作安. 尾矿坝溃坝相似模拟试验研究［J］. 岩石力学与工程学报，2010, 29(S2): 3830~3838.

［171］ 康志成，李焯芬，马蔼乃，等. 中国泥石流研究［M］. 北京: 科学出版社，2004.

［172］ 章书成. 泥石流研究评述［J］. 力学进展，1989, 19(3): 17~25.

［173］ 吴积善. 云南蒋家沟泥石流观察研究［M］. 北京: 科学技术出版社，1990.

［174］ 吴积善. 泥石流及其综合治理［M］. 北京: 科学技术出版社，1993.

［175］ 水山高久. 河湾上泥石流的流态［J］. 土木技术资料，日本建设省土木研究所，1981.

［176］ 马铁犹. 计算流体动力学［M］. 北京: 北京航空航天大学出版社，1986.

［177］ 苏铭得，黄素逸. 计算流体力学基础［M］. 北京: 清华大学出版社，1997.

［178］ Rogers S E, Kwak D. Upwind differencing scheme for the time-accurate incompressible Navier-Stokes Equations［J］. AIAA J, 1990(28): 253~262.

［179］ Rogers S E, Kwak D, Kiris C. Steady and unsteady solutions of the incompressible Navier-Stokes Equations［J］. AIAA J, 1991(29): 603~610.

［180］ Merkle C L, Althavale M. Times accurate unsteady incompressible algorithms based on artificial compressibility［J］. AIAA J, 1987(87): 703~711.

［181］ 朱自强，等. 应用计算流体力学［M］. 北京: 北京航空航天大学出版社，1998.

［182］ 王福军. 计算流体动力学分析——CFD 软件原理与应用［M］. 北京: 清华大学出版社，2004.

［183］ 谭炳炎. 泥石流形成、危险性评估及防治讲稿［R］. 中铁西南科学研究院有限公司，2006.

［184］ 费祥俊，舒安平. 泥石流运动机理与灾害防治［M］. 北京: 清华大学出版社，2004.

［185］ 沈寿长，谭炳炎. 泥石流防治理论与实践［M］. 成都: 西南交通大学出版社，1991.

［186］ 徐祝. 拦沙坝设置对泥石流拦截作用的数学分析［J］. 水土保持应用技术，2006, 1: 24~25.

［187］ 凌复华. 突变理论及其应用［M］. 上海: 上海交通大学出版社，1987.

［188］ 赵洪宝. 含瓦斯煤失稳破坏及声发射特性的理论与实验研究［D］. 重庆: 重庆大学，2009.

［189］ 张卫中. 向家坡滑坡稳定性评价、监测预报及动态综合治理研究［D］. 重庆: 重庆大学，2007.

［190］ Chow Shui N, Stewart I. Catastrophe theory and its application［M］. London: Pitam, 1978.

［191］ Chow Shui N. Methods of bifurcation theory［M］. New York: Springer Verlag, 1982.

［192］ Pan Yue, Li Aiwu, Qi Yunsong. Fold catastrophe model of dynamic pillar failure in asymmetric mining［J］. Mining Science and Technology, 2009, 19(1): 49~57.

［193］ 李小双. 露天转地下开采露天边坡稳定性与地下采场覆岩变形破坏特征研究［D］. 重庆: 重庆大学，2010.

［194］ 尹光志，李贺，鲜学福. 煤岩体失稳的突变理论模型［J］. 重庆大学学报，1994, 17(1):

23~28.

[195] 尹光志，鲜学福，代高飞. 岩石非线性动力学理论及其应用 [M]. 重庆：重庆大学出版社，2004.

[196] Arnold V I. Catastrophe theory[M]. 北京：高等教育出版社，1990.

[197] 何平，赵子都. 突变理论及其应用 [M]. 大连：大连理工大学出版社，1989.

[198] 秦四清. 斜坡失稳的突变模型与混沌机制 [J]. 岩石力学与工程学报，2000，19(4)：486~492.

[199] 熊传祥，龚晓南，王成华. 高速滑坡临滑变形能突变模型的研究 [J]. 浙江大学学报（工学版），2000(4)：443~447.

[200] 唐邦兴，周必凡，吴积善，等. 中国泥石流 [M]. 北京：商务印书馆，2000.

[201] 李丹，常旭，陈宁生，等. 基于泥石流弯道流速的沟床糙率计算 [J]. 重庆交通学院学报，2005，24(6)：116~118.

[202] 吴积善，田连权，康志成，等. 泥石流及其综合治理 [M]. 北京：科学出版社，1993.

[203] Cheng Z，Dang C，Jingjing L I U，et al. Experiments of debris flow damming in southeast Tibet[J]. Earth Science Frontiers，2007(416)：181~185.